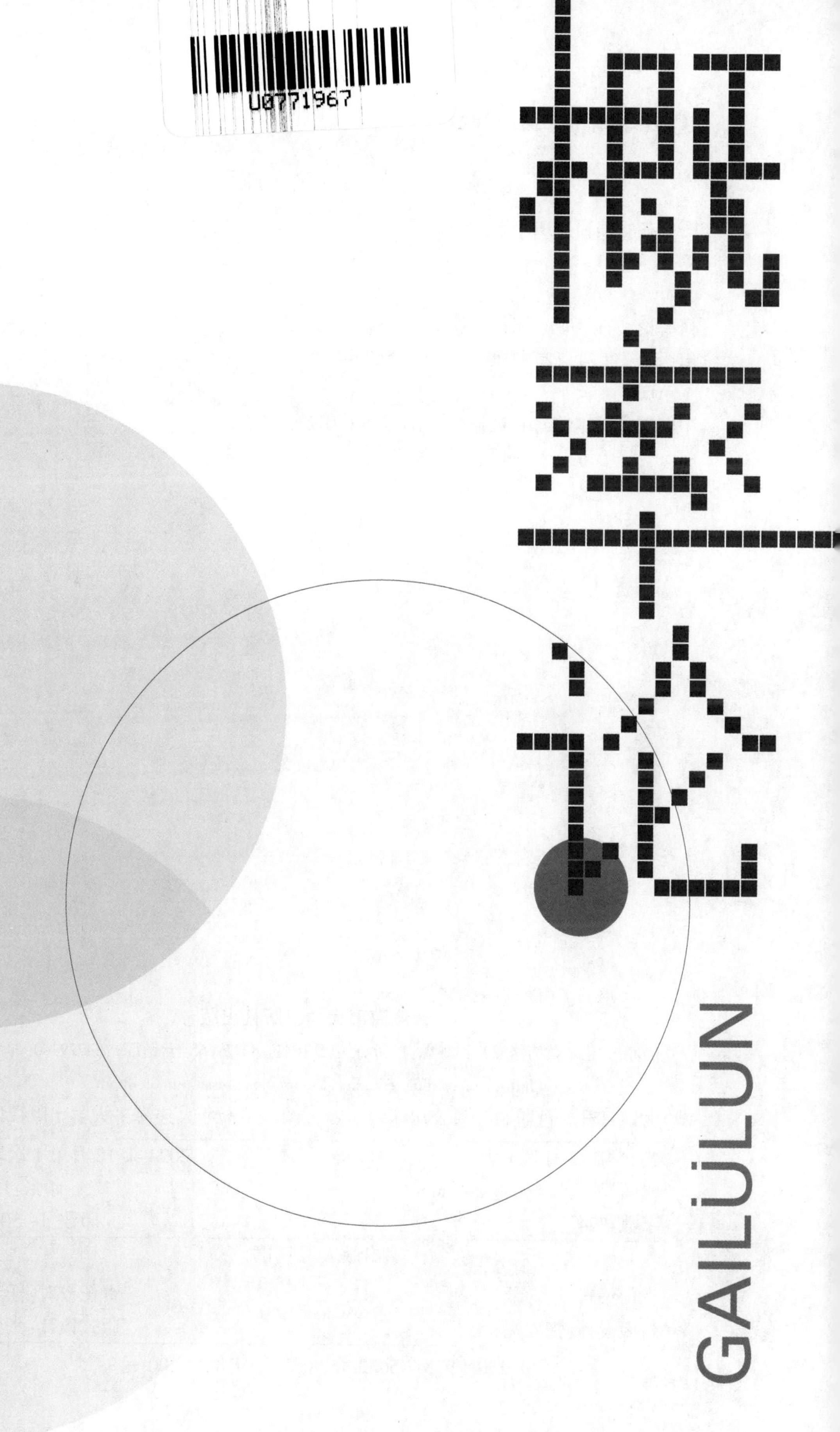

# 概率论

GAILÜLUN

主编 庄举娟 郑佳

大连海事大学出版社

**图书在版编目(CIP)数据**

概率论 / 庄举娟, 郑佳主编. — 大连 : 大连海事大学出版社, 2024. 12. — ISBN 978-7-5632-4608-3

Ⅰ. O211

中国国家版本馆 CIP 数据核字第 2024U7R273 号

**大连海事大学出版社出版**

地址:大连市黄浦路523号　邮编:116026　电话:0411-84729665(营销部)　84729480(总编室)

http://press.dlmu.edu.cn　E-mail:dmupress@ dlmu.edu.cn

大连日升彩色印刷有限公司印装　大连海事大学出版社发行

2024 年 12 月第 1 版　2024 年 12 月第 1 次印刷

幅面尺寸:184 mm×260 mm　印张:12.75

字数:324 千　印数:1~500 册

出版人:刘明凯

责任编辑:王　琴　责任校对:任芳芳

封面设计:张爱妮　版式设计:张爱妮

ISBN 978-7-5632-4608-3　定价:32.00 元

# 前 言

本书是编者在大连海事大学20余年的教学实践的基础上编写的,可作为高等院校数学类或统计学类专业“概率论基础”课程的教材,也可作为实际工作者的参考书。

随着大数据时代的进一步发展,数据处理的统计方法已经普遍应用到社会生活的方方面面,概率论知识也被大量应用到国民经济、工农业生产、近代物理、气象、地震、生物及医学等各个领域,成为新兴学科(如信息论、控制论、人工智能、可靠性理论等)的基础。

“概率论”是用数学方法研究随机现象统计规律的一个颇具特色的数学分支,也是理论与实际联系比较紧密的学科之一。“概率论基础”作为全国高等院校数学类及统计学类专业的基础课程,其主要任务是以丰富的背景、巧妙的思维和有趣的结论吸引学生,使学生在浓厚的兴趣中学习和掌握概率论的基本概念、基本方法和基本结论。

本书共5章,包括随机事件、随机变量及其分布和极限定理等内容。编者注重内容的组织与写作:用较多的篇幅对基本概念、基本方法的来源背景及引入做细致阐述,内容讲解由浅入深,以便帮助读者正确理解概念的内涵及方法的使用;考虑到概率知识应用的广泛性,书中收录了大量不同领域的例题及习题,便于激发读者的学习兴趣并使其更好地理解知识的具体应用。

本书由大连海事大学理学院庄举娟和郑佳编写。由于编者水平有限,加之编写时间仓促,书中难免存在不足,恳请读者提出宝贵意见,以便今后改进。

编 者

2024年7月

# 目 录

**第 1 章　随机事件与概率** ······ **1**
1.1　随机事件及其运算 ······ 1
1.1.1　随机现象概述 ······ 1
1.1.2　随机事件概述 ······ 3
1.1.3　随机变量概述 ······ 4
1.1.4　事件间的关系与运算 ······ 6
1.1.5　事件的运算性质 ······ 9
习题 1.1 ······ 10
1.2　概率的定义与等可能概型 ······ 11
1.2.1　概率的定义 ······ 11
1.2.2　概率的性质 ······ 13
1.2.3　古典概型与计数原理 ······ 15
1.2.4　几何概型 ······ 19
1.2.5　概率空间 ······ 21
习题 1.2 ······ 24
1.3　条件概率与独立性 ······ 25
1.3.1　条件概率的定义与性质 ······ 25
1.3.2　两个事件的相互独立性 ······ 27
1.3.3　多个事件的相互独立性 ······ 29
1.3.4　伯努利概型 ······ 31
习题 1.3 ······ 33
1.4　三个重要公式及其应用 ······ 34
1.4.1　乘法公式 ······ 34
1.4.2　全概率公式 ······ 35
1.4.3　贝叶斯公式 ······ 38
习题 1.4 ······ 41
**第 2 章　一维随机变量及其分布** ······ **43**
2.1　一维随机变量的分布函数 ······ 43

2.1.1 分布函数及其性质 …… 43
2.1.2 随机变量的分类 …… 45
习题 2.1 …… 48
2.2 一维离散型随机变量的分布 …… 48
2.2.1 离散型随机变量的分布律 …… 48
2.2.2 常见的离散型分布 …… 51
习题 2.2 …… 57
2.3 一维连续型随机变量的分布 …… 58
2.3.1 连续型随机变量的概率密度 …… 58
2.3.2 常见的连续型分布 …… 60
习题 2.3 …… 68
2.4 一维随机变量函数的分布 …… 69
2.4.1 离散型随机变量函数的分布 …… 70
2.4.2 连续型随机变量函数的分布 …… 71
习题 2.4 …… 74
**第 3 章 多维随机变量的分布 …… 75**
3.1 多维随机变量的联合分布 …… 75
3.1.1 联合分布函数 …… 75
3.1.2 联合分布律 …… 76
3.1.3 联合概率密度函数 …… 78
3.1.4 常见多维分布 …… 79
习题 3.1 …… 82
3.2 边缘分布与随机变量的独立性 …… 83
3.2.1 边缘分布函数 …… 83
3.2.2 边缘分布律 …… 85
3.2.3 边缘概率密度函数 …… 87
3.2.4 随机变量的独立性 …… 88
习题 3.2 …… 91
3.3 条件分布 …… 92
3.3.1 离散型随机变量的条件分布 …… 92
3.3.2 连续型随机变量的条件分布 …… 94
习题 3.3 …… 96
3.4 多维随机变量函数的分布 …… 97
3.4.1 多维离散型随机变量函数的分布 …… 97
3.4.2 最值函数的分布 …… 100
3.4.3 多维连续型随机变量函数的分布 …… 101
习题 3.4 …… 106
**第 4 章 随机变量的数字特征 …… 108**
4.1 数学期望 …… 108
4.1.1 离散型随机变量的数学期望 …… 109

4.1.2 连续型随机变量的数学期望 …… 110
4.1.3 随机变量函数的数学期望 …… 111
4.1.4 数学期望的性质 …… 114
习题 4.1 …… 117
4.2 方差 …… 119
4.2.1 方差与标准差定义 …… 119
4.2.2 马尔可夫不等式与切比雪夫不等式 …… 119
4.2.3 方差的性质 …… 121
4.2.4 常见分布的数学期望与方差 …… 123
习题 4.2 …… 128
4.3 二元数字特征 …… 129
4.3.1 协方差 …… 129
4.3.2 相关系数 …… 132
习题 4.3 …… 135
4.4 条件特征与回归 …… 136
4.4.1 条件数学期望 …… 136
4.4.2 条件方差 …… 140
4.4.3 第一、二类回归 …… 141
习题 4.4 …… 143
4.5 分布的其他数字特征 …… 144
4.5.1 $k$ 阶矩 …… 144
4.5.2 变异系数 …… 145
4.5.3 偏度系数与峰度系数 …… 145
4.5.4 分位点 …… 148
4.5.5 多维随机变量的数学期望与协方差矩阵 …… 149
习题 4.5 …… 151
**第 5 章 极限定理 …… 152**
5.1 特征函数 …… 152
5.1.1 特征函数的概念 …… 152
5.1.2 特征函数的性质与应用 …… 154
5.1.3 特征函数与概率分布的关系 …… 156
习题 5.1 …… 159
5.2 随机变量序列与分布函数列的收敛性 …… 159
5.2.1 依概率收敛 …… 159
5.2.2 弱收敛与按分布收敛 …… 162
习题 5.2 …… 165
5.3 大数定律 …… 165
5.3.1 大数定律的一般形式 …… 165
5.3.2 辛钦大数定律与伯努利大数定律 …… 166
5.3.3 马尔可夫大数定律与切比雪夫大数定律 …… 168

习题 5.3 …… 170
5.4 中心极限定理 …… 170
5.4.1 中心极限定理的一般形式 …… 171
5.4.2 列维-林德伯格中心极限定理 …… 172
5.4.3 德莫佛-拉普拉斯中心极限定理 …… 175
5.4.4 林德伯格中心极限定理与李雅普诺夫中心极限定理 …… 176
习题 5.4 …… 178
**习题参考答案 …… 181**
习题 1.1 …… 181
习题 1.2 …… 181
习题 1.3 …… 182
习题 1.4 …… 182
习题 2.1 …… 182
习题 2.2 …… 182
习题 2.3 …… 183
习题 2.4 …… 183
习题 3.1 …… 184
习题 3.2 …… 184
习题 3.3 …… 185
习题 3.4 …… 186
习题 4.1 …… 186
习题 4.2 …… 186
习题 4.3 …… 187
习题 4.4 …… 187
习题 4.5 …… 187
习题 5.1 …… 187
习题 5.2 …… 187
习题 5.3 …… 187
习题 5.4 …… 187
**附　表 …… 189**
附表 1　常用的概率分布表 …… 189
附表 2　泊松分布概率值表 …… 191
附表 3　标准正态分布表 …… 195
**参考文献 …… 196**

# 第 1 章 随机事件与概率

概率论是从数量化的角度研究现实世界中的随机现象及其规律性的一门应用数学学科，也是理论联系实际最活跃的学科之一。从工业革命到信息化革命，概率论广泛而深刻地影响着我们的生活。从最早的法国数学家帕斯卡（Pascal，1623—1662）和费马（Fermat，1601—1665）关于赌博概率的通信，到苏联数学家柯尔莫哥洛夫（Kolmogorov，1903—1987）提出概率的公理化定义，经过了 300 多年，才形成了今天我们所看到的概率论理论体系。生活中的很多问题可以归结为概率问题，概率论被广泛应用于自然科学、工程技术、医疗制药、经济管理、金融保险和国防安监等各个领域。概率论在各个领域的广泛应用和卓有成效的贡献，几乎使它成为所有专家、学者和实业家手中强有力的工具，这也让概率方法越来越被人们重视。本章先介绍概率论中的基本概念和定义。

## 1.1 随机事件及其运算

### 1.1.1 随机现象概述

必然性与偶然性是马克思主义哲学的基本范畴之一。在长久以来的生产、生活实践和科学实验研究中，人们观察到两大类现象，即必然现象和随机现象。

在一定条件下总是出现相同结果的现象，叫**必然现象**，也叫确定性现象。以下现象都属于必然现象：5 个球和 3 个球放在一起，一共有 8 个球；在标准大气压下，纯水在 100 ℃时沸腾；氢气在氧气中燃烧会生成水；等等。在准确地重复某种条件时，这一类现象的结果总是必然确定的，所以在相同的条件下，根据其过去发生的规律，可预测结果。对一系列必然现象规律性的研究形成了数学、物理、化学等学科，并且相关的理论可以应用于生活与工程实践。随着历史和文明的发展演变，必然现象在人类的认知和实践中起着十分重要的作用，是人类认识世界、利用世界、改造世界的前提和出发点。

在一定条件下不能在试验或观察前确定结果的现象，叫**随机现象**，也叫偶然性现象。以下现象都属于随机现象：抛掷一枚硬币，可能是正面朝上，也可能是反面朝上；明天可能降水，也可能不降水;电子元件的使用寿命可能超过一年,也可能不到一年;当流速增加到很大时,流体形成紊乱、不规则的湍流流场,无法预知流体微团下一时刻的运动;等等。在相同的条件下,随机现象可能发生这种结果,也可能发生另一种结果,在试验或观察前并不能完全确定。

在传统的认识中,习惯突出必然性的决定作用,而忽视随机性的作用,强调"有律必循"。我们已学过的微积分等课程就是研究确定性现象的数学学科。但从亚里士多德时代开始,哲学家们就已经认识到随机性在生活中的作用。人类在自然世界与社会环境中,要面对地震、火山喷发等不确定性事件,同时也要面对博彩、恐怖袭击等非自然的不确定性事件。

事实上,在对世界规律的认识逐渐深入的过程中,人们发现随机性的作用日益凸显。人类对不确定性和随机性的认识与人类文明发展和进步如影随形,并越来越深刻地影响着人类的生活。从自然科学、社会科学到经济、金融、保险等领域的问题都离不开不确定性与随机性。正如《马克思恩格斯选集》中所说:"在表面上是偶然性在起作用的地方,这种偶然性始终是受内部的隐蔽着的规律支配的,而问题只是在于发现这些规律。"科学研究的一个重要任务,正是探寻随机性与必然性的辩证统一关系。

人类一直在用各种方法来量化这种不确定性和随机性。通过长期的试验和观察,人们发现,随机现象并不是无法认识、全无规律的。虽然在少量试验和观察中,随机现象的某个结果可能发生,也可能不发生,不能预知,初看似乎毫无规律;但对于能够在相同条件下大量重复进行的试验或观察来说,其每种可能的结果出现的频率具有稳定性,从而表明随机现象的偶然性中存在着一些固有的必然规律,在这个意义下也可以对结果进行一定程度的预测。例如,抛掷均匀硬币一次,观察是正面朝上还是反面朝上,结果是带有随机性的;重复抛掷足够多次,正面朝上和反面朝上出现的频率接近稳定。表 1.1.1 给出了历史上抛掷均匀硬币试验的记录。再比如人的身高虽然各不相同,但通过大量的统计,如果在一定范围内按同一高度人的数量占总人数的比例画出"直方图"( $x$ 表示人的高度, $y$ 表示同一高度人的数量占总人数的比例),就可以连成一条曲线(如图 1.1.1 所示)。

**表 1.1.1　历史上抛掷均匀硬币试验的记录**

| 试验者 | 试验次数( $n$ ) | 正面向上次数( $n_A$ ) | 正面向上频率( $n_A/n$ ) |
|---|---|---|---|
| 德·摩根(De Morgan) | 2048 | 1061 | 0.5181 |
| 蒲丰(Buffon) | 4040 | 2048 | 0.5069 |
| 皮尔逊(Pearson) | 12000 | 6019 | 0.5016 |
| 皮尔逊(Pearson) | 24000 | 12012 | 0.5005 |

在一定的条件下对随机现象进行大量重复的观察,所得结果呈现的量的规律性,叫作**随机现象的统计规律性**。

也就是说,随机现象亦可以通过数量化方法来进行研究。概率论就是以数量化方法来研究随机现象及其统计规律性的一门应用数学学科,即通过建立、完善一系列的理论工具,对随机现象某种结果发生的可能性大小给出度量方法。

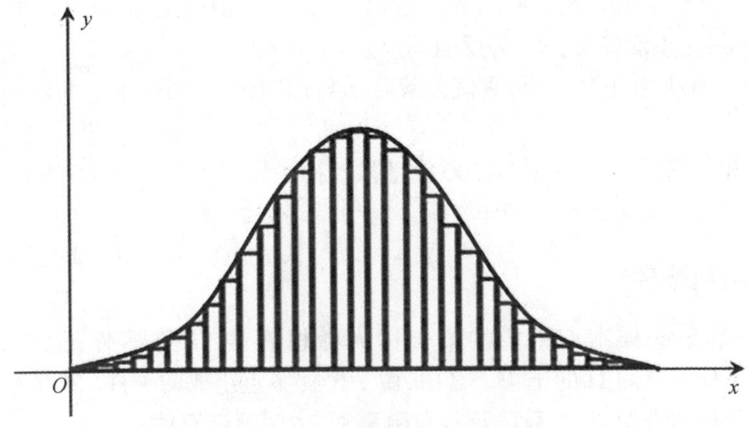


图 1.1.1　直方图与逼近的曲线

### 1.1.2　随机事件概述

#### 1.1.2.1　随机试验

如何对随机现象的统计规律性进行研究？在概率论中，对某种现象进行的观察或实践，统称为一次**试验**。试验是有一定目的的。例如，抛掷一枚均匀硬币，观察落下时是正面朝上还是反面朝上，这个观察目的决定了试验只有这两种不同的结果，至于硬币具体落下的位置，落下之后是否形变，如何继续运动等，并不是这个试验观察的目的，也不作为试验的结果。

如果一个试验具有下述三个特征：

(1) 可重复性：试验可以在相同的情形下重复进行。

(2) 可观察性：每次试验总能观察到一个结果，并且试验的所有可能结果是明确可知的。

(3) 不确定性：试验的所有可能结果不止一个，并且在试验之前不能准确预知这次试验会出现哪一个结果。

那么我们就称这个试验为**随机试验**，记作 $E$ 。以下试验均为随机试验：观察某射击选手射击的成绩；抛掷一枚骰子，观察出现的点数；记录商场一天之内的顾客人数；记录某气象监测站一年之内的降水量；观察航天器返回舱着陆点的坐标；等等。

本书后面出现的“试验”一词，均特指随机试验。

#### 1.1.2.2　样本点和样本空间

尽管一个随机试验将要出现的结果是不确定的，但其所有可能结果是明确的。我们把随机试验的每一个可能的、不能再分的基本结果，称为一个**样本点**，可以记为 $\omega$ (或 $e$ )；随机试验的所有可能基本结果的全体，称作**样本空间**，也叫**基本空间**，可以记为 $\Omega$ (或 S )。

按定义，样本空间 $\Omega$ 是随机试验的所有可能结果(样本点)的全体。从集合的角度来看，样本空间是一个集合，这个集合中的元素就是所有样本点，因此样本空间与样本点之间的关系可以用集合论的符号表示成 $\Omega = \{\omega\}$ 。对于任何一个随机试验 $E$ ，我们都可以确定相应的样本空间 $\Omega$ 。

例如：

(1)抛掷一枚均匀硬币,观察落下时是正面朝上还是反面朝上,则样本空间可表示为 $\Omega = \{\omega_1, \omega_2\}$ ,其中 $\omega_1$ 为正面朝上, $\omega_2$ 为反面朝上。

(2)从一批计算机中任取一台,测试无故障运行的时间 $t$ ,则样本空间可表示为 $\Omega = \{t \mid t \geqslant 0\}$ 。

(3)向平面坐标区域 $D: x^2 + y^2 \leqslant 100$ 内随机投掷一点(设点必落在 $D$ 内),观察落点 $M$ 的坐标 $(x, y)$ ,则样本空间可表示为 $\Omega = \{(x, y) \mid x^2 + y^2 \leqslant 100\}$ 。

#### 1.1.2.3 随机事件

由随机试验的某些样本点组成的集合称为**随机事件**,简称**事件**,记作大写字母 $(A, B, \cdots)$ ,它们都是样本空间 $\Omega$ 的子集。其中,由一个样本点组成的事件(单点集),称为**基本事件**;而由不止一个样本点组成的事件,称为**复合事件**,也叫**复杂事件**。

从集合的角度来看,一个事件是由具有该事件所要求的特征的那些可能结果所构成的,所以一个事件对应于 $\Omega$ 中具有相应特征的样本点(元素)构成的集合,是 $\Omega$ 的一个子集。

在一次试验中,**事件发生**是指观察到的结果属于该事件。无论是基本事件还是复杂事件,它们在一次试验中是否发生带有随机性,只有两个例外——必然事件与不可能事件。

因为样本空间 $\Omega$ 是所有样本点组成的集合,因而在任一次试验中,必然要出现 $\Omega$ 中的某一样本点 $\omega$ ;也就是在试验中, $\Omega$ 作为一个事件,是必然会发生的,我们称之为**必然事件**。相对地,空集 $\varnothing$ 也可看作 $\Omega$ 的子集,在任一次试验中观察到的样本点 $\omega$ ,都不可能有 $\omega \in \varnothing$ ,也就是说 $\varnothing$ 作为一个事件永远不可能发生,我们称之为**不可能事件**。必然事件的对立面是不可能事件,不可能事件的对立面是必然事件。必然事件和不可能事件发生与否,已失去了"随机性",因而它们并不是传统意义上的随机事件。但为了讨论方便,考虑到数学理论的完整性,我们仍然把必然事件和不可能事件视为随机事件的两个特殊情形。

**例 1.1.1** 一个盒子中有六个形状相同的球,分别标以号码 1,2,…,6,从中任取一球,记录取得的球的标号,则 $\Omega = \{1, 2, \cdots, 6\}$ 。

事件 $A$:"球的标号是 1",即 $A = \{1\}$ 是一个基本事件。

事件 $B$:"球的标号是奇数",即 $B = \{1, 3, 5\}$ 是一个复杂事件。

事件 $C$:"球的标号是正数",对于这个随机试验, $C = \Omega$ 是一个必然事件。

事件 $D$:"球的标号是零",则 $C = \varnothing$ 是一个不可能事件。

事实上,一个事件是否是基本事件,取决于这个试验的目的。比如上例中,如果将试验目的换成"记录取得的球的标号是奇数还是偶数",那么就只有奇数、偶数两个基本事件了。此时,上述的 $A = \{1\}$ 不再是事件,而 $B = \{1, 3, 5\}$ 成为一个基本事件。

### 1.1.3 随机变量概述

有些随机试验的基本事件具有自然的数量性质,是可以自然地用数值来描述的;而有一些随机试验的基本事件不具有天然的数量性质。我们发现如果随机试验的结果是数,则利用随机事件来描述随机试验变得很简单、很方便;反之,如果随机试验的结果必须用文字来刻画,则利用随机事件来描述随机试验变得很麻烦、很烦琐。

例如,记录学生的一次考试成绩(百分制),设学生的分数为 $s$ ,则样本空间

$$\Omega_1 = \{s \mid 0 \leqslant s \leqslant 100\}$$

若记录学生是否通过考核(设考试成绩 $s \geq 60$ 为考核通过),则样本空间

$$\Omega_2 = \{\text{“学生通过考核”},\text{“学生未通过考核”}\}$$

对于后者而言,样本空间、样本点、事件的表达形式较为冗长,研究起来也不方便。如果能够引入一个对应规则将样本空间数量化,用一个变量的不同取值来代表随机现象的不同结果,那么就可以更加简单直接地进行表述。比如,可以约定以数字“1”代表学生通过考核,以数字“0”代表学生未通过考核,则样本空间 $\Omega_2$ 与实数集合 $\{0,1\}$ 建立了等价关系。这样,从用语言文字定性描述随机事件到用数量化定量描述随机事件,形式上简化了很多。

类似地,在很多随机试验中,试验结果看起来与数字无关,但可以人为地给每一个样本点都指定一个量来代表它,对随机试验的结果进行量化。这个量的具体取值依赖于随机试验结果,这种量化就导致了随机变量的产生。

**定义 1.1.1** 设 $E$ 为随机试验, $\Omega = \{\omega\}$ 为其样本空间。若对任意的 $\omega \in \Omega$ ,有唯一的实数或向量与之对应,对应规则记作函数 $X:\Omega \to \mathbb{R}^n, n \in \mathbb{Z}^+$ ,则称 $X = X(\omega)$ 为**随机变量**。

特别地,如果 $n = 1$,这样定义的是一个一维随机变量;如果 $n > 1$,这样定义的是一个 **$n$ 维随机变量或称 $n$ 维随机向量**。

例如,抛掷一枚均匀硬币,观察落下时是正面朝上还是反面朝上。这个随机试验的样本空间为 $\Omega = \{\text{“正面朝上”},\text{“反面朝上”}\}$ 。若将“正面朝上”对应为数字“1”,“反面朝上”对应为数字“0”,这样就定义了一个一维离散型随机变量 $X$

$$X(\omega) = \begin{cases} 1, & \omega = \text{“正面朝上”} \\ 0, & \omega = \text{“反面朝上”} \end{cases}$$

$X$ 作为样本空间 $\Omega$ 的实值函数,将样本空间表示成 $\{0,1\}$ 。

如果将一枚硬币抛掷三次,观察正面(用数字“1”表示)、反面(用数字“0”表示)的出现情况。在这个随机试验中,定义一个三维的随机变量 $X = (X_1, X_2, X_3)$ ,其样本空间 $\Omega = \{(i,j,k) \mid i, j,k = 0,1\}$ 。

抛掷一次硬币的随机试验与引例中测试学生是否通过考核的试验相比:这两个问题本身并不相同,样本空间也不相同;但引入随机变量之后,把随机试验的结果与实数对应起来,两个样本空间就可以得到同样的描述了。结果表明这两个问题本质上有相似之处。

一般来说,如果随机试验的样本空间中共有两个样本点,那么在这个样本空间上就可以定义一个随机变量,将一个样本点对应为数字“0”,另一个样本点对应为数字“1”。这样就可以把一个个具体的问题抽象成一类统一的问题进行分析研究。数学就是从生活中来,在纷繁复杂的生产生活实践中,总结归纳一般性的规律,构建理论体系,达到高于生活的效果,最终利用理论帮助人们更好地实践。

但是在这两个问题中,随机变量取值为“0”的概率是不一样的——这就是所说的随机变量取值的分布规律有所不同。所以,定义随机变量,我们不仅要确定随机变量的取值,更要研究清楚随机变量取值的分布规律。

随机变量与数学中的一般实函数的比较:

(1)随机变量的定义域是样本空间 $\Omega$ ,这一点与一般函数是不一样的。

(2)它们都是实值函数。但随机变量的取值具有随机性,因为每种试验结果的出现都具有一定的可能性,所以随机变量取每个值和每个确定范围内的值也有一定的可能性。对随机变量各种取值情况可能性的度量就是随机变量取值的分布规律。

为了叙述方便,在样本空间上定义了随机变量之后,不妨直接用随机变量的值域来表示样

本空间。

**例 1.1.2** (1)讨论某电商平台在单位时间内收到的售后服务要求次数 $i$，定义随机变量 $I$，$I=i$，则样本空间 $\Omega=\{I=i\mid i=0,1,2,\cdots\}$。

(2)从一批计算机中任取一台，测试其无故障运行的时间 $t$。其样本空间可表示为 $\Omega=\{$计算机无故障运行的时间$t\mid t\geqslant 0\}$。在此基础上，可以很自然地定义随机变量 $T=t$，则 $T$ 是定义在样本空间 $\Omega$ 上的函数，这是一个连续型随机变量，可将样本空间表示成 $\{T=t\mid t\geqslant 0\}$ 或是写成 $T\in[0,+\infty)$。事件 $A=\{$计算机无故障运行的时间超过了 $t_0\}$，可以表示为 $A=\{T>t_0\}$ 或是写成 $T\in[t_0,+\infty)$。

一般我们用大写字母 $(X,Y,Z,\cdots)$ 或希腊字母 $(\xi,\eta,\cdots)$ 来表示随机变量，例如 $\{X=1\}$、$\{a<X\leqslant b\}$、$\{X\leqslant x\}$ 都表示相应的随机事件。随机变量是一个单值函数，随机变量的各种取值状态和取值范围可以用来表示各种类型的随机事件。

人们除了对随机试验中某些具体事件发生的统计规律感兴趣之外，往往还关心与随机试验偶然性结果相联系的一些其他问题，从而衍生出了其他变量。

例如，若 $X$ 是一个随机变量，$g(x)$ 是实变量 $x$ 的函数。定义 $Y=g(X)$：则 $Y$ 的取值情况随着 $X$ 的变化而变化；考虑到随机变量 $X=X(\omega)$ 本身就是一个将样本空间映射到实数上的函数，所以 $Y=g(X)$ 也可以看作一个复合函数，最终的复合效果也是将样本空间映射到实数上。即由 $Y=g(X)$ 定义的 $Y$ 也是一个随机变量，我们称随机变量 $Y$ 为 $X$ 的函数。

**例 1.1.3** 一个家庭有三个新生儿，每个新生儿的性别可能是男性，也可能是女性，用数字"0"代表"新生儿的性别为男性"，数字"1"代表"新生儿的性别为女性"。定义三个随机变量 $X_1,X_2,X_3$，分别对应三个新生儿的性别情况，再组合成三维向量 $(X_1,X_2,X_3)$，这样就构成了一个三维离散型随机变量，整个样本空间可以表示为 $\Omega_0=\{(i,j,k)\mid i,j,k=0,1\}$。

在这个问题里，还可以从另一个角度来看待随机变量与样本点的对应规则：定义一个随机变量(向量)，将每一种可能的性别排列情况映射为一个二值三维向量。比如，"新生儿的性别排列为'男男男'"被映射为向量 $(0,0,0)$。这两种构造随机变量的方式都是可行的。

再定义随机变量 $Y=X_1+X_2+X_3$，则 $Y$ 作为随机变量的函数，本身也是一个随机变量，其值域为 $\Omega_1=\{0,1,2,3\}$。其实，随机变量 $Y$ 就表示了"三个新生儿中女性数"。使 $Y$ 取值为 2 的样本点构成的子集为

$$\{Y=2\}\Leftrightarrow\{(0,1,1),(1,0,1),(1,1,0)\}$$

类似地，有

$$\{Y\leqslant 1\}\Leftrightarrow\{(0,0,1),(0,1,0),(1,0,0),(0,0,0)\}$$

随机变量概念的引入是概率论发展史上的重大事件。随机变量是概率论中最为重要的概念之一，其为概率论引进新的数学方法和工具提供了基础。随机变量的引入实现了随机试验结果的数量化、抽象化，将具体的随机事件及其概率的求解，升华为随机变量及其取值规律的研究，便于人们使用函数的理论和方法来对随机试验的结果进行深入探索，更好地利用数学工具揭示随机现象的统计规律性。随机变量可以说是古典概率向现代概率发展的基石。

### 1.1.4 事件间的关系与运算

为了研究复杂事件，我们需要进一步刻画事件之间的各种关系及运算，以便把复杂的事件用简单的事件表示出来。

例如,测试学生在考核中的表现,学生可能会出现违纪行为,也可能没有违纪正常完成考核,得到 0 ~ 100 的分数。将“学生在考核中违纪”对应为数字“-1”;若没有违纪正常完成考核,将“学生得到分数 $t$ ”对应为数字“ $t$ ”。这样就定义了一个一维的随机变量 $T$ ,将样本空间描述成了 $\Omega = \{T = t \mid t = -1 \text{ 或 } 0 \leqslant t \leqslant 100\}$ 。

在集合的意义下, $\Omega = \{T = t \mid t = -1 \text{ 或 } 0 \leqslant t \leqslant 100\}$ 可以改写成两个集合的并集: $\Omega = \{T = t \mid t = -1\} \cup \{T = t \mid 0 \leqslant t \leqslant 100\}$ 。前一个集合对应了事件“学生在考核中违纪”,后一个集合对应了事件“学生没有违纪正常完成考核”。

可见,因为我们已经把随机事件定义为样本空间的子集,事件的本质是集合,所以事件之间的关系及运算与集合之间的关系及运算是完全类似的。相应的对应关系如表 1.1.2 所示。

表 1.1.2　事件之间的关系及运算与集合之间的关系及运算的对比

| 符号表示 | 概率论 | 集合论 |
|---|---|---|
| $\Omega$ | 样本空间,必然事件 | 全集 |
| $\varnothing$ | 不可能事件 | 空集 |
| $\omega$ | 样本点 | 元素 |
| $A$ | 事件 | 子集 |
| $\overline{A}$ | $A$ 的对立事件 | $A$ 的余集 |
| $A \subset B$ | 若事件 $A$ 发生,则事件 $B$ 发生 | $A$ 是 $B$ 的子集 |
| $A = B$ | 事件 $A$ 与事件 $B$ 相等 | $A$ 与 $B$ 相等 |
| $A \cup B$ | 事件 $A$ 与事件 $B$ 至少有一个发生 | $A$ 与 $B$ 的并集 |
| $AB$ | 事件 $A$ 与事件 $B$ 同时发生 | $A$ 与 $B$ 的交集 |
| $A - B$ | 事件 $A$ 发生而事件 $B$ 不发生 | $A$ 与 $B$ 的差集 |
| $AB = \varnothing$ | 事件 $A$ 和事件 $B$ 互不相容 | $A$ 与 $B$ 没有相同的元素 |

下面,我们给出事件之间的关系与事件之间的运算在概率论中的具体表示和含义。在下面的论述中所有关于事件的关系及运算的符号与集合的关系及运算的符号基本一致。虽然在许多场合,用集合论的语言来描述事件间的关系及运算显得简练,也更易理解,但是学会用概率论的语言来描述事件间的关系及运算并加以应用,也是十分重要的。如没有特别声明,在以下的叙述中总默认样本空间 $\Omega$ 与事件(如事件 $A$、事件 $B$ 等)是已经预先给定了的。

### 1.1.4.1　事件的包含关系

事件 $A$ 与事件 $B$ 作为 $\Omega$ 的两个子集,“事件 $A$ 发生必然导致事件 $B$ 发生”意味着事件 $A$ 中的样本点全在事件 $B$ 中,记作 $A \subset B$ 或 $B \supset A$ ,称作**事件 $A$ 包含于事件 $B$** ,或称事件 $B$ 包含事件 $A$ ,也可以说事件 $A$ 是事件 $B$ 的子事件。

因为不可能事件 $\varnothing$ 不含有任何样本点 $\omega$ ,所以对任意一个事件 $A$ ,不妨约定 $\varnothing \subset A$ 。

如果有 $A \subset B$ 与 $A \supset B$ 同时成立,则称**事件 $A$ 与 $B$ 相等**,记作 $A = B$ 。易知,相等的两个事件总是同时发生或同时不发生的。

### 1.1.4.2　事件的和

将“事件 $A$ 与 $B$ 中至少有一个发生”称作**事件 $A$ 与 $B$ 的和(或并)**,记作 $A \cup B$ 。

复杂事件本质上就是若干基本事件的和事件。

### 1.1.4.3 事件的积

将“事件 $A$ 与 $B$ 同时发生”称作**事件 $A$ 与 $B$ 的积(或交)**,记作 $A \cap B$ (或 $AB$ )。显然有 $AB \subset A$ , $AB \subset B$ 。

事件的和运算与积运算都可以推广到多个事件,若有 $n$ 个(可以是可列无限个,此时 $n$ 为 $+\infty$)事件 $A_1,A_2,\cdots,A_n$ ,则“$A_1,A_2,\cdots,A_n$ 中至少发生其中的一个”称作 **$A_1,A_2,\cdots,A_n$ 的和(并)**,事件记作 $A_1 \cup A_2 \cup \cdots \cup A_n$ 或 $\bigcup_{i=1}^{n} A_i$ ;“$A_1,A_2,\cdots,A_n$ 同时发生”称作 **$A_1,A_2,\cdots,A_n$ 的积(交)**,记作 $A_1A_2\cdots A_n$ 或 $\bigcap_{i=1}^{n} A_i$ 。

### 1.1.4.4 两事件的差事件

“事件 $A$ 发生而 $B$ 不发生”,这样的事件称为**事件 $A$ 与 $B$ 的差**,记作 $A - B$ 。

### 1.1.4.5 互斥事件或互不相容事件

若事件 $A$ 与 $B$ 不能同时发生,即 $AB = \varnothing$ ,则称**事件 $A$ 与 $B$ 是互斥事件或互不相容事件**。$A_1,A_2,\cdots,A_n$ 互斥指的是 $A_1,A_2,\cdots,A_n$ 两两互斥。

### 1.1.4.6 对立事件或逆事件

若事件 $A$ 与 $B$ 互不相容,且它们的和为必然事件,即 $AB = \varnothing$ 及 $A \cup B = \Omega$ ,则称 **$A$ 与 $B$ 为对立事件或互为逆事件**,事件 $A$ 的逆事件记作 $\overline{A}$ ,即 $\overline{A} = \Omega - A$ 。

显然 $A - B = A - AB = A\overline{B}$ 。

易知,若事件 $A$ 与 $B$ 互逆,则必互斥;若事件 $A$ 与 $B$ 互斥,则不一定互逆。另外,在一次试验中,若 $A$ 发生,则 $\overline{A}$ 必不发生(反之亦然),即 $A$ 与 $\overline{A}$ 两者只能且必然发生其中之一。当事件 $A$ 较复杂而 $\overline{A}$ 较简单时,可通过研究 $\overline{A}$ 来研究 $A$ 。

英国逻辑学家维恩(Venn)给出了一种用几何图形表示事件之间关系和运算的方法,这些几何图形称为**维恩图(或文氏图)**(见图 1.1.2)。

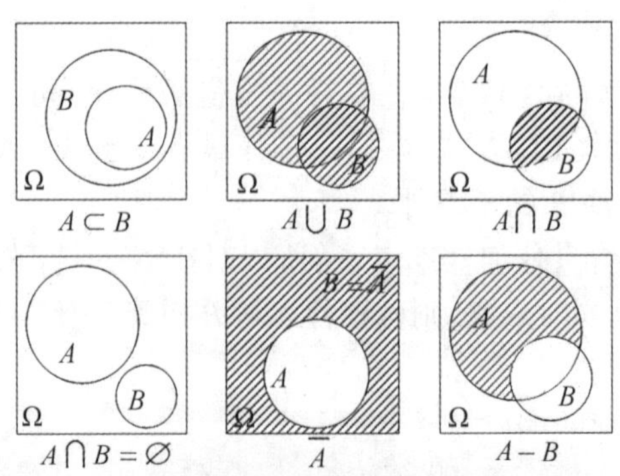


图 1.1.2 事件间关系和运算的维恩图

**例 1.1.4** 考察并记录某一位同学在一次数学考试中的百分制成绩,定义随机变量 $T$ 为学生的考试成绩,样本空间 $\Omega = \{T = t \mid 0 \leqslant t \leqslant 100\}$ 。分别用 $A,B,C,D,P,F$ 表示下列各事件:

$A$:优秀($T \in [90,100]$)。

$B$:良好($T \in [80,90)$)。

$C$:中等($T \in [70,80)$)。

$D$:及格($T \in [60,70)$)。

$P$:通过($T \in [60,100]$)。

$F$:未通过($T \in [0,60)$)。

则 $A,B,C,D,F$ 是两两不相容事件;$P$ 与 $F$ 互为对立事件,即有 $\overline{P}=F$;$A,B,C,D$ 均为 $P$ 的子事件,且有 $P = A \cup B \cup C \cup D$。

这里,我们用随机变量表示事件时,积事件 $\{X \in A_X\} \cap \{Y \in B_Y\}$ 在本书中记为 $\{X \in A_X, Y \in B_Y\}$ ,例如,事件 $\{T > 75, T \leqslant 90\}$ 表示 $\{T > 75\} \cap \{T \leqslant 90\}$ ,即 $\{75 < T \leqslant 90\}$ 。

**例 1.1.5**　在统计学系一到四年级的全体学生中随机选出一名,令事件 $A$ 表示"选出的学生是女生",事件 $B$ 表示"选出的学生是二年级的",事件 $C$ 表示"选出的学生是学生干部"。试回答下列问题:

(1)叙述事件 $AB\overline{C}$ 的意义;

(2)在什么情况下 $C \subset B$ ?

(3)在什么情况下 $ABC = C$ 成立?

(4)在什么情况下 $\overline{A} = C$ 成立?

**解**:(1) $AB\overline{C}$ 是指当选的学生是二年级女生,但不是学生干部。

(2) $C \subset B$ 表示全部学生干部都是二年级学生,即在除二年级学生之外的其他年级没有学生干部当选的条件下才有 $C \subset B$ 。

(3) $ABC = (AB) \cap C$ ,因此 $ABC = C$ 只有在 $C \subset AB$ 的情况下才能成立,即 $C \subset A, C \subset B$ 同时成立。用具体事件来描述的话,因为学生是任意选出的,所以只有在全部学生干部都是二年级女生的时候,才有 $ABC = C$ 。

(4) $\overline{A} = C$ 成立的充要条件是 $\overline{A} \subset C$ 且 $C \subset \overline{A}$ 。前者表示若当选的是男生则一定是学生干部,后者表示若当选的是学生干部则一定是男生。换句话说,需要男生全部是学生干部并且学生干部全都是男生,在这样的条件下, $\overline{A} = C$ 才能成立。

### 1.1.5　事件的运算性质

设 $A,B,C$ 为事件,事件的运算具有下述性质:

(1)交换律: $A \cup B = B \cup A, A \cap B = B \cap A$;

(2)结合律: $A \cup (B \cup C) = (A \cup B) \cup C, A \cap (B \cap C) = (A \cap B) \cap C$;

(3)分配律: $A \cup (B \cap C) = (A \cup B) \cap (A \cup C), A \cap (B \cup C) = (A \cap B) \cup (A \cap C)$ ;

(4)德 · 摩根(De Morgan)对偶律: $\overline{A \cup B} = \overline{A} \cap \overline{B}, \overline{A \cap B} = \overline{A} \cup \overline{B}$ 。

上述运算律可推广到有限个或可列个事件的情形。例如,对偶律有 $\overline{\bigcup_{i=1}^{n} A_i} = \bigcap_{i=1}^{n} \overline{A_i}$ , $\overline{\bigcap_{i=1}^{n} A_i} = \bigcup_{i=1}^{n} \overline{A_i}$ , $\overline{\bigcup_{i=1}^{+\infty} A_i} = \bigcap_{i=1}^{+\infty} \overline{A_i}$ , $\overline{\bigcap_{i=1}^{+\infty} A_i} = \bigcup_{i=1}^{+\infty} \overline{A_i}$ 。

这些规律不难通过集合论的语言来证明。

**例 1.1.6**　化简下列事件：

(1) $(\bar{A} \cup \bar{B})(\bar{A} \cup B)$；(2) $A\bar{B} \cup \bar{A}B \cup \bar{A}\,\bar{B}$。

**解：**(1) $(\bar{A} \cup \bar{B})(\bar{A} \cup B) = [\bar{A}(\bar{A} \cup B)] \cup [\bar{B}(\bar{A} \cup B)]$（分配律）

$= (\bar{A}\,\bar{A} \cup \bar{A}B) \cup (\bar{B}\,\bar{A} \cup \bar{B}B)$（分配律）

$= (\bar{A} \cup \bar{A}B) \cup (\bar{B}\,\bar{A} \cup \varnothing)$

$= \bar{A} \cup \bar{B}\,\bar{A} = \bar{A}$（因 $\bar{A}B \subset \bar{A}$，$\bar{B}\,\bar{A} \subset \bar{A}$）

(2) $A\bar{B} \cup \bar{A}B \cup \bar{A}\,\bar{B} = A\bar{B} \cup \bar{A}B \cup \bar{A}\,\bar{B} \cup \bar{A}\,\bar{B}$

$= (A\bar{B} \cup \bar{A}\,\bar{B}) \cup (\bar{A}B \cup \bar{A}\,\bar{B})$（交换律、结合律）

$= (A \cup \bar{A})\bar{B} \cup \bar{A}(B \cup \bar{B}) = \bar{B} \cup \bar{A} = \overline{AB}$（对偶律）

用事件的运算来表示一个复杂事件，方法往往是不唯一的，特别是在解决具体问题时，要根据需要选择一种恰当的表示方法。

## 习题 1.1

1.甲、乙、丙三人各射一次靶，记事件 $A$ –“甲中靶”、事件 $B$ –“乙中靶”、事件 $C$ –“丙中靶”，则可用上述三个事件的运算来分别表示下列各事件：

(1)“甲未中靶”；

(2)“甲中靶而乙未中靶”；

(3)“三人中只有丙未中靶”；

(4)“三人中恰好有一人中靶”；

(5)“三人中至少有一人中靶”；

(6)“三人中至少有一人未中靶”；

(7)“三人中恰有两人中靶”；

(8)“三人中至少两人中靶”；

(9)“三人均未中靶”；

(10)“三人中至多一人中靶”；

(11)“三人中至多两人中靶”。

2.请叙述下列事件的对立事件：

(1)事件 $A$ –“掷两枚硬币，皆为正面”；

(2)事件 $B$ –“射击三次，皆命中目标”；

(3)事件 $C$ –“加工四个零件，至少有一个合格品”。

3.证明下列事件关系：

(1) $A = AB \cup A\bar{B}$；

(2) $A \cup B = A \cup \bar{A}B$。

4.指出下列各等式是否成立,并说明理由:

(1) $A \cup B = (A\overline{B}) \cup B$;

(2) $\overline{A}B = A \cup B$;

(3) $\overline{A \cup B} \cap C = \overline{A}\,\overline{B}\,\overline{C}$;

(4) $(AB)(A\overline{B}) = \varnothing$。

## 1.2　概率的定义与等可能概型

### 1.2.1　概率的定义

"概率"现在已经是生活中经常用到的一个词了,指的是对随机现象的诸多可能结果发生几率的一种数量化描述,用来度量随机事件发生的可能性的大小(数值)。

通过大量观察和试验,我们发现直接计算某个随机事件的概率实际上是一件非常困难的事,随机事件的概率常常是在比较特殊的情况下才能获得的。为了解决这个问题,人们往往通过大量重复的试验去估计随机事件的概率,这就引出了频率与概率的关系。

在相同条件下进行重复的试验,如果随机事件 $A$ 在 $n$ 次重复的试验中共发生了 $n_A$ 次,称

$$f_n(A) = \frac{n_A}{n}$$

为随机事件 $A$ 发生的**频率**。

**例 1.2.1**　著名的无理数圆周率 $\pi$($\pi = 3.1415926\cdots\cdots$)是一个无限不循环小数,古往今来有很多数学家为了计算它付出了巨大的心血。

我国数学家祖冲之把圆周率计算到小数点后七位,这个纪录一直保持了一千多年!后来,不断有人用几何的方法、分析的方法,甚至是概率的方法,力图把圆周率算得更精确。

历史上,曾经有学者宣称自己可以把圆周率计算到小数点后 707 位,并且公布了自己得到的 $\pi$ 的数值。但之后,另一位学者对这个数值质疑,他统计了这个数值的 608 位小数,得到了表 1.2.1。

**表 1.2.1　不同数字出现的频数统计**

| 数字 | 0 | 1 | 2 | 3 | 4 | 5 | 6 | 7 | 8 | 9 |
|---|---|---|---|---|---|---|---|---|---|---|
| 出现次数 | 60 | 62 | 67 | 68 | 64 | 56 | 62 | 44 | 58 | 67 |

你能猜猜他产生怀疑的原因吗?

**解**:因为 $\pi$ 是一个无限不循环小数,所以,理论上,圆周率中的全部数字中,0 ~ 9 每个数字出现的次数应近似相等,也就是这十个数字出现的可能性应该差别不大。那么,对圆周率足够多位小数进行统计之后,0 ~ 9 十个数字出现的频率应都接近于 0.1。但在这个预测值中,数字"7"出现的频率过小。

**例 1.2.2**　考察英语中给定字母出现的频率时人们发现,当观察字母的数量 $n$ 较小时,频率有较大幅度的波动,但随着 $n$ 值的增大,频率呈现出稳定性,见表 1.2.2。

表 1.2.2　英文字母的使用频率

| 字母 | 使用频率 | 字母 | 使用频率 | 字母 | 使用频率 |
|---|---|---|---|---|---|
| E | 0.1268 | L | 0.0394 | P | 0.0189 |
| T | 0.0978 | D | 0.0389 | B | 0.0156 |
| A | 0.0788 | U | 0.0280 | V | 0.0102 |
| O | 0.0776 | C | 0.0268 | K | 0.0060 |
| I | 0.0707 | F | 0.0256 | X | 0.0016 |
| N | 0.0706 | M | 0.0244 | J | 0.0010 |
| S | 0.0634 | W | 0.0214 | Q | 0.0009 |
| R | 0.0594 | Y | 0.0202 | Z | 0.0006 |
| H | 0.0573 | G | 0.0187 | | |

字母频率分析有着重要的实用价值,如在密码学解码理论中可以利用它有效地破解移位替换密码;在编码理论中可以用较短的码编排使用频率较高的字母;计算机键盘设计时使用频率较高的字母被安排在较方便的位置;等等。

大量的试验发现,尽管每做一串( $n$ 次)试验,事件 $A$ 发生的频率 $f_n(A)$ 可以各不相同,但是只要 $n$ 足够大, $f_n(A)$ 总在某个数值附近摆动,这个频率的稳定值反映了事件 $A$ 发生的可能性的大小。这个稳定值便应该是事件 $A$ 概率的取值。由此可见,随着试验次数的增加,频率 $f_n(A)$ 与事件 $A$ 的概率会非常接近,因此,在这个意义下,概率是可以通过频率来“测量”的。

**定义 1.2.1(概率的统计定义)**　在相同条件下进行重复试验,如果随机事件 $A$ 在 $n$ 次重复试验中发生的频率

$$f_n(A)=\frac{n_A}{n}$$

随着试验次数 $n$ 的增加而稳定地在某个常数 $p(0\leqslant p\leqslant 1)$ 附近波动,则称 $p$ 为**事件 $A$ 发生的概率**,记作 $P(A)$ 。事件 $\{X\in B\}$ 发生的概率可以记作 $P\{X\in B\}$ 。

在实际应用问题中,在相同条件下进行大量的重复试验,用试验次数足够多时的频率来估计概率的大小。有理由相信,随着试验次数的增加,估计的精度会越来越高。

但据此进行概率的研究是十分困难的,我们不可能对在实际生产生活中的每一个随机现象都进行大量重复的试验;而且,概率的频率解释只是为概率提供了经验基础,不能作为一个严格的数学定义。在概率论的研究中,对每一个客观的随机事件进行具体描述并不是最终目的,我们希望能够提取出现实世界中所有具体的概率的共性,对其抽象升华——让“概率”一词不仅对应于随机事件的具体数字,而且能够成为一种研究随机性与规律性的有力数学工具。

对于一个随机事件来说,它的可能性大小的度量是由它自身决定的,并且是客观存在的,是随机事件自身的一个属性。虽然频率只是概率的近似,或者说频率的稳定值只是概率的外在表现,并非概率的本质,但是我们仍然可以从频率表现出的一些性质上得到启发,并猜想概率是否也具有类似的性质表现。

由前文中频率的定义可得:

(1) $n_A\geqslant 0$, 所以 $f_n(A)\geqslant 0$;

(2) $\Omega$ 是必然事件,所以 $n_\Omega=n$,从而 $f_n(\Omega)=1$;

(3)若 $A_1,A_2,\cdots,A_m$ 是两两互不相容的事件,则 $A_1\cup A_2\cup\cdots\cup A_m$ 发生的次数一定是所有 $A_1,A_2,\cdots,A_m$ 发生的次数之和,即 $n_{A_1\cup A_2\cup\cdots\cup A_m}=n_{A_1}+n_{A_2}+\cdots+n_{A_m}$ ,从而有 $f_n(A_1\cup A_2\cup\cdots\cup A_m)=f_n(A_1)+f_n(A_2)+\cdots+f_n(A_m)$ 成立。

这三条性质与具体的随机现象和试验次数无关,具有普遍性。由此可以总结出频率具有下述基本性质:

(1)**非负性**,即 $f_n(A)\geqslant 0$;

(2)**规范性**,即若 $\Omega$ 是必然事件,则 $f_n(\Omega)=1$;

(3)**有限可加性**,即若事件 $A_1,A_2,\cdots,A_m$ 是两两互不相容的事件,则

$$f_n(A_1\cup A_2\cup\cdots\cup A_m)=f_n(A_1)+f_n(A_2)+\cdots+f_n(A_m)$$

基于频率的这些性质以及概率与频率的关系,1933 年,著名的苏联数学家柯尔莫哥洛夫在他的《概率论的基本概念》一书中给出了现在已被广泛接受的概率公理化体系,第一次将概率论建立在严密的逻辑基础上。从概率论有关问题的研究算起,经过近三个世纪的漫长探索,人们才真正完整地实现了对概率的严格数学定义,完善了概率论的理论体系,从而将之更好地应用于实际问题。

**定义 1.2.2(概率的公理化定义)**　设 $E$ 是随机试验, $\Omega$ 是它的样本空间,对于 $E$ 的每一个事件 $A$ 赋予一个实数,记为 $P(A)$ ,若 $P(A)$ 满足:

(1)非负性:对每一个事件 $A$ ,有 $P(A)\geqslant 0$,

(2)规范性: $P(\Omega)=1$,

(3)可列可加性:设 $A_1,A_2,\cdots$ 是两两互不相容的事件,则 $P\left(\bigcup_{i=1}^{\infty}A_i\right)=\sum_{i=1}^{\infty}P(A_i)$,

则称 $P(A)$ 为事件 $A$ 的概率。

任何一个数学概念都是对现实世界的抽象,这种抽象使得其具有广泛的适用性。概率的公理化定义,就是对“概率”这个词的含义进行了重新定义,提炼了概率的本质,使这个数学工具变得更加强大。

### 1.2.2　概率的性质

很明显,概率的公理化定义概括和推广了概率的频率定义,并弥补了概率的频率定义的不足,但它也没有给出具体的计算方法。这并不妨碍我们从概率的公理化定义出发,获得概率的一系列重要性质。

(1) $P(\varnothing)=0$。

**证明**:因为 $\Omega=\Omega\cup\varnothing\cup\varnothing\cup\cdots$ ,由概率的可列可加性知, $P(\Omega)=P(\Omega)+P(\varnothing)+P(\varnothing)+\cdots$ ,从而由概率的非负性知 $P(\varnothing)=0$。

(2)**有限可加性**:设 $A_1,A_2,\cdots,A_n$ 是 $n$ 个两两互不相容的事件,则 $P\left(\bigcup_{i=1}^{n}A_i\right)=\sum_{i=1}^{n}P(A_i)$ 。

**证明**:因为 $\bigcup_{i=1}^{n}A_i=A_1\cup A_2\cup\cdots\cup A_n\cup\varnothing\cup\varnothing\cup\cdots$ ,由概率的可列可加性及 $P(\varnothing)=0$ 可得 $P\left(\bigcup_{i=1}^{n}A_i\right)=\sum_{i=1}^{n}P(A_i)$ 。

(3)**逆事件的概率**:对任一随机事件 $A$ ,有 $P(\bar{A}) = 1 - P(A)$ 。

**证明**:因为 $A \cup \bar{A} = \Omega, A\bar{A} = \varnothing$ ,由有限可加性得

$$1 = P(\Omega) = P(A \cup \bar{A}) = P(A) + P(\bar{A})$$

即 $P(\bar{A}) = 1 - P(A)$。

(4)若 $A \supset B$,则 $P(A - B) = P(A) - P(B)$。

**证明**:因为当 $A \supset B$ 时,有 $A = B \cup (A - B)$ 且 $B \cap (A - B) = \varnothing$。由有限可加性得 $P(A) = P(B) + P(A - B)$ 。移项即得。

由此,结合概率的非负性可以得到:若 $A \supset B$, 则 $P(A) \geqslant P(B)$, 此称为**概率的单调性**。

(5)**减法公式**:若 $A,B$ 为任意两个事件,则

$$P(A - B) = P(A\bar{B}) = P(A - AB) = P(A) - P(AB)$$

(6)**加法公式**:对任意的两个事件 $A,B$, 有

$$P(A \cup B) = P(A) + P(B) - P(AB)$$

**证明**:因为 $A \cup B = A \cup (B - AB)$ , $A \cap (B - AB) = \varnothing$ ,由有限可加性得

$$P(A \cup B) = P(A) + P(B - AB)$$

又因为 $AB \subset B$ ,从而由性质(4)即得

$$P(A \cup B) = P(A) + P(B) - P(AB)$$

且有 $P(A \cup B) \leqslant P(A) + P(B)$ 。

性质(6)可应用归纳法推广到任意有限个事件,设 $A_1, A_2, \cdots, A_n$ 是任意的 $n$ 个事件,则有

$$P(\bigcup_{i=1}^{n} A_i) = \sum_{i=1}^{n} P(A_i) - \sum_{1 \leqslant i < j \leqslant n} P(A_iA_j) + \sum_{1 \leqslant i < j < k \leqslant n} P(A_iA_jA_k) + \cdots + (-1)^{n-1}P(A_1A_2\cdots A_n)$$

这个式子称为概率的一般加法公式。

特别地,对于任意三个事件 $A,B,C$ ,有

$$P(A \cup B \cup C) = P(A) + P(B) + P(C) - P(AB) - P(AC) - P(BC) + P(ABC)$$

这些性质与我们对概率的日常认知是完全相符的。需要注意的是,不可能事件的概率是 0;但是相应的逆命题,即**“概率为 0 的事件是不可能事件”是一个假命题**。

**例 1.2.3** 将一个质点随机投射到区间 $[a,b]$ 内,且该质点落在 $[a,b]$ 中的任一子区间 $B = [c,d] \subset [a,b]$ 中的概率,均与 $B$ 的长度 $l_B$ 成正比,而与 $B$ 在 $[a,b]$ 中的位置无关。如果记“点落入 $B$ 中”这一事件为 $B$ ,则

$$P(B) = \frac{l_B}{b - a} = \frac{d - c}{b - a}$$

对于每一次这样的随机试验,记质点落点对应的数字为随机变量 $X$ ,求随机变量 $X$ 取区间 $[a,b]$ 内的任意一个数的概率。

**解**:很容易验证,这里定义的概率满足公理化定义的三个要求。随机变量 $X$ 的取值充满了整个区间 $[a,b]$ 。对于区间 $B = [c,d] \subset [a,b]$ ,有

$$P\{c \leqslant X \leqslant d\} = P(B) = \frac{d - c}{b - a}$$

而对于任意的 $x \in [a,b]$ ,有

$$P\{X = x\} = P\{x \leqslant X \leqslant x\} = \frac{x - x}{b - a} = 0$$

即事件 $\{X = x\}$ 的概率为 0,但显然这不是一个不可能事件。

同理,必然事件的概率是 1,但并**不能反过来说"概率是 1 的事件是必然事件"**。本例中,事件 $\{X \in [a,b]$ 且 $X \neq x\}$ 的概率为 1,但这并不是一个必然事件。

**例 1.2.4**　某城市中发行两种报纸 A、B。经调查,住户中订阅 A 报的有 45%,订阅 B 报的有 35%,同时订阅两种报纸的有 10%。求订户只订一种报纸的概率 $\alpha$。

**解**:记事件 $A = \{$订阅 A 报$\}$, $B = \{$订阅 B 报$\}$,则

$$\{\text{只订一种报}\} = (A - B) \cup (B - A)$$

又知这两件事是互不相容的,因而有

$$\alpha = P(A - B) + P(B - A) = P(A) - P(AB) + P(B) - P(AB)$$
$$= 0.45 - 0.1 + 0.35 - 0.1 = 0.6$$

**例 1.2.5**　已知 $P\{X < 0\} = P\{Y < 0\} = \dfrac{1}{3}$, $P\{X < 0, Y < 0\} = \dfrac{1}{6}$,求 $P\{\max\{X,Y\} \geqslant 0\}$ 与 $P\{\min\{X,Y\} < 0\}$。

**解**:

$$P\{\max\{X,Y\} \geqslant 0\} = 1 - P\{\max\{X,Y\} < 0\} = 1 - P\{X < 0, Y < 0\} = \frac{5}{6}$$

$$\begin{aligned} P\{\min\{X,Y\} < 0\} &= P(\{X < 0\} \cup \{Y < 0\}) \\ &= P\{X < 0\} + P\{Y < 0\} - P\{X < 0, Y < 0\} \\ &= \frac{1}{3} + \frac{1}{3} - \frac{1}{6} = \frac{1}{2} \end{aligned}$$

## 1.2.3　古典概型与计数原理

### 1.2.3.1　古典概型

在一些经典的随机现象中,由于某种机制的客观作用,所观察到的不同基本事件发生的随机性的度量在客观上是完全相同的,我们就可以称这些事件的发生是等可能的。

例如,一个纸桶中装有 10 个大小、形状完全相同的球。将球编号为 1 ~ 10。把球搅匀,蒙上眼睛从中任取一球。因为抽取时这些球被抽到的可能性是一样的,所以我们没有理由认为这 10 个球中的某一个会比另一个更容易被抽得,也就是说,这 10 个球中的任何一个被抽取的可能性均为 0.1。

类似这样"等可能"的例子有很多:体育彩票的摇奖,摸出不同号彩球的可能性都是一样的,因而摸球这个事件就具有等可能性;抽查产品质量,一批产品中每一件产品被抽到的可能性在客观上是相同的,因而抽到任何一个产品具有等可能性。

这一类带有"等可能性"的随机试验是一类最简单的概率模型,它曾经是概率论发展初期主要的研究对象。概括地说,若随机试验具有下述特征:

(1)样本空间的元素(即样本点)只有有限个,不妨设为 $n$ 个,并记它们为 $\omega_1, \omega_2, \cdots, \omega_n$;

(2)每个基本事件发生的可能性是相等的,即有 $P\{\omega_1\} = P\{\omega_2\} = \cdots = P\{\omega_n\}$。

这种等可能性的概率模型称为**古典概型**。

对于古典概型来说,假设它的样本空间 $\Omega = \{\omega_1, \omega_2, \cdots, \omega_n\}$,那么从概率的公理化定义和

有限可加性可以得到 $1=P(\Omega)=P\{\omega_1\}+P\{\omega_2\}+\cdots+P\{\omega_n\}$，于是

$$P\{\omega_1\}=P\{\omega_2\}=\cdots=P\{\omega_n\}=\frac{1}{n}$$

而对任意一个随机事件 $A\subset\Omega$，都可以将其表示为若干个基本事件的和，即 $A=\omega_{i_1}\cup\omega_{i_2}\cup\cdots\cup\omega_{i_k}$，则古典概型中事件 $A$ 的概率为

$$P(A)=P\left\{\bigcup_{j=1}^{k}\omega_{i_j}\right\}=\sum_{j=1}^{k}P\{\omega_{i_j}\}=\frac{k}{n}=\frac{A\text{ 包含的基本事件数}}{S\text{ 中基本事件的总数}}$$

不难验证，古典概型中如此定义的概率 $P(\cdot)$，的确满足概率公理化定义中的要求，即满足非负性、规范性和(可列)可加性。

**例 1.2.6** 在盒子中有六个形状相同的球，将其分别标为号码 1,2,…,6，从中任取一球，求此球的号码为偶数的概率。

**解法一：**记 $i$ 为所取球的号码，$i=1,2,\cdots,6$，样本空间可以表示为 $\Omega_1=\{1,2,\cdots,6\}$。

这是一个古典概型，基本事件总数 $n=6$。又令 $A=\{$所取球的号码为偶数$\}$，显然 $A=\{2,4,6\}$，所以 $A$ 中含有 $n_A=3$ 个基本事件，从而

$$P(A)=\frac{n_A}{n}=\frac{3}{6}=\frac{1}{2}$$

**解法二：**令 $w_0$ 代表“所取球的号码为偶数”，$w_1$ 代表“所取球的号码为奇数”，样本空间可以表示为 $\Omega_2=\{w_0,w_1\}$（如果用随机变量来定义的话，样本空间还可以进一步表示为 $\Omega_2=\{0,1\}$）。两个样本点是等可能的，这也是一个古典概型，因而

$$P\{\omega_0\}=\frac{1}{2}$$

这里需要做以下两点说明：

(1)“等可能性”是“对称性”的一种表现。在例 1.2.6 的解法二中，$w_0,w_1$ 是互相“对称”的，因而是等可能的。对于古典概型来说，正是因为各个基本事件处在“对称”的地位上，所以相互之间是等可能的。如果在盒子中共有七个球，将其分别标为号码 1,2,…,7，那么 $w_0,w_1$ 就失去了对称性，也就不再是等可能的了。

(2)求解古典概型问题的关键，是确定基本事件总数和我们所关注的事件中所包含基本事件的个数。但直接确定这两个数有时候是很困难的，要经过一些思考，选择适当的样本空间来简化问题。上述两种方法基于不同的出发点采取了不同的样本空间，但是考虑的客观问题其实是同一个，事件本质上也是相同的，所以计算出来的概率结果也是一样的。需要注意的是，要在同一个样本空间中对基本事件和我们所关注的事件进行计数，不能混淆不同条件下的样本空间，否则就会导致错误。

#### 1.2.3.2 计数原理

按照计数过程中并行与串行的不同，有以下两个计数原理：

(1)**加法原理：**如果完成一个过程可以有 $n$ 种途径，在第 $i$ 种途径中有 $m_i$（$i=1,2,\cdots,n$）种不同的方法，无论通过哪种方法都可以完成这个过程，那么完成这个过程共有 $N=m_1+m_2+\cdots+m_n$ 种不同的方法。

(2)**乘法原理：**如果完成一个过程共需要 $n$ 个先后步骤，完成该件事必须完成每一步骤。依次地，在第 $i$ 个步骤中有 $m_i$（$i=1,2,\cdots,n$）种不同的方法，那么完成这个过程共有 $N=m_1\times$

$m_2 \times \cdots \times m_n$ 种不同的方法。

**例 1.2.7**　一套书分为五卷：(1)随机地任取三卷摆放到书架上，求这三卷自左至右的卷号顺序共有多少种可能的排列情况；(2)随机地任取三卷摆放到书架上，不考虑摆放顺序，求出现的卷号共有多少种可能的组合情况。

**解**：(1)以 $a,b,c$ 表示自左至右排列的书的卷号，这时一种放置的方式与一个向量 $(a,b,c)$ 相对应，而 $a,b,c$ 只能在 1,2,3,4,5 中不重复地各取一个值。故利用乘法原理，这个向量共有 $5 \times 4 \times 3 \triangleq A_5^3$ 个，即共有 $A_5^3$ 种可能的排列情况。

(2)对于这个问题，在考虑顺序的时候，三个不同的卷号，共有 3! 种排列情况；如果不考虑顺序，那么这六种排列都属于同一种组合情况。所以不考虑摆放顺序，这三册的卷号共有 $\dfrac{A_5^3}{3!} \triangleq C_5^3$ 种可能的组合情况。

在实际的问题中，自然计数过程往往没有这么简单。这时，我们可以对其进行梳理，人为地将复杂的计数过程拆解为若干并行或串行的子过程，再用计数原理进行处理。为了更简明地用数学表示，我们引入以下概念和记号：

(1)共有 $n$ 个不同的对象，允许重复地排列其中 $r$ 个对象，**有放回的不同排列总数**为 $n^r$。

(2)共有 $n$ 个不同的对象，不重复地排列其中 $r(1 \leqslant r \leqslant n)$个对象，**无放回的不同排列总数**为

$$A_n^r = n(n-1)(n-2)\cdots(n-r+1)$$

(3)共有 $n$ 个不同的对象，不重复地组合其中 $r(1 \leqslant r \leqslant n)$个对象，**无放回的不同组合总数**为

$$C_n^r = \frac{A_n^r}{r!} = \frac{n!}{r!\ (n-r)!}$$

一般地，将 $n$ 个不同对象分成 $k$ 堆，各堆分别拥有 $r_1, r_2, \cdots, r_k$ 个对象的分法数为

$$C_n^{r_1} \cdot C_{n-r_1}^{r_2} \cdot C_{n-r_1-r_2}^{r_3} \cdots C_{n-r_1-r_2-\cdots-r_{k-1}}^{r_k}$$

其中，$r_i > 0, i = 1,2,\cdots,k$，$r_1 + r_2 + \cdots + r_k = n$。

组合系数 $C_n^r$ 又称为二项式系数，利用它可以把二项式幂展开成为

$$(a+b)^n = \sum_{i=0}^{n} C_n^i a^i b^{n-i}$$

在上式中令 $a = b = 1$，可得组合数公式：$C_n^0 + C_n^1 + \cdots + C_n^n = 2^n$。

(4)共有 $n$ 个不同的对象，每次任取一个，放回后再取下一个，如此连续取 $r$（此处 $r$ 可以大于 $n$）次，所得的**重复组合总数**为

$$C_{n+r-1}^r = C_{n+r-1}^{n-1}$$

这里可以这样理解：将 $n$ 个不同的对象看作 $n$ 个盒子，如果第 $i$ 个对象被取到过一次，就相当于在此盒子中放置一枚球(球是相同的)。因为共取 $r$ 次，所以相当于有 $r$ 枚相同的球被任意划分到 $n$ 个盒子中，$n$ 个盒子有 $n-1$ 个边界间隔。因而重复组合就相当于在 $n+r-1$ 个位置上任选 $r$ 个位置放置球，或者是在这 $n+r-1$ 个位置上任选 $n-1$ 个放置盒子边界间隔。

在用排列组合公式计算古典概率时，必须注意在计算样本空间 $\Omega$ 和事件 $A$ 所包含的基本事件数时，基本事件数的多少与问题是排列还是组合有关，不要重复计数，也不要遗漏。

**例 1.2.8**　一副扑克牌(52 张正牌，去除 2 张副牌)，从中任取 13 张，求至少有 1 张“A”的概率。

**解**:设 $A$ = {任取的 13 张中至少有 1 张是“A”},样本空间中样本点总数为 $C_{52}^{13}$。直接计算 $A$ 中所含的样本点数较困难,但 $\bar{A}$ = {任取的 13 张中无 1 张是“A”},而 $\bar{A}$ 中的样本点数为 $C_{48}^{13}$。由逆事件的概率计算公式可知

$$P(A) = 1 - P(\bar{A}) = 1 - \frac{C_{48}^{13}}{C_{52}^{13}} \approx 0.696$$

### 1.2.3.3 代表性模型

古典概率问题是我们学习概率论最先接触的研究对象,其问题涉及生活各个方面,相关的古典概率模型也十分丰富,在这里我们选择具有代表性的模型予以介绍,同时也给出解决古典概率问题的基本思路及技巧。

**例 1.2.9** 箱中有 100 件外形一样的同批产品,其中正品 60 件,次品 40 件。现按下列两种方法抽取产品:(1) 每次任取一件,经观察后放回箱中,再任取下一件,这种抽取方法叫作**有放回抽样**。(2) 每次任取一件,经观察后不放回,在剩下的产品中再任取一件,这种抽取方法叫作**无放回抽样**。试分别用这两种方法抽样,求从这 100 件产品中任意抽取 3 件,其中有 2 件次品的概率。

**解**:(1) 由于每次抽取后都放回,故每次抽取产品都是从原 100 件中抽取,则从 100 件中任意抽取 3 件的所有可能的取法共有 $100^3$ 种,因此,样本空间基本事件总数 $n = 100^3$。再考虑事件 $A$ = {3 件中有 2 件次品} 所包含的基本事件数,由于任取 3 件中有 2 件次品的所有可能取法有 $C_3^2$ 种,而 2 件次品是从 40 件次品中任意取出的,可能的取法又有 $40^2$ 种,另外一件正品是从 60 件正品中任意抽取的,有 60 种取法。因此有

$$p(A) = \frac{C_3^2 \times 40^2 \times 60}{100^3} = 0.288$$

(2) 由于每次抽取一件经观察后不放回,因此第一次是从 100 件中任取一件,第二次是从第一次取后剩下的 99 件中任取一件,第三次是从第二次取后剩下的 98 件中任取一件,从而样本空间总数 $n = 100 \times 99 \times 98$。$A$ 中所含基本事件数 $n_A = C_3^2 \times 40 \times 39 \times 60$,因此有

$$P(A) = \frac{C_3^2 \times 40 \times 39 \times 60}{100 \times 99 \times 98} \approx 0.289$$

一般地,采用有放回抽样与无放回抽样计算的概率结果是不同的,当抽取对象的数目较少时,差异较大,但当被抽取的数目较大,而抽取的数目又较小时,用这两种方式抽样所计算的概率数值相差不大。

**例 1.2.10(分房问题)** 设有 $n$ 个人,每个人都等可能地被分配到 $N$ 个房间中的任意一间去住($n \leqslant N$),求下列事件的概率:(1) 指定的 $n$ 个房间各有一个人住;(2) 恰好有 $n$ 个房间,其中各住一个人。

**解**:因为每一个人有 $N$ 个房间可供选择,所以 $n$ 个人住的方式共有 $N^n$ 种,它们是等可能的,在(1) 中,指定的 $n$ 个房间各有一个人住,其可能总数为 $n$ 个人的全排列 $n!$,于是 $P_1 = \frac{n!}{N^n}$。

在(2) 中,$n$ 个房间可以在 $N$ 个房间中任意选取,其总数有 $C_N^n$ 个,对选定的 $n$ 个房间,按前述的讨论可知有 $n!$ 种分配方式,所以恰有 $n$ 个房间,其中各住一个人的概率为

$$P_2 = \frac{C_N^n n!}{N^n} = \frac{N!}{N^n(N-n)!}$$

这里我们有两点说明：

(1) 如把“分房问题”中的“人”理解为“粒子”，“房间”理解为“粒子”所处的能级(能量状态)，“分房问题”中所描述的模型就是统计物理学中的马克斯威尔-玻尔兹曼(Maxwell-Boltzmann)统计。如“粒子”是不可分辨的，那么上述模型即对应于玻色-爱因斯坦(Bose-Einstein)统计；如粒子是不可分辨的，并且每一个“房间”里最多只能有一个“粒子”，这时就得到费米-狄拉克(Fermi-Dirac)统计。这三种统计在物理学中有各自的适用范围。

(2) 由“分房问题”还可以解释历史上有名的“生日问题”：一年按 365 天算，考虑 $n$ 个人中 ($n \leqslant 365$)，至少有两个人的生日在同一天的概率。直接求事件 $A = \{n$ 个人中至少有两个人的生日相同$\}$ 的概率是比较麻烦的，而利用对立事件求解就简便多了。相应的对立事件是 $\overline{A} = \{n$ 个人的生日全不相同$\}$。把一年的 365 天当作 365 个“房间”，那么问题就可以归纳为“恰有 $n$ 个房间其中各住一个人”

$$P(\overline{A}) = \frac{N!}{N^n \cdot (N-n)!}$$

于是

$$P(A) = 1 - \frac{N!}{N^n \cdot (N-n)!} \quad (N = 365)$$

**例 1.2.11(匹配问题)**　某人一次写了 $n$ 封信，又写了 $n$ 个信封，如果他任意地将 $n$ 张信纸装入 $n$ 个信封中，至少有一封信的信纸和信封是匹配的概率是多少？

**解**：令事件 $A_i = \{$第 $i$ 张信纸恰好装进第 $i$ 个信封$\}$，则所求概率为 $P\left(\bigcup\limits_{i=1}^{n} A_i\right)$，易知有

$$P(A_i) = \frac{1}{n}, \ \sum_{i=1}^{n} P(A_i) = 1$$

$$P(A_iA_j) = \frac{1}{n(n-1)} \ (i \neq j), \ \sum_{1 \leqslant i < j \leqslant n} P(A_iA_j) = C_n^2 \frac{1}{n(n-1)} = \frac{1}{2!}$$

同理可得

$$\sum_{1 \leqslant i < j < k \leqslant n} P(A_iA_jA_k) = C_n^3 \frac{1}{n(n-1)(n-2)} = \frac{1}{3!}$$

$$\vdots$$

$$P(A_1A_2\cdots A_n) = C_n^n \frac{1}{n!} = \frac{1}{n!}$$

由概率的一般加法公式得

$$P\left(\bigcup_{i=1}^{n} A_i\right) = 1 - \frac{1}{2!} + \frac{1}{3!} - \cdots + (-1)^{n-1}\frac{1}{n!}$$

显然，当 $n$ 充分大时，它近似于 $1 - e^{-1}$。

### 1.2.4　几何概型

古典概率的局限性是非常明显的，它只能用于全部试验结果为等可能的有限个随机试验

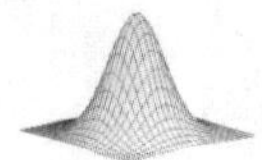



的情形。但在很多实际问题中常常涉及试验结果有无限多个的情形,其中,样本空间为一线段、平面区域或空间立体等的等可能随机试验的概率模型就是“几何概型”,下面举例说明。

设试验的结果可用某一区域 $\Omega$(线段、平面区域或空间立体等)内的点的随机位置来确定,且点落在 $\Omega$ 的任意位置是等可能的。这里“等可能”的含义是指该点落入 $\Omega$ 内区域 $A$ 的可能性只与区域 $A$ 的度量 $\mu(A)$ 有关——与 $\mu(A)$ 成比例,而与区域 $A$ 的位置和形状无关:若区域属于一维空间,$\mu(A)$ 表示 $A$ 在线段上的长度;若区域属于二维空间,$\mu(A)$ 表示 $A$ 在平面区域 $A$ 内的面积;依次类推。样本空间 $\Omega$ 的度量记为 $\mu(\Omega)$ 。

事件“点落在 $\Omega$ 的某一子区域 $A$ 内”,记为事件 $A$ ,则事件 $A$ 的概率满足 $P(A)=\lambda\mu(A)$ ,其中 $\lambda$ 为比例系数,而由于 $P(\Omega)=\lambda\mu(\Omega)$ ,得 $\lambda=\dfrac{1}{\mu(\Omega)}$,从而事件 $A$ 的概率为

$$P(A)=\frac{\mu(A)}{\mu(\Omega)}$$

由此定义的概率模型为**几何概型**。

**例 1.2.12(会面问题)** 甲、乙两人约定在 9 时到 10 时在某处会面,并约定先到者等候另一人 20 分钟,过时就离开。如果每个人可在指定的一小时内任意时刻到达,试计算两人能够会面的概率。

**解:**记 9 时为计算时刻的 0 时,在平面上以 $x$ 和 $y$ 分别表示甲、乙到达约会地点的时刻,以“1 分钟”为单位建立直角坐标系,则 $(x,y)$ 的所有可能结果是 $\Omega=\{(x,y)\mid 0\leqslant x\leqslant 60,0\leqslant y\leqslant 60\}$ ,如图 1.2.1 所示。以 $A$ 表示事件“两人能会面”,则显然有 $A=\{(x,y)\mid(x,y)\in\Omega,\mid x-y\mid\leqslant 20\}$ 。

根据题意,这是一个几何概型问题,于是 $P(A)=\dfrac{\mu(A)}{\mu(\Omega)}=\dfrac{60^2-40^2}{60^2}=\dfrac{5}{9}$ 。

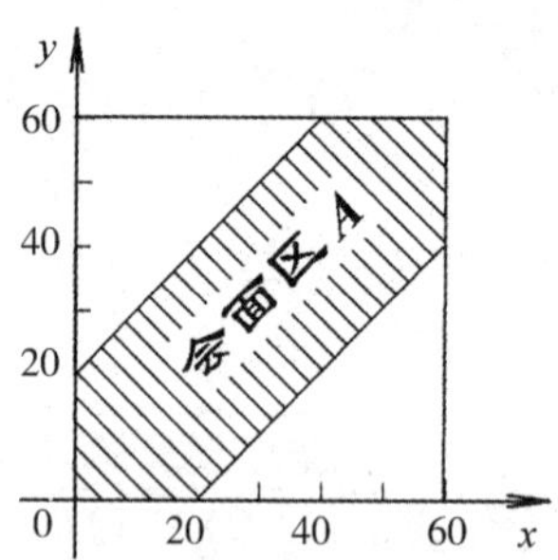


图 1.2.1 会面问题中的区域

**例 1.2.13[蒲丰(Buffon)投针问题]** 平面上画有等距离的平行线,平行线间的距离为 $a(a>0)$ ,向平面任意投掷一枚长为 $l(l<a)$ 的不区分头尾的针,试求针与平行线相交的概率。

**解:**以 $x$ 表示针的中点与最近一条平行线间的距离,又以 $\varphi$ 表示针与此直线间的夹角,如图 1.2.2 所示,易知有 $0\leqslant x\leqslant\dfrac{a}{2},0\leqslant\varphi\leqslant\pi$ 。由此可以确定 $(\varphi,x)$ 平面上的一个矩形 $\Omega$ 。而针与平行线相交的充要条件是 $x\leqslant\dfrac{l}{2}\sin\varphi$ ,即所关注的事件 $A=\{$针与平行线相交$\}=\left\{X\leqslant\dfrac{l}{2}\sin\varphi\right\}$ ,如图 1.2.3 所示。

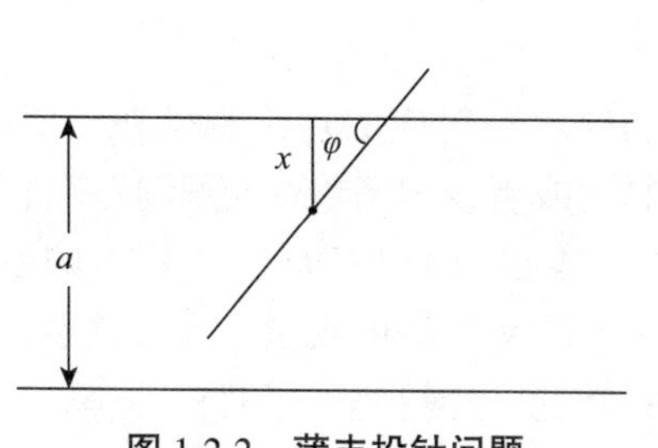


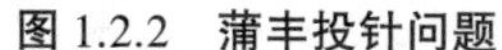

图 1.2.2　蒲丰投针问题

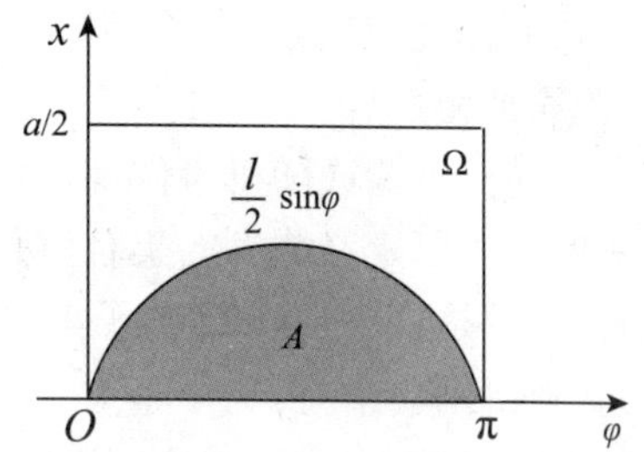


图 1.2.3　蒲丰投针问题中的 Ω 和 A

由等可能性知

$$P(A)=\frac{\mu(A)}{\mu(\Omega)}=\frac{\int_0^{\pi}\frac{l}{2}\sin\varphi\mathrm{d}\varphi}{\pi\cdot\frac{a}{2}}=\frac{2l}{\pi a}$$

蒲丰投针试验是第一个用几何形式表达概率问题的例子，如果 $l$、$a$ 为已知，则以 π 值代入上式即可计算得 $P(A)$ 的值。反过来，如已知 $P(A)$ 的值，则可以利用上式求 π 。这是1777 年法国科学家蒲丰提出的一种计算圆周率 π 的数值的方法——随机投针法，其中关于 $P(A)$ 的值可用频率去近似。如投针 $N$ 次，相交 $n$ 次，则相交频率为 $\frac{n}{N}$，于是 $\pi\approx\frac{2lN}{an}$。表 1.2.3 给出了历史上利用蒲丰投针法计算圆周率 π 的估计值。

这是概率方法的一个应用：只要设计一个随机试验，使一个事件的概率与某个未知数有关，然后通过重复试验，以频率近似概率，即可求得未知数的近似解。一般来说，试验次数越多，求得的近似解越精确。随着计算机技术的普及，人们利用计算机大量重复地模拟所设计的随机试验，使得这种方法得到迅速的发展和广泛的应用。人们称这种方法为**随机模拟法**，也称为**蒙特卡罗**(Monte Carlo)**方法**。

表 1.2.3　利用蒲丰投针法计算圆周率 π 的估计值

| 试验者 | 时间 | 投掷次数(次) | 相交次数(次) | 圆周率估计值 |
|---|---|---|---|---|
| 沃尔夫(Wolf) | 1850 年 | 5000 | 2532 | 3.1596 |
| 史密斯(Smith) | 1855 年 | 3204 | 1218.5 | 3.1554 |
| 德·摩根(De Morgan) | 1860 年 | 600 | 382.5 | 3.137 |
| 福克斯(Fox) | 1884 年 | 1030 | 489 | 3.1595 |
| 拉泽里尼(Lazzerini) | 1901 年 | 3408 | 1808 | 3.1415929 |
| 雷纳(Reina) | 1925 年 | 2520 | 859 | 3.1795 |

蒙特卡罗方法属于试验数学的一个分支，它既能求解随机性的问题，也能求解确定性的问题。例如利用蒙特卡罗方法可以近似地计算定积分。这种方法在应用物理、原子能、固体物理、化学、生态学、社会学以及经济行为等领域中得到广泛应用。

### 1.2.5　概率空间

概率用来度量“事件发生的可能性”的大小，事件的抽象化描述就是集合，需要考察的“事件的全体”，对应到测度论就是“集合系”。“事件发生的可能性”是对事件的一种度量，对应到测度论就是“集合的测度”。

并不是每个随机试验或随机事件都可以定义其概率，对应的理论基础在于不是每个集合都可以定义测度。可以定义测度的集合就是可测集，或者说只有在“可测的”事件上才能定义概率值。同时，事件是样本空间 $\Omega$ 的子集，如果把样本空间 $\Omega$ 中对应于“可测的事件”的一切子集归在一起，则得到一个类，记作 $\wp$ 。那么，$\wp$ 中的元素是可测集。需要注意的是，这时不能简单地将 $\wp$ 视作 $\Omega$ 的一切子集的全体，只能是 $\Omega$ 的一切可测的子集的全体。

但是，要如何分辨一个集合是不是“可测的”呢？或者说，对于概率论研究的问题来说，类 $\wp$ 中具体要包含哪些元素呢？因为复杂事件是可以由基本事件表示出来的，必然要涉及事件的组合运算，所以需要保证对类 $\wp$ 中的元素，做可列次和、积、差、逆、极限等运算之后得到的复杂集合也要包含在事件域 $\wp$ 中，也就是说类 $\wp$ 的范围要足够大。

测度论的研究表明，只要类 $\wp$ 满足下述要求：

(1) $\Omega \in \wp$，

(2) 若 $A \in \wp$，则 $\bar{A} \in \wp$，

(3) 若 $A_i \in \wp, i = 1,2,\cdots$，则 $\bigcup_{i=1}^{\infty} A_i \in \wp$，

就可以推出：空集、集合的可列次交、并、差、上限集、下限集运算之后的结果都能属于 $\wp$ 。在集合论中，满足上述三个条件的集合类，称作 **$\sigma$ - 代数（$\sigma$ - 域）**。

因此，对于样本空间 $\Omega$，$\Omega$ 的某些子集的全体构成的类 $\wp$，只要满足上述三个条件，是一个 $\sigma$ - 代数，就称类 $\wp$ 为**事件域**。所以，事件之间的关系与运算，本质上就是一个 $\sigma$ - 代数中集合之间的关系与集合之间的布尔运算。

$\sigma$ - 代数 $\wp$ 中任一集合都可以定义其测度（某种度量），又称 $(\Omega,\wp)$ 为可测空间，即可以定义测度的空间。进一步再定义测度 $\mu$，那么 $(\Omega,\wp,\mu)$ 就是**测度空间**。

对应到概率论中，因为对每一个随机事件 $A$，都有一个概率 $P(A)$ 与之对应，又知事件域 $\wp$ 是一个 $\sigma$ - 代数，所以概率 $P$ 实质上是在 $\sigma$ - 代数 $\wp$ 上有定义的一个（集合）函数（$\wp$ 中的元素是集合），我们可以称之为概率测度。

**定义 1.2.3** 概率 $P$ 是定义在 $\sigma$ - 代数 $\wp$ 上的一个具有以下三个性质的（集合）函数：

(1) 非负性：$P(A) \geqslant 0$，对 $A \in \wp$；

(2) 规范性：$P(\Omega) = 1$；

(3) 可列可加性：若 $A_i \in \wp, i = 1,2,\cdots$，且 $A_iA_j = \varnothing (i \neq j)$，则 $P\left(\bigcup_{i=1}^{\infty} A_i\right) = \sum_{i=1}^{\infty} P(A_i)$。

样本空间 $\Omega$、事件域 $\wp$ 以及概率测度 $P$ 就构成**概率测度空间** $(\Omega,\wp,P)$。

例如，在投点试验中，样本空间为单位正方形 $\Omega$，因为 $\Omega$ 的面积是一单位面积，当事件为 $\Omega$ 中的子集 $A$ 时，有 $P(A)=\mu(A)$。事件域 $\wp$ 是 $\Omega$ 的一切“具有面积”的子集的全体：若 $A$ 的面积无法度量，$A$ 就不是事件域 $\wp$ 的元素。容易验证，这样的事件域 $\wp$ 是一个 $\sigma$ - 代数。

把上面关于面积的论述“翻译”成为概率的论述，就可以得到下面的结论：$P$ 是 $\wp$ 上具有非负性、规范性和可列可加性的集合函数。于是 $\Omega,\wp,P$ 三者描述了这个投点试验，$(\Omega,\wp,P)$ 就是概率测度空间。

注意，由可列可加性可以推出有限可加性，而由有限可加性一般并不能推出可列可加性。这两者之间的差异可用另一种形式来描述。

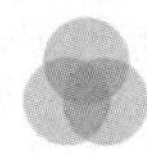

设 $A_n \in \wp(n=1,2,\cdots)$，且 $A_n \subset A_{n+1}$，则称 $\{A_n\}$ 是 $\wp$ 中的一个单调不减的集合序列。对于 $\wp$ 上的（集合）函数 $P$，若对 $\wp$ 中的任一单调不减的集合序列 $\{A_n\}$，有 $\lim\limits_{n\to\infty}P(A_n) = P(\lim\limits_{n\to\infty}A_n)$，则称 $P$ 在 $\wp$ 上是**下连续**的，其中 $\lim\limits_{n\to\infty}A_n = \bigcup\limits_{n=1}^{\infty} A_n$。

**定理 1.2.1**　若 $P$ 是 $\wp$ 上非负的、规范的（集合）函数，则 $P$ 具有可列可加性的充要条件是：$P$ 是有限可加的，且 $P$ 在 $\wp$ 上是下连续的。

**证明：**(1) 充分性。

设 $A_i \in \wp(i=1,2,\cdots)$ 是两两互不相容的集合序列，由有限可加性可知，对任意有限的 $n$ 都有

$$P\left(\bigcup_{i=1}^{n} A_i\right) = \sum_{i=1}^{n} P(A_i) \leqslant 1$$

从而正项级数 $\sum\limits_{i=1}^{n} P(A_i)$ 收敛，也就是说

$$\lim_{n\to\infty}P\left(\bigcup_{i=1}^{n} A_i\right) = \lim_{n\to\infty}\sum_{i=1}^{n} P(A_i) = \sum_{i=1}^{\infty} P(A_i)$$

再定义集合 $F_n = \bigcup\limits_{i=1}^{n} A_i$，则集合序列 $\{F_n\}$ 单调不减，由下连续性可得

$$\lim_{n\to\infty}P\left(\bigcup_{i=1}^{n} A_i\right) = \lim_{n\to\infty}P(F_n) = P\left(\lim_{n\to\infty}F_n\right) = P\left(\bigcup_{n=1}^{\infty} F_n\right) = P\left(\bigcup_{n=1}^{\infty} A_n\right)$$

于是

$$P\left(\bigcup_{n=1}^{\infty} A_n\right) = \sum_{n=1}^{\infty} P(A_n)$$

可列可加性得证。

(2) 必要性。

有限可加性的证明请参考概率的性质一节，这里主要证明连续性。

设 $\{F_n\}$ 是 $\wp$ 中单调不减的集合序列，定义 $F_0 = \varnothing$，则

$$\bigcup_{i=1}^{\infty} F_i = \bigcup_{i=1}^{\infty} (F_i - F_{i-1})$$

并且 $F_i - F_{i-1}(i=1,2,\cdots)$ 两两互不相容。于是

$$\begin{aligned} P\left(\lim_{n\to\infty}F_n\right) &= P\left(\bigcup_{i=1}^{\infty} F_i\right) = P\left(\bigcup_{i=1}^{\infty} (F_i - F_{i-1})\right) \\ &= \sum_{i=1}^{\infty} P(F_i - F_{i-1}) = \lim_{n\to\infty}\sum_{i=1}^{n} P(F_i - F_{i-1}) \end{aligned}$$

其中

$$\sum_{i=1}^{n} P(F_i - F_{i-1}) = P\left(\bigcup_{i=1}^{n} (F_i - F_{i-1})\right) = P(F_n)$$

所以

$$P\left(\lim_{n\to\infty}F_n\right) = \lim_{n\to\infty}P(F_n)$$

即连续性得证。

此定理说明了有限可加性和可列可加性之间的差异与联系。

测度论是概率论的理论基础，所以概率中的一些概念抽象化就是对应的测度论中的概念。比如随机变量，随机变量本质上是建立了概率测度空间 $(\Omega,\wp,P)$ 与实数值的对应关系，我们

自然需要在实数集 $\mathbb{R}$ 上定义一个 $\sigma$ - 代数。测度论中,博雷尔(Borel) $\sigma$ - 代数[简记为 $(B)$ $\sigma$ - 代数]就是实数轴上的一个 $\sigma$ - 代数,它可以由实数轴上的所有开集生成,也可以由实数轴上所有的 $(-\infty,a]$ 这样的区间生成,这两种生成 $(B)\sigma$ - 代数的方法是等价的(这是测度论的理论,本书只简单介绍相关结论,具体的叙述、证明超出了本书的范围)。这样,实数轴上开集、闭集的至多可列次交、并、差(余)、上限集、下限集、极限集的运算,都属于该 $(B)\sigma$ - 代数集合。

于是,概率论中的随机变量就是测度论中的可测函数,是从可测空间 $(\Omega,\wp)$ 到 $(\mathbb{R},B)$ 的可测映射,并且这是一个一一对应,即将 $\wp$ 中的事件映射成实数轴上 $(B)\sigma$ - 代数中的元素,而 $(B)\sigma$ - 代数中的任一元素在该映射下的原像都属于 $\wp$ (即都是 $\Omega$ 上的可测集),并且可以保证建立了这种对应的随机事件都是可以定义概率测度的。这是因为 $(B)\sigma$ - 代数是一定可以定义测度的,给其中的集合定义概率测度即可。

因为有了这个对应关系,要度量"事件发生的可能性的大小"(即概率测度),只要度量"$(B)\sigma$ - 代数中的元素"即可。所以,随机变量的测度论语言定义是这样的:设 $(\Omega,\wp,P)$ 为概率测度空间,若对实数轴上 $(B)\sigma$ - 代数中的任一集合 $B$ (称为博雷尔集),都有 $X^{-1}(B) \in \wp$ ,则称实值函数 $X(\omega)$ 为随机变量。

## 习题 1.2

1.设 $A,B$ 是两个事件,且 $P(A)=0.6,P(B)=0.8$,问:

(1)在什么条件下 $P(AB)$ 取到最大值,最大值是多少。

(2)在什么条件下 $P(AB)$ 取得最小值,最小值是多少。

2.已知事件 $A,B$ 满足 $P(AB)=P(\bar{A}\cap\bar{B})$ ,记 $P(A)=p$ ,试求 $P(B)$ 。

3.已知 $P(A)=0.7$, $P(A-B)=0.4$, 试求 $P(\overline{AB})$ 。

4.对任意的事件 $A,B,C$, 证明:

(1) $P(AB)+P(AC)-P(BC)\leqslant P(A)$;

(2) $P(AB)+P(AC)+P(BC)\geqslant P(A)+P(B)+P(C)-1$。

5.设 $A,B,C$ 为三个事件, $P(A)=a$, $P(B)=2a$, $P(C)=3a$, $P(AB)=P(AC)=P(BC)=b$ 。证明: $a\leqslant\frac{1}{4},b\leqslant\frac{1}{4}$。

6.设事件 $A,B,C$ 的概率都是 $\frac{1}{2}$,且 $P(ABC)=P(\bar{A}\cap\bar{B}\cap\bar{C})$ 。证明: $2P(ABC)=P(AB)+P(AC)+P(BC)-\frac{1}{2}$ 。

7.证明:

(1) $P(AB)\geqslant P(A)+P(B)-1$;

(2) $P(A_1A_2\cdots A_n)\geqslant P(A_1)+P(A_2)+\cdots+P(A_n)-(n-1)$ 。

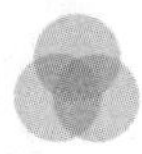

8.一个人把六根草紧握在手中,仅露出它们的头和尾,然后随机地把六根草的头两两相接,六根草的尾也两两相接。求放开手后六根草恰巧连成一个环的概率。

9. $n$ 个男孩, $m$ 个女孩 ($m \leqslant n+1$) 随机地排成一排,试求任意两个女孩都不相邻的概率。

10.将 12 个球随意地放入 3 个盒子中,试求第一个盒子中有 3 个球的概率。

11.将 $n$ 个完全相同的球(这时也称球是不可辨的)随机地放入 $N$ 个盒子中,试求:

(1)某个指定的盒子中恰好有 $k$ 个球的概率;

(2)恰好有 $m$ 个空盒的概率;

(3)某指定的 $m$ 个盒子中恰好有 $j$ 个球的概率。

12.从数字 $1,2,\cdots,9$ 中可重复地任取 $n$ 次,求 $n$ 次所取数字的乘积能被 10 整除的概率。

13.口袋中有 $n-1$ 个黑球和 1 个白球,每次从口袋中随机地摸出一球,并换入一个黑球。第 $k$ 次摸球时,摸到黑球的概率是多少?

14.抛掷 $2n+1$ 次硬币,求出现的正面数多于反面数的概率。

15.有三个人,每个人都以同样的概率 1/5 被分配到 5 间房间中的任一间中,试求:

(1)三个人都被分配到同一房间的概率;

(2)三个人被分配到不同房间的概率。

16.一间宿舍内住有 5 位同学,求他们之中至少有 2 个人的生日在同一个月份的概率。

17.某班 $n$ 个战士各有 1 支归个人保管使用的枪,这些枪的外形完全一样,在一次夜间紧急集合中,每人随机地取了 1 支枪,求至少有 1 人拿到自己的枪的概率。

18.在 1 ~ 2000 的整数中随机地取一个数,取到的整数既不能被 6 整除,又不能被 8 整除的概率是多少?

19.在区间 $(0,1)$ 内随机地取两个数,求事件"两数之和小于 $\frac{7}{5}$"的概率。

## 1.3　条件概率与独立性

### 1.3.1　条件概率的定义与性质

任何随机事件的发生都不是孤立的,都是在一定的客观条件及主观条件下发生的,这必然与其发生的环境产生联系,所以在解决许多概率问题时,往往需要考虑某些附加信息(条件)。由此引出在概率论中十分重要的概念——条件概率。我们先举例说明,然后给出条件概率的定义及性质。

**例 1.3.1**　一个家庭有三个新生儿,每个新生儿的性别可能是男性,也可能是女性,假定每种性别排列出现的情况是等可能的。现在三个新生儿中已知至少有一个女性,这时有不止一个新生儿是女性的概率为多大?

**解**:根据题意,用数字"0"代表"新生儿的性别为男性",数字"1"代表"新生儿的性别为女性",这样将三个新生儿性别情况的样本空间记为

$$\Omega_0 = \{(i,j,k) \mid i,j,k = 0,1\}$$

一共有八个样本点,每个样本点出现的概率是相等的。现在三个新生儿中已知至少有一个女性,则这个家庭的新生儿性别情况的样本空间缩减为

$$\Omega_1=\{(1,0,0),(0,1,0),(0,0,1),(1,1,0),(1,0,1),(0,1,1),(1,1,1)\}$$

而所关注的事件“有不止一个新生儿是女性”对应事件

$$\{(1,1,0),(1,0,1),(0,1,1),(1,1,1)\}$$

于是,依据等可能概型概率计算,三个新生儿中已知至少有一个女性,这时有不止一个新生儿是女性的概率应为 $\frac{4}{7}$ 。

这里应该注意到,因为设置了“三个新生儿中已知至少有一个女性”的条件,所以实际的样本空间 $\Omega_1$ 相比于无条件的样本空间 $\Omega_0$ 来说,发生了缩减。虽然客观事件是同一个,即“有不止一个新生儿是女性”,但因为条件不同,样本空间的范围大小不同,所以最终的概率是不一样的。

或者说,因为对试验的可能结果给出了部分已知信息作为条件限制,这样最终求得事件的概率,实际上是事件在给定限制条件下的概率,称为条件概率。以后,用 $P(A\mid B)$ 来表示在**已知事件 $B$ 发生的条件下,事件 $A$ 发生的条件概率**。

条件概率可以看作得到了条件信息之后,对“无条件”的概率进行修正得到的。一般情况下, $P(A\mid B)\neq P(A)$ 。如例 1.3.1 中,定义事件 $A$ 为“有不止一个新生儿是女性”, $B$ 为“至少有一个女性”,则 $P(A)=\frac{4}{8}$ ,而 $P(A\mid B)=\frac{4}{7}$ 。

由上述讨论可知,要计算条件概率 $P(A\mid B)$ ,因已知事件 $B$ 已发生,故 $B$ 成为计算条件概率 $P(A\mid B)$ 的新的样本空间,可以记作缩减的样本空间 $\Omega_B$ ;为使 $A$ 也发生,试验结果必须是既在 $A$ 中又在 $B$ 中的样本点,即此点必属于 $AB$ 。但是,很多时候很难清晰地找到缩减的样本空间 $\Omega_B$ ,因此有必要研究条件概率的其他计算方法。

**例 1.3.2** 某个班级有学生 35 人,其中有男学生 16 人。将全班随机地均分成 5 个小组,第一小组的 7 名学生中,男生有 3 人。如果在班里任选一名学生,那么这名学生恰好来自第一小组的概率是多少?现在在班级任意选择一名男生,这名男生恰好分在第一组的概率是多少?

**解:**在班内任选一名学生,设 $A=\{$该学生属于第一组$\}$,而 $B=\{$该学生是男生$\}$,那么在第一个问题里,因为全班所有同学分到每一个组都是等可能的,所以 $P(A)=0.2$。

而对第二个问题来说,鉴于共有男生 16 人,其中在第一组的有 3 人,所以任意一名男生恰好分在第一组的概率是 $\frac{3}{16}$ 。

这个问题也可以用条件概率来描述。“在班级任意选择一名男生,这名男生恰好分在第一组的概率”,等价于在“已知事件 $B$ 发生的条件下,事件 $A$ 发生的条件概率”,即

$$P(A\mid B)=\frac{3}{16}$$

由于此问题相当于是考虑第一组的男生(事件 $AB$ 发生)在所有男生(事件 $B$ 发生)中的占比,而

$$P(AB)=\frac{3}{35},\ P(B)=\frac{16}{35}$$

从而

$$P(A \mid B)=\frac{P(AB)}{P(B)}=\frac{3/35}{16/35}=\frac{3}{16}$$

这个式子的成立并不是巧合。可以验证,对一般的古典概型和几何概型,只要 $P(B)>0$,上述等式总是成立的。在频率问题中,类似关系式也是成立的。

**定义 1.3.1**　若 $(\Omega,\wp,P)$ 是一个概率空间,$B\in\wp$,且 $P(B)>0$,则对任意的 $A\in\wp$,称

$$P(A \mid B)=\frac{P(AB)}{P(B)}$$

为在事件 $B$ 发生的条件下,事件 $A$ 发生的**条件概率**。

注意,若 $P(B)=0$,由这个定义给出的条件概率是无法计算的,更是无意义的。

不难验证条件概率 $P(\cdot \mid B)$ 具有概率的三个基本性质:

(1)非负性:对任意的 $A\in\wp$,$P(A \mid B)\geqslant 0$;

(2)规范性:$P(\Omega \mid B)=1$;

(3)可列可加性:对任意的一列两两互不相容的事件 $A_i(i=1,2,\cdots)$,有

$$P\left(\bigcup_{i=1}^{\infty}A_i \mid B\right)=\sum_{i=1}^{\infty}P(A_i \mid B)$$

也就是说,条件概率满足概率的公理化定义,也适用概率的所有性质。在更广泛的意义上看,原来的"无条件的"概率,可以看作条件概率的极端情形,$P(A)=P(A \mid \Omega)$。

同理,当 $P(A)>0$ 时,也可类似地定义 $B$ 关于 $A$ 的条件概率

$$P(B \mid A)=\frac{P(AB)}{P(A)}$$

**例 1.3.3**　一袋中装有 10 个球,其中 3 个黑球、7 个白球,先后两次从袋中各取一球(不放回):

(1)已知第一次取出的是黑球,求第二次取出的仍是黑球的概率;

(2)已知第二次取出的是黑球,求第一次取出的也是黑球的概率。

**解**:记 $A_i$ 为事件"第 $i$ 次取到的是黑球"$(i=1,2)$。

(1)在已知 $A_1$ 发生,即第一次取到黑球的条件下,第二次取球就在剩下的 2 个黑球、7 个白球,共 9 个球中任取一个,根据古典概率计算,取到黑球的概率为 $\frac{2}{9}$,即有

$$P(A_2 \mid A_1)=\frac{2}{9}$$

(2)在已知 $A_2$ 发生,即第二次取到的是黑球的条件下,求第一次取到黑球的概率。由于第一次取球发生在第二次取球之前,故问题的结构不像(1)那么直观。

我们可按定义计算 $P(A_1 \mid A_2)$:由 $P(A_1A_2)=\frac{A_3^2}{A_{10}^2}=\frac{1}{15}$,$P(A_2)=\frac{3}{10}$ 知

$$P(A_1 \mid A_2)=\frac{P(A_1A_2)}{P(A_2)}=\frac{2}{9}$$

### 1.3.2　两个事件的相互独立性

一般情况下,设 $A,B$ 为两个随机事件,若 $A\subset B$ 且 $P(B)>0$,则

$$P(A \mid B)=\frac{P(AB)}{P(B)}=\frac{P(A)}{P(B)} \geqslant P(A)$$

那么,什么情况会使得 $P(A \mid B)=P(A)$ 呢?

**定义 1.3.2** 对任意的两个事件 $A,B$ ,若满足

$$P(AB)=P(A)P(B)$$

则称 $\boldsymbol{A},\boldsymbol{B}$ **相互独立**,或称 $\boldsymbol{A},\boldsymbol{B}$ **独立**。

由事件独立的定义易知以下定理成立。

**定理 1.3.1** 设 $A,B$ 是两事件,且 $P(B)>0$,则 $A,B$ 相互独立的充要条件是 $P(A \mid B)=P(A)$ 。

**例 1.3.4** 从一副不含大小王的扑克牌中任取一张,记 $A=\{$抽到 $K\}$,$B=\{$抽到的牌是黑色的$\}$,事件 $A,B$ 是否独立?

**解:**

**方法一:**利用定义判断。由 $P(A)=\frac{4}{52}=\frac{1}{13}$,$P(B)=\frac{26}{52}=\frac{1}{2}$,$P(AB)=\frac{2}{52}=\frac{1}{26}$,$P(AB)=P(A)P(B)$,故事件 $A,B$ 独立。

**方法二:**利用条件概率判断。由 $P(A)=\frac{1}{13}$,$P(A \mid B)=\frac{2}{26}=\frac{1}{13}$,$P(A)=P(A \mid B)$,故事件 $A,B$ 独立。

**例 1.3.5** 一个家庭中有若干个小孩,假定生男和生女是等可能的,令 $A=\{$一个家庭中既有男孩,又有女孩$\}$,$B=\{$一个家庭中最多有一个女孩$\}$。对下述两种情形,讨论 $A$ 与 $B$ 的独立性:

(1)家庭中有三个小孩;

(2)家庭中有两个小孩。

**解:**用数字“0”代表“新生儿的性别为男性”,数字“1”代表“新生儿的性别为女性”:

(1)有三个小孩的家庭,样本空间 $\Omega_0=\{(i,j,k) \mid i,j,k=0,1\}$ 一共有 8 个基本事件,每个基本事件出现的概率是相等的,均为$\frac{1}{8}$。这时 $A$ 中含有 6 个基本事件,$B$ 中含有 4 个基本事件,$AB$ 中含有 3 个基本事件,于是$P(A)=\frac{6}{8}=\frac{3}{4}$,$P(B)=\frac{4}{8}=\frac{1}{2}$,$P(AB)=\frac{3}{8}$。显然有$P(AB)=\frac{3}{8}=P(A)P(B)$ 成立,从而事件 $A$ 与 $B$ 是相互独立的。

(2)有两个小孩的家庭,这时样本空间为 $\Omega_0=\{(0,0),(0,1),(1,0),(1,1)\}$,每个基本事件的概率各为$\frac{1}{4}$。$A$ 中含有 2 个基本事件,$B$ 中含有 3 个基本事件,$AB$ 中含有 2 个基本事件,于是 $P(A)=\frac{1}{2}$,$P(B)=\frac{3}{4}$,$P(AB)=\frac{1}{2}$,由此可知 $P(AB) \neq P(A)P(B)$ ,所以事件 $A,B$ 不相互独立。

概率论中事件的独立性是在条件概率的意义下定义的,两事件 $A,B$ 相互独立,意味着事件 $A$ 的发生不受事件 $B$ 的影响,而事件 $B$ 的发生也不受事件 $A$ 的影响;这并不完全等同于日常生活语言中的“独立性”,两者是有区别的。

另外，事件的独立性也不能用维恩图来解释。事实上，设 $A,B$ 为两个概率均不为零的随机事件，则 **$A,B$ 相互独立与 $A,B$ 互不相容不能同时成立**。这是因为，当 $P(A)>0$，$P(B)>0$ 时，若 $A,B$ 相互独立，即 $P(AB)=P(A)P(B)$，则 $P(AB)>0$，也就是说 $AB\neq\varnothing$；反之，$A,B$ 互不相容，则 $P(AB)=0\neq P(A)P(B)$，$A,B$ 不相互独立。但必然事件 $\Omega$ 与不可能事件 $\varnothing$ 同任何事件都是相互独立的，所以 $\varnothing$ 与 $\Omega$ 既相互独立又互不相容。

在有些实际问题中，出于简化概率计算的考虑，会根据问题的实际情况去判断两事件是否独立。例如，过往经验表明，两个事件发生的概率确实没什么关联，那么可以假定两事件独立。

**性质 1.3.1**　设事件 $A,B$ 相互独立，则下列各对事件也相互独立

$$A\text{ 与 }\overline{B},\ \overline{A}\text{ 与 }B,\ \overline{A}\text{ 与 }\overline{B}$$

**证明**：由概率的性质知 $P(A\overline{B})=P(A)-P(AB)$，又由 $A,B$ 相互独立知 $P(AB)=P(A)P(B)$，所以

$$P(A\overline{B})=P(A)-P(A)P(B)=P(A)[1-P(B)]=P(A)P(\overline{B})$$

从而 $A$ 与 $\overline{B}$ 相互独立。类似可证 $\overline{A}$ 与 $B$ 独立，$\overline{A}$ 与 $\overline{B}$ 独立。

### 1.3.3　多个事件的相互独立性

事件独立性的定义可推广到多个事件的情形，我们首先看三个事件的相互独立性。

**定义 1.3.3**　设三个事件 $A,B,C$，如果有

$$P(AB)=P(A)P(B)$$
$$P(AC)=P(A)P(C)$$
$$P(BC)=P(B)P(C)$$

三个等式同时成立，则称事件 $A,B,C$ **两两独立**。

若满足上述三个等式的同时，还满足

$$P(ABC)=P(A)P(B)P(C)$$

则称事件 $A,B,C$ **相互独立**。

一般地，可定义 $n$ 个事件的独立性。

**定义 1.3.4**　设 $A_1,A_2,\cdots,A_n$ 是 $n$ 个事件，若其中任意两个事件之间均相互独立，则称 $A_1,A_2,\cdots,A_n$ **两两独立**。

如果对于任意的 $k(1<k\leqslant n)$ 和任意的一组 $1\leqslant i_1<i_2<\cdots<i_k\leqslant n$，都有等式

$$P(A_{i_1}A_{i_2}\cdots A_{i_k})=P(A_{i_1})P(A_{i_2})\cdots P(A_{i_k})$$

成立，则称 $A_1,A_2,\cdots,A_n$ 是 **$n$ 个相互独立的事件**。

由此可知，$n$ 个事件的相互独立性，需要有 $\sum\limits_{k=2}^{n}C_n^k=2^n-n-1$ 个等式来保证。

**例 1.3.6**　已知甲、乙两袋中分别装有编号为 1,2,3,4 的四个球。今从甲、乙两袋中各取出一球，设 $A=\{$从甲袋中取出的是偶数号球$\}$，$B=\{$从乙袋中取出的是奇数号球$\}$，$C=\{$从两袋中取出的都是偶数号球或都是奇数号球$\}$，试分析 $A,B,C$ 的独立性。

**解**：由题意知，$P(A)=P(B)=P(C)=\dfrac{1}{2}$，以 $i,j$ 分别表示从甲、乙两袋中取出球的号数，则样本空间为 $\Omega=\{(i,j)\mid i=1,2,3,4;j=1,2,3,4\}$。

由于 $\Omega$ 包含 16 个样本点,事件 $AB$ 包含 4 个样本点:(2,1),(2,3),(4,1),(4,3),而 $AC$,$BC$ 都各包含 4 个样本点,所以 $P(AB)=P(AC)=P(BC)=\frac{4}{16}=\frac{1}{4}$。

于是有 $P(AB)=P(A)P(B)$,$P(AC)=P(A)P(C)$,$P(BC)=P(B)P(C)$,因此 $A,B,C$ 两两独立。

又因为 $ABC=\varnothing$,所以 $P(ABC)=0$,而 $P(A)P(B)P(C)=\frac{1}{8}$,因 $P(ABC)\neq P(A)P(B)P(C)$,故 $A,B,C$ 不是相互独立的。

由独立性定义可直接推出下述性质:

**性质 1.3.2** 设 $A_1,A_2,\cdots,A_n(n\geqslant 2)$ 是 $n$ 个相互独立的随机事件,则 $A_1,A_2,\cdots,A_n$ 两两独立。

上述逆命题不成立,即相互独立性是比两两独立性更强的性质。

**性质 1.3.3** 若事件 $A_1,A_2,\cdots,A_n(n\geqslant 2)$ 相互独立,则其中任意 $k(1<k\leqslant n)$ 个事件也相互独立。

**性质 1.3.4** 若 $n$ 个事件 $A_1,A_2,\cdots,A_n(n\geqslant 2)$ 相互独立,则将 $A_1,A_2,\cdots,A_n$ 中任意 $m(1\leqslant m\leqslant n)$ 个事件换成它们的对立事件,所得的 $n$ 个事件仍相互独立,且此时有

$$P\left(\bigcup_{i=1}^{n}A_i\right)=1-\prod_{i=1}^{n}P(\overline{A_i})$$

**例 1.3.7** 加工某一零件共需经过四道工序,设第一、二、三、四道工序的次品率分别是 2%,3%,5%,3%,假定各道工序是互不影响的,求加工出来的零件的次品率。

**解**:本题应先计算合格品率,这样可以使计算简便。

设 $A_1,A_2,A_3,A_4$ 为四道工序发生次品事件,它们相互独立。$D$ 为加工出来的零件为次品的事件,则事件 $\overline{D}$ 为产品合格,故有 $\overline{D}=\overline{A_1}\,\overline{A_2}\,\overline{A_3}\,\overline{A_4}$,则

$$P(\overline{D})=P(\overline{A_1})P(\overline{A_2})P(\overline{A_3})P(\overline{A_4})=(1-2\%)(1-3\%)(1-5\%)(1-3\%)\approx 87.60\%$$

$$P(D)=1-P(\overline{D})\approx 1-87.60\%=12.40\%$$

**例 1.3.8** 用 $2n(n\geqslant 2)$ 个相同的元件(例如整流二极管)组成一个系统,有两种不同的联结方式,系统Ⅰ:将 $2n$ 个元件平均分成两组,组内元件串联之后两组再并联;系统Ⅱ:将 $2n$ 个元件平均分成 $n$ 组,组内元件并联之后 $n$ 组再串联。如果各个元件能否正常工作是相互独立的,每个元件能正常工作的概率为 $r$(元件或系统能正常工作的概率通常称为**可靠度**),请比较两个系统哪一个更可靠?

**解**:对于系统Ⅰ,它有两条通路工作,分别记这两条通路的可靠度为 $R_{\text{I}-1}$ 和 $R_{\text{I}-2}$。每条通路能正常工作当且仅当该通路上的所有元件都能正常工作,由独立性知,$R_{\text{I}-1}=R_{\text{I}-2}=r^n$,于是系统Ⅰ的可靠度

$$R_{\text{I}}=1-(1-R_{\text{I}-1})(1-R_{\text{I}-2})=1-(1-r^n)^2=r^n(2-r^n)$$

对于系统Ⅱ,先求每一个并联的小节的可靠度,由独立性知,每一小节的可靠度 $R_{\text{II}-i}=1-(1-r)^2=r(2-r)$,$1\leqslant i\leqslant n$。而整个系统由相同的 $n$ 个小节串联而成,再一次利用独立性即可得到系统Ⅱ的可靠度为

$$R_{\text{II}}=R_{\text{II}-1}\cdot R_{\text{II}-2}\cdot\cdots\cdot R_{\text{II}-n}=[r(2-r)]^n=r^n(2-r)^n$$

利用数学归纳法,可以证明当 $n\geqslant 2$ 时,有 $R_{\text{II}}>R_{\text{I}}$,即系统Ⅱ比系统Ⅰ更可靠。

### 1.3.4　伯努利概型

独立重复的伯努利试验由瑞士数学家雅各布·伯努利(Jacob Bernoulli,1654—1705)首先注意到并进行了研究。他还指出这样的试验重复足够次数后,成功的总频率以概率 1 接近每次成功的概率,这一事实称为“大数定律”,我们将在后面的章节详细介绍。伯努利家族是科学界非常有名的家族,先后有十余位成员在数学界和物理学界做出了杰出的贡献,例如伯努利概型、伯努利大数定律,还有流体力学中描述流体流速与压强关系的重要原理——伯努利原理等。

设随机试验 $E$ 只有两种可能的结果:事件 $A$ 发生(记为 $A$ ) 或事件 $A$ 不发生(记为 $\overline{A}$ ),则称这样的试验为**伯努利试验** $E$ 。将伯努利试验独立地重复进行 $n$ 次,称这一串重复的独立试验为 $n$ **重伯努利试验** $E^n$,或简称为伯努利概型。

一个 $n$ 重伯努利试验的结果可记作: $\omega=(\omega_1,\omega_2,\cdots,\omega_n)$ 。其中的 $\omega_i(1\leqslant i\leqslant n)$ 或者为 $A$ 或者为 $\overline{A}$ 。因而这样的 $\omega$ 共有 $2^n$ 个,它们的全体就是这个伯努利试验的样本空间 $\Omega$ ,对于 $\omega=(\omega_1,\omega_2,\cdots,\omega_n)\in\Omega$ ,如果 $\omega_i(1\leqslant i\leqslant n)$ 中有 $k(0\leqslant k\leqslant n)$ 个为 $A$ ,则必有 $n-k$ 个为 $\overline{A}$。

设在一次伯努利试验中,事件 $A$ 发生的概率为 $p(0<p<1)$, 则 $p(\overline{A})=1-p\triangleq q$ ,于是由独立性即得 $P(\omega)=p^k\cdot q^{n-k}$ 。如果要求“$n$ 重伯努利试验中事件 $A$ 出现 $k$ 次”这一事件的概率,记 $B_k=\{n$ 重伯努利试验中事件 $A$ 出现 $k$ 次$\}$。 由概率的有限可加性即得 $P(B_k)=\sum\limits_{\omega\in B_k}P(\omega)$, 而 $B_k$ 中这样的 $\omega$ 共有 $C_n^k$ 个,所以

$$P(B_k)=C_n^k p^k q^{n-k},0\leqslant k\leqslant n$$

注意到“事件 $A$ 第 $k$ 次试验才首次发生”等价于在前 $k$ 次试验组成的 $k$ 重伯努利试验中“事件 $A$ 在前 $k-1$ 次试验中均不发生而第 $k$ 次试验中事件 $A$ 发生”。所以,在伯努利概型中,事件 $A$ 在第 $k$ 次试验中才首次发生的概率为 $p(1-p)^{k-1},k=1,2,\cdots$。

伯努利概型是概率论中特别重要的一种数学模型,它概括了许多实际问题,具有广泛的应用价值。

**例 1.3.9**　某人有一串 $m$ 把外形相同的钥匙,其中只有一把能打开家门。有一天该人酒醉后回家,下意识地每次从 $m$ 把钥匙中随便拿一把去开门,该人在第 $k$ 次才把门打开的概率有多大?

**解:**因为该人每次从 $m$ 把钥匙中任取一把(试用后不做记号又放回),所以能打开家门的一把钥匙在每次试用中恰被选中的概率为 $\dfrac{1}{m}$ ,易知这是一个伯努利试验。在第 $k$ 次才把门打开,意味着前面的 $k-1$ 次都没有打开,于是由独立性即得

$$P(\text{第 } k \text{ 次才把门打开})=\left(1-\frac{1}{m}\right)^{k-1}\frac{1}{m}$$

**例 1.3.10**　一辆机场大巴车载有 25 名乘客途经 9 个站,每位乘客都等可能地在这 9 站中任意一站下车(且不受其他乘客下车与否的影响),大巴只在有乘客下车时才停车,求大巴车在第 $i$ 站停车的概率以及在第 $i$ 站不停车的条件下在第 $j$ 站停车的概率,并判断“第 $i$ 站停车”

与"第 $j$ 站停车"两个事件是否独立。

**解**:记 $A_k$ 为"第 $k$ 位乘客在第 $i$ 站下车", $k=1,2,\cdots,25$。考察每一位乘客在第 $i$ 站是否下车,可视为一个 25 重的伯努利试验,记 $B$ 为"第 $i$ 站停车", $C$ 为"第 $j$ 站停车",则 $B,C$ 分别等价于"第 $i$ 站有人下车"和"第 $j$ 站有人下车",于是有

$$P(B)=P(C)=1-\left(\frac{8}{9}\right)^{25}$$

在 $B$ 不发生的条件下,每位乘客均等可能地在第 $i$ 站以外的 8 站中任意一站下车,于是每位乘客在第 $j$ 站下车的概率为 $\frac{1}{8}$,故有

$$P(C\mid\overline{B})=1-\left(\frac{7}{8}\right)^{25}$$

因 $P(C\mid\overline{B})\neq P(C)$,故 $\overline{B}$ 与 $C$ 不独立,从而 $B$ 与 $C$ 不独立。

**例 1.3.11** $A,B$ 两人轮流射击,每次各人射击一枪,射击的次序为 $A,B,A,B,A,\cdots$,射击直至击中两枪为止。设各人击中的概率均为 $p$,且各次击中与否相互独立。求击中的两枪是由同一人射击的概率。

**解**: $A$ 总是在奇数轮射击, $B$ 在偶数轮射击。先考虑 $A$ 击中两枪的情况。以 $A_{2n+1}$ 表示事件"$A$ 在第 $2n+1(n=1,2,\cdots)$ 轮射击时又一次击中,射击在此时结束"。$A_{2n+1}$ 发生表示"前 $2n$ 轮中 $A$ 共射击 $n$ 枪而其中击中一枪,且 $A$ 在第 $2n+1$ 轮时击中第二枪"(这一事件记为 $C$),同时"$B$ 在前 $2n$ 轮中共射击 $n$ 枪但一枪未中"(这一事件记为 $D$),因此

$$\begin{aligned}P(A_{2n+1})&=P(CD)=P(C)P(D)\\&=\left[\binom{n}{1}p\,(1-p)^{n-1}p\right](1-p)^{n}\\&=np^{2}\,(1-p)^{2n-1}\end{aligned}$$

注意到 $A_3,A_5,A_7,\cdots$,两两互不相容,故由 $A$ 击中了两枪而结束射击(这一事件仍记为 $A$)的概率为

$$\begin{aligned}P(A)&=P\left(\bigcup_{n=1}^{\infty}A_{2n+1}\right)=\sum_{n=1}^{\infty}P(A_{2n+1})\\&=\sum_{n=1}^{\infty}np^{2}(1-p)^{2n-1}\\&=p^{2}(1-p)\sum_{n=1}^{\infty}n[(1-p)^{2}]^{n-1}\\&=p^{2}(1-p)\frac{1}{[1-(1-p)^{2}]^{2}}\\&=\frac{1-p}{(2-p)^{2}}\end{aligned}$$

同理,若两枪均由 $B$ 击中(这一事件记为 $B$),以 $B_{2(n+1)}$ 表示事件"$B$ 在第 $2(n+1)$ 轮($n=1,2,\cdots$)射击时又一次击中,射击在此时结束",则

$$P(B)=P\left(\bigcup_{n=1}^{\infty}B_{2(n+1)}\right)=\sum_{n=1}^{\infty}\binom{n}{1}p(1-p)^{n-1}p(1-p)^{n+1}=\frac{p^{2}(1-p)^{2}}{[1-(1-p)^{2}]^{2}}=\frac{(1-p)^{2}}{(2-p)^{2}}$$

因此,由一人击中两枪的概率为

$$P(A \cup B) = P(A) + P(B) = \frac{1-p}{(2-p)^2} + \frac{(1-p)^2}{(2-p)^2} = \frac{1-p}{2-p}$$

## 习题 1.3

1.已知 $P(\bar{A}) = 0.3, P(B) = 0.4, P(A\bar{B}) = 0.5$，求 $P(B \mid A \cup \bar{B})$。

2.设 $A,B$ 为随机事件，若 $0 < P(A) < 1, 0 < P(B) < 1$，求证：$P(A \mid B) > P(A \mid \bar{B})$ 的充分必要条件是 $P(B \mid A) > P(B \mid \bar{A})$ 。

3.分别抛掷两枚均匀硬币，令 $A = \{$硬币甲出现正面$\}$，$B = \{$硬币乙出现正面$\}$。验证事件 $A,B$ 是相互独立的。

4.将一颗骰子掷两次，考虑事件 $A =$“第一次掷得点数 2 或 5”，$B =$“两次点数之和至少为 7”，求 $P(A),P(B)$，并判断事件 $A,B$ 是否相互独立。

5.一系统 $L$ 由两个只能传输字符 0 和 1 的独立工作的子系统 $L_1$ 和 $L_2$ 串联而成（如图 1.3.1 所示），每个子系统输入为 0、输出为 0 的概率为 $p(0 < p < 1)$；而输入为 1、输出为 1 的概率也是 $p$ 。今在图中 $a$ 端输入字符 1，求系统 $L$ 的 $b$ 端输出字符 0 的概率。

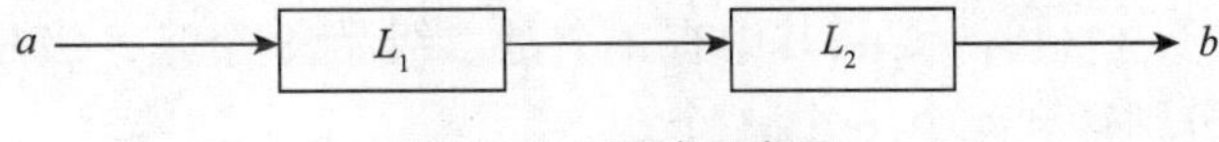


图 1.3.1　系统示意图

6.设随机事件 $A,B,C$ 相互独立，证明：$A\bar{B}$ 与 $C$ 相互独立。

7.每次射击命中率为 0.2，试求：射击多少次才能使至少击中一次的概率不小于 0.9？

8.某血库急需 AB 型血，要从身体合格的献血者中获得，根据经验，每百名身体合格的献血者中只有 2 名是 AB 型血。

(1)求在 20 名身体合格的献血者中至少有一人是 AB 型血的概率；

(2)若要以 95% 的把握至少能获得一份 AB 型血，需要多少位身体合格的献血者？

9.甲、乙两选手进行乒乓球单打比赛，已知在每局中甲胜的概率为 0.6，乙胜的概率为 0.4。比赛可采用三局两胜制或五局三胜制，哪一种比赛制度对甲更有利？

10.一条自动生产线上的产品次品率为 4%，求解以下两个问题：

(1)从中任取 10 件，求至少有 2 件次品的概率；

(2)一次取 1 件，无放回地抽取，求当取到第二件次品时，之前已取到 8 件正品的概率。

11.某型号高炮，每门炮发射一发炮弹击中飞机的概率为 0.6，现若干门炮同时各射一发，则：

(1)欲以 99% 的把握击中一架来犯的敌机至少需配置几门炮？

(2)现有 3 门炮，欲以 99% 的把握击中一架来犯的敌机，每门炮的命中率应提高到多少？

12.一个袋中装有 10 个球，其中 3 个黑球、7 个白球，每次从中随意取出一球，取后放回。

(1)如果共取 10 次，求 10 次中能取到黑球的概率及 10 次中恰好取到 3 次黑球的概率。

(2)如果未取到黑球就一直取下去，直到取到黑球为止，求恰好要取 3 次的概率及至少取 3 次的概率。

# 1.4 三个重要公式及其应用

## 1.4.1 乘法公式

由条件概率的定义立即得到

$$P(AB)=P(A)P(B\mid A)\quad (P(A)>0)$$
$$P(AB)=P(B)P(A\mid B)\quad (P(B)>0)$$

上两式称为概率的**乘法公式**。

概率的乘法公式相当于乘法原理的应用。事件 $AB$ 发生,可以等同于先让事件 $A$ 发生,在此基础上,再让事件 $B$ 发生;或者先让事件 $B$ 发生,在此基础上,再让事件 $A$ 发生。这里事件发生的顺序可以是自然规律中的顺序,也可以是便于概率计算的人为定义的顺序。

概率的乘法公式还可以推广:设 $A_1,A_2,A_3$ 为三个事件,则

$$P(A_1A_2A_3)=P(A_1)P(A_2\mid A_1)P(A_3\mid A_1A_2)$$

一般地,若 $A_1,A_2,\cdots,A_n$ 为 $n(n\geqslant 2)$ 个事件,则

$$P(A_1A_2A_3\cdots A_n)=P(A_1)P(A_2\mid A_1)P(A_3\mid A_1A_2)\cdots P(A_n\mid A_1A_2\cdots A_{n-1})$$

总之,利用概率的乘法公式可方便地计算数个事件同时发生的概率。

**例 1.4.1** 某人共买了 11 个水果,其中有 3 个是二级品,8 个是一级品。随机地将水果分给 $A$、$B$、$C$ 三人,各人分别得到 4 个、6 个、1 个。

(1)求 $C$ 未拿到二级品的概率。

(2)已知 $C$ 未拿到二级品,求 $A$、$B$ 均拿到二级品的概率。

(3)求 $A$、$B$ 均拿到二级品而 $C$ 未拿到二级品的概率。

**解**:设事件 $A,B,C$ 分别表示" $A,B,C$ 取到二级品",则 $\overline{A}$, $\overline{B}$, $\overline{C}$ 分别表示" $A,B,C$ 未取到二级品"。

(1) $P(\overline{C})=\dfrac{8}{11}$。

(2)即求 $P(AB\mid\overline{C})$。已知 $C$ 未取到二级品,这时 $A$、$B$ 将 7 个一级品和 3 个二级品全部分掉。而 $A$、$B$ 均取到二级品,只需 $A$ 取到 1~2 个二级品,其他的为一级品。于是

$$P(AB\mid\overline{C})=\frac{\binom{3}{1}\binom{7}{3}}{\binom{10}{4}}+\frac{\binom{3}{2}\binom{7}{2}}{\binom{10}{4}}=\frac{4}{5}$$

(3) $P(AB\overline{C})=P(AB\mid\overline{C})P(\overline{C})=\dfrac{32}{55}$。

**例 1.4.2** 有一种抽奖方式:设 $A$ 盒中有 $M$ 个黑球, $B$ 盒中有 $M$ 个同质地、大小的白球。现让某人从 $B$ 盒内随机摸取一球放入 $A$ 盒中,然后从 $A$ 盒中随机摸取一球放入 $B$ 盒中,称此为一次交换。若经过 $M$ 次交换后, $A$ 中恰有 $M$ 个白球,此人可获奖。此人获奖的概率是多少?

**解**:设 $A=\{$经过 $M$ 次交换后, $A$ 中恰有 $M$ 个白球$\}$, $A_k=\{$在第 $k$ 次交换中,从 $B$ 中取出一

白球放入 $A$ 中,然后从 $A$ 中取出一黑球放入 $B$ 中},$k=1,2,\cdots,M$,则 $A=A_1A_2\cdots A_M$。由概率的乘法公式有

$$
\begin{aligned}
P(A) &= P(A_1A_2\cdots A_M) \\
&= P(A_1)P(A_2 \mid A_1)P(A_3 \mid A_1A_2)\cdots P(A_M \mid A_1A_2\cdots A_{M-1}) \\
&= \frac{M\cdot M}{M(M+1)}\cdot\frac{(M-1)(M-1)}{M(M+1)}\cdot\frac{(M-2)(M-2)}{M(M+1)}\cdots\frac{[M-(M-1)][M-(M-1)]}{M(M+1)} \\
&= \frac{(M!)^2}{M^M(M+1)^M}
\end{aligned}
$$

当 $M=1$ 时,$P(A)=\frac{1}{2}$;当 $M=2$ 时,$P(A)=\frac{1}{9}$;当 $M=3$ 时,$P(A)=\frac{1}{48}$。可见当 $M\geqslant 3$ 时,此人是很难得奖的。

### 1.4.2　全概率公式

全概率公式是概率论中的一个基本公式,用于计算较复杂事件的概率。全概率公式可以看作加法原理与乘法原理的复合:完成一个过程可以有 $n$ 种途径,无论通过哪种途径都可以完成这个过程,而每一种途径中又分成前后两个步骤,必须通过每一个步骤才算完成这个过程。这就是全概率公式的思想。

**例 1.4.3**　将外形相同的球分装在 3 个盒子里,每盒 10 个。其中,第一个盒子中 7 个球标有字母 $A$,3 个球标有字母 $B$;第二个盒子中有红球和白球各 5 个;第三个盒子中则有红球 8 个,白球 2 个。试验按以下规则进行:先在第一个盒子中任取一球,若取得标有字母 $A$ 的球,则在第二个盒子中任取一个球;若第一次取得标有字母 $B$ 的球,则在第三个盒子中任取一个球。如果第二次取出的是红球,则称试验成功。求试验成功的概率。

**解**:令 $A=$ {从第一个盒子中取得标有字母 $A$ 的球},$B=$ {从第一个盒子中取得标有字母 $B$ 的球},$R=$ {第二次取出的球是红球},$W=$ {第二次取出的球是白球},则有

$$P(A)=\frac{7}{10},\ P(B)=\frac{3}{10},\ P(R\mid A)=\frac{1}{2},\ P(W\mid A)=\frac{1}{2},\ P(R\mid B)=\frac{4}{5},\ P(W\mid B)=\frac{1}{5}$$

于是,试验成功的概率为

$$
\begin{aligned}
P(R) &= P(R\cap\Omega)=P[R\cap(A\cup B)] \\
&= P(RA\cup RB)=P(RA)+P(RB) \\
&= P(R\mid A)\cdot P(A)+P(R\mid B)\cdot P(B) \\
&= \frac{1}{2}\cdot\frac{7}{10}+\frac{4}{5}\cdot\frac{3}{10}=0.59
\end{aligned}
$$

完成一个过程可以有 $n$ 种途径,相当于将样本空间划分为 $n$ 个部分。

**定义 1.4.1(样本空间的划分)**　如果事件组 $A_1,A_2,\cdots,A_n$ 满足

(1) $A_1,A_2,\cdots,A_n$ 互斥(两两互斥),

(2) $\bigcup\limits_i A_i=\Omega$,

则这个事件组构成了**样本空间 $\Omega$ 的划分**。

对样本空间进行划分之后,一个复杂事件的概率计算问题可转化为在不同情况或不同原因或不同途径下发生的简单事件的概率的求和问题。

**定义 1.4.2** 设 $A_1, A_2, \cdots, A_n$ 是样本空间 $\Omega$ 的一个划分,且 $P(A_i) > 0, i = 1, 2, \cdots, n$,则对任一事件 $B$,有

$$P(B) = \sum_{i=1}^{n} P(A_i)P(B \mid A_i) = P(A_1)P(B \mid A_1) + \cdots + P(A_n)P(B \mid A_n)$$

此公式称作**全概率公式**。

**证明:**

$$P(B) = P(B \cap \Omega) = P\left[B \cap \left(\bigcup_{i=1}^{n} A_i\right)\right]$$

$$= P\left[\bigcup_{i=1}^{n} (BA_i)\right] = \sum_{i=1}^{n} P(BA_i)$$

$$= \sum_{i=1}^{n} P(A_i)P(B \mid A_i)$$

在复杂情况下直接计算 $P(B)$ 不易时,要考虑使用全概率公式,根据具体情况构造样本空间 $\Omega$ 的一个划分 $\{A_i\}$,则事件 $B$ 发生的概率是各事件 $A_i (i = 1, 2, \cdots)$ 发生条件下引起事件 $B$ 发生的概率的加权总和。

**例 1.4.4** 一只包装好的玻璃仪器,第一次落下时打破的概率为 $\dfrac{1}{2}$;若第一次落下未打破,第二次落下打破的概率为 $\dfrac{7}{10}$;若前两次落下未打破,第三次落下打破的概率为 $\dfrac{9}{10}$。试求玻璃仪器落下三次后打开包装,发现其打破的概率。

**解**:设 $A_i$ 表示事件"玻璃仪器在第 $i$ 次落下打破",$i = 1, 2, 3$,$A$ 表示事件"玻璃仪器落下三次后打开包装发现打破"。注意到题目中"若第一次落下未打破,第二次落下打破的概率为 $\dfrac{7}{10}$"的数学含义是 $P(A_2 \mid \overline{A}_1) = \dfrac{7}{10}$。

**方法一**:利用乘法公式

$$P(\overline{A}) = P(\overline{A}_1 \overline{A}_2 \overline{A}_3) = P(\overline{A}_1)P(\overline{A}_2 \mid \overline{A}_1)P(\overline{A}_3 \mid \overline{A}_1 \overline{A}_2)$$

$$= \left(1 - \frac{1}{2}\right) \times \left(1 - \frac{7}{10}\right) \times \left(1 - \frac{9}{10}\right) = \frac{3}{200}$$

因而 $P(A) = 1 - \dfrac{3}{200} = \dfrac{197}{200}$。

**方法二**:利用全概率公式 $A = A_1 \cup \overline{A}_1 A_2 \cup \overline{A}_1 \overline{A}_2 A_3$,转化为三个互斥事件之和,则

$$P(A) = P(A_1) + P(\overline{A}_1 A_2) + P(\overline{A}_1 \overline{A}_2 A_3)$$

$$= P(A_1) + P(\overline{A}_1)P(A_2 \mid \overline{A}_1) + P(\overline{A}_1)P(\overline{A}_2 \mid \overline{A}_1)P(A_3 \mid \overline{A}_1 \overline{A}_2)$$

$$= \frac{1}{2} + \left(1 - \frac{1}{2}\right) \times \frac{7}{10} + \left(1 - \frac{1}{2}\right) \times \left(1 - \frac{7}{10}\right) \times \frac{9}{10} = \frac{197}{200}$$

**例 1.4.5(摸球模型,抽签原理)** 设箱中有 $a$ 个白球、$b$ 个黑球,它们除颜色不同外,其他方面没有区别,从中任意接连不放回地取出 $k$ 个球($k \leqslant a + b$),试求第 $k$ 次取出白球的概率。

**解**:设 $A_k = \{$第 $k$ 次取出白球$\}$。

**方法一(古典概型)**:把 $a$ 个白球、$b$ 个黑球分别看作无区别的,$a$ 个白球的位置可以在 $a + b$ 个位置上任意选取,故共有 $C_{a+b}^{a}$ 种方法,只要白球的位置确定了,其他位置上必然是黑球。

在考虑 $A_k$ 中所含基本事件数时注意到第 $k$ 个位置必须放白球,剩下的白球可以在 $a+b-1$ 个位置上任取 $a-1$ 个位置,故 $A$ 中所含基本事件数为 $C_{a+b-1}^{a-1}$ ,从而

$$P(A_k)=\frac{C_{a+b-1}^{a-1}}{C_{a+b}^{a}}=\frac{a}{a+b}$$

**方法二(全概率公式结合数学归纳法):**

显然, $P(A_1)=\dfrac{a}{a+b}$。

当 $k=2$ 时,
$$\begin{aligned}P(A_2)&=P(A_1)P(A_2\mid A_1)+P(\bar{A}_1)P(A_2\mid \bar{A}_1)\\&=\frac{a}{a+b}\cdot\frac{a-1}{a+b-1}+\frac{b}{a+b}\cdot\frac{a}{a+b-1}\\&=\frac{a}{a+b}\cdot\frac{a+b-1}{a+b-1}=\frac{a}{a+b}\end{aligned}$$

现在,若 $P(A_1)=P(A_2)=\cdots=P(A_{k-1})=\dfrac{a}{a+b}$ ,用随机变量 $X$ 表示前 $k-1$ 次不放回地取球共取到的白球数,有

$$\begin{aligned}P(A_k)&=\sum_{i=0}^{k-1}P\{X=i\}P(A_k\mid X=i)\\&=\sum_{i=0}^{k-1}\frac{C_a^iC_b^{k-1-i}}{C_{a+b}^{k-1}}\cdot\frac{a-i}{a+b-k+1}\\&=\sum_{i=0}^{k-1}C_b^{k-1-i}\frac{a!}{i!\,(a-i)!}\cdot\frac{(k-1)!\,(a+b-k+1)!}{(a+b)!}\cdot\frac{a-i}{a+b-k+1}\\&=\frac{a}{a+b}\sum_{i=0}^{k-1}C_b^{k-1-i}\frac{(a-1)!}{i!\,(a-i-1)!}\cdot\frac{(k-1)!\,(a+b-k)!}{(a+b-1)!}\\&=\frac{a}{a+b}\sum_{i=0}^{k-1}\frac{C_{a-1}^iC_b^{k-1-i}}{C_{a+b-1}^{k-1}}\\&=\frac{a}{a+b}\end{aligned}$$

根据数学归纳法可知,对任意的 $k$ ,不放回地取球,第 $k$ 次取出白球的概率均为 $\dfrac{a}{a+b}$。

这个摸球模型从数学上说明了抽签的公平性,即日常人们用抽签来决定某些事件时,抽签的结果与抽签的顺序无关的道理。

事实上,如果考虑的问题是前一次抽签的结果对下一次抽签的影响,这就是有条件的后验概率了。例如对于摸球模型中 $k=2$ 的情形

$$P(A_2\mid A_1)=\frac{a-1}{a+b-1},\ P(A_2\mid \bar{A}_1)=\frac{a}{a+b-1}$$

这两个后验概率确实相对于

$$P(A_2)=\frac{a}{a+b}$$

变小或者变大了。但后验概率是基于观察到的结果的,它的改变并不影响抽签问题的公平性。我们所说的抽签结果与顺序无关,是指抽签问题中无条件的先验概率是常数,与次序 $k$ 无关。

那么,我们能不能用条件概率来考察“抽签的结果与抽签的顺序无关”这个结论呢?也是可以的,但是这时的条件不能是“前一个人抽中了”或者“前一个人没有抽中”,而应该是“前一个人抽了签”。例如,对于例题中的摸球模型,在“前 $k-1$ 次取过球”(记为事件 $B_{k-1}$)的条件下,第 $k$ 次取出白球的条件概率仍然是

$$P(A_k \mid B_{k-1}) = \frac{a}{a+b}$$

这是可以利用条件概率公式证明的。所以,在抽签时,无论前面是否有人已经抽过,所有人抽中的概率都是一样的(请注意,这与“无论前面是否有人已经抽中”是不一样的两个问题)。

再进一步,还可以考虑摸球模型中事件的独立性:

(1) $A_1, A_2$ 是不独立的,这是因为

$$P(A_1) = P(A_2) = \frac{a}{a+b},\ P(A_2 \mid A_1) = \frac{a-1}{a+b-1}$$

而

$$P(A_2A_1) = \frac{C_a^2}{C_{a+b}^2} = \frac{a(a-1)}{(a+b)(a+b-1)}$$

推广而言,摸球模型中任意前后两次取到球的结果(抽中或者没抽中)是不独立的。

(2) $B_{k-1}$ 与 $A_k$ 是相互独立的,这是因为 $P(A_k \mid B_{k-1}) = \dfrac{a}{a+b} = P(A_k)$。

### 1.4.3 贝叶斯公式

全概率公式是通过综合分析一事件发生的不同原因、情况或途径及可能性来求得该事件发生的概率的。反过来,如果已知一事件已经发生,要如何考察该事件发生的各种原因、情况或途径的可能性呢?例如,有三个放有不同数量和颜色的球的箱子,现从任一箱中任意摸出一球,发现是红球,求该球是取自1号箱的概率,或该球取自哪号箱的可能性最大。

因为这一类问题中考查的概率都建立在已知一事件已经发生的前提下,所以这是一类条件概率问题。

**定义 1.4.3** 设 $A_1, A_2, \cdots, A_n$ 是样本空间 $\Omega$ 的一个划分,则对任一事件 $B$, $P(B) > 0$,有

$$P(A_i \mid B) = \frac{P(A_iB)}{P(B)} = \frac{P(A_i)P(B \mid A_i)}{\sum\limits_j P(A_j)P(B \mid A_j)},\ i = 1,2,\cdots,n$$

这个公式叫作**贝叶斯(Bayes)公式**。

特别地,若取 $n=2$,并记 $A_1 = A$,则 $A_2 = \bar{A}$,于是公式成为

$$P(A \mid B) = \frac{P(AB)}{P(B)} = \frac{P(A)P(B \mid A)}{P(\bar{A})P(B \mid \bar{A}) + P(A)P(B \mid A)}$$

贝叶斯公式中,$P(A_i)$ 和 $P(A_i \mid B)$ 分别称为事件的**先验概率**和**后验概率**。先验概率 $P(A_i)(i=1,2,\cdots,n)$ 是在没有进一步信息(不知道事件 $B$ 是否发生)的情况下,诸事件发生的概率。当获得新的信息(知道 $B$ 发生)时,人们对诸事件发生的概率 $P(A_i \mid B)$ 有了新的估计,因此称之为后验概率。贝叶斯公式从数量上刻画了这种变化。

**例 1.4.6** 对以往数据分析的结果表明,当机器调整良好时,产品的合格率为98%,而当机

器发生某种故障时,其合格率为 55%。每天早上机器开动时,机器调整良好的概率为 95%。试求:已知某日早上生产的第一件产品是合格品时,机器调整良好的概率是多少。

**解**:设 $A$ 为事件"产品合格",$B$ 为事件"机器调整良好",则 $P(A \mid B)=0.98$,$P(A \mid \overline{B})=0.55$,$P(B)=0.95$,$P(\overline{B})=0.05$,所求的概率为

$$P(B \mid A)=\frac{P(A \mid B)P(B)}{P(A \mid B)P(B)+P(A \mid \overline{B})P(\overline{B})}=0.97$$

这就是说,当生产出的第一件产品是合格品时,此时机器调整良好的概率为 0.97。这里,概率 0.95 是由以往的数据分析得到的,是先验概率。而在得到信息(即生产的第一件产品是合格品)之后再重新加以修正的概率(即 0.97),是后验概率。

**例 1.4.7**　用试验反应普查肝癌,令 $C=\{$被检验者患肝癌$\}$,$A=\{$试验反应检验结果为阳性$\}$;则 $\overline{C}=\{$被检验者未患肝癌$\}$,$\overline{A}=\{$试验反应检验结果为阴性$\}$。由过去的资料已知:$P(A \mid C)=0.95$,$P(\overline{A} \mid \overline{C})=0.90$,又已知某地居民的肝癌发病率为 $P(C)=0.0004$。现在对该地居民进行普查,在普查中查出一批该试验反应检验结果为阳性的人,求试验反应检验结果为阳性者真的患有肝癌的概率 $P(C \mid A)$。

**解**:由贝叶斯公式可得

$$\begin{aligned}P(C \mid A)&=\frac{P(C)P(A \mid C)}{P(C)P(A \mid C)+P(\overline{C})P(A \mid \overline{C})}\\&=\frac{0.0004\times 0.95}{0.0004\times 0.95+0.9996\times 0.1}=0.0038\end{aligned}$$

本例题中的数据表明,虽然 $P(A \mid C)=0.95$,$P(\overline{A} \mid \overline{C})=0.90$,这两个概率都比较高,但 $P(C \mid A)=0.0038$ 很小。可见,这个试验反应在癌症诊断上的价值十分有限,原因在于肝癌发病率 $P(C)$ 较低。用该试验反应检验时须先采用一些其他辅助方法进行筛查,当怀疑某个对象可能患肝癌时再采用该试验反应检验法方才较为有效。

一方面,很多生活中的概率问题并不会咬文嚼字地告诉我们到底是无条件的先验概率还是有条件的后验概率;另一方面,很多条件概率问题的条件究竟是什么,也是需要慎重思考选择的。下面的三门问题(Monty Hall Problem)就是一个很好的例子。

**例 1.4.8(三门问题)**　在一个娱乐竞赛节目中,参赛者会看见三扇关闭了的门,其中一扇的后面有一辆豪华汽车,另外两扇门后面则各藏有一只山羊。主持人知道哪一扇门后面有汽车,但参赛者不知道。此时让参赛者任选一扇门,如果选择的是后面有汽车的那扇门,跑车就作为奖励送给参赛者。

当参赛者选定了一扇门,但未去开启它的时候,节目主持人开启剩下两扇门中的一扇,露出其中一只山羊。然后,主持人会问参赛者要不要换另一扇仍然关上的门。问题是:换另一扇门是否会增加参赛者赢得汽车的概率。此时主持人给了参赛者重新选择的机会:可以坚持刚才选择的门,也可以换另一扇没有打开的门。

请问:如果你是游戏参赛者,你应该怎样选择,可使获奖率更大,获奖率又是多少。

按照朴素的直觉,一共有三扇门,参赛者随机做选择,获奖概率均是 $\frac{1}{3}$。现在排除了一扇门,剩下两扇门二选一,换门或不换门,获奖概率应该都是 50%。事情真的是这样吗?

事实上，这种朴素的直觉直接将三门问题等价于"二选一"的问题，如果参赛者尚未做出选择，那么这样等价确实是可行的。然而，在三门问题中有两个重要前提：

(1)参赛者已经选择了一扇门，之后知道门后情形的节目主持人排除了另一扇门；

(2)在知道门后情形的节目主持人排除了一扇门之后，考虑是否重新选择。

注意到这两个重要前提之后，可以想见，三门问题的本质是后验概率。现在，换门或者不换门获奖的后验概率分别是多少呢？

**解**：用随机变量 $X$ 表示汽车对应的门的标号；随机变量 $Y$ 表示节目主持人排除的门的标号。不妨假设参赛者选择了"1"号门，然后节目主持人排除了"2"号门。三门问题实际是比较条件概率 $P\{X=1 \mid Y=2\}$ 与条件概率 $P\{X=3 \mid Y=2\}$ 的大小。

首先事件 $\{X=1\}$，$\{X=2\}$，$\{X=3\}$ 构成了样本空间的一组划分，且有 $P\{Y=2 \mid X=1\}=\frac{1}{2}$，$P\{Y=2 \mid X=2\}=0$，$P\{Y=2 \mid X=3\}=1$。利用全概率公式

$$
\begin{aligned}
P\{Y=2\} &= \sum_{i=1}^{3} P\{X=i\}P\{Y=2 \mid X=i\} \\
&= \frac{1}{3}\times\frac{1}{2}+\frac{1}{3}\times 0+\frac{1}{3}\times 1=\frac{1}{2}
\end{aligned}
$$

于是

$$
P\{X=1 \mid Y=2\}=\frac{P\{X=1,Y=2\}}{P\{Y=2\}}=\frac{P\{X=1\}P\{Y=2 \mid X=1\}}{P\{Y=2\}}=\frac{1}{3}
$$

$$
P\{X=3 \mid Y=2\}=\frac{P\{X=3,Y=2\}}{P\{Y=2\}}=\frac{P\{X=3\}P\{Y=2 \mid X=3\}}{P\{Y=2\}}=\frac{2}{3}
$$

可见，在三门问题的设定下，换门获奖的概率是不换门获奖概率的两倍，当然应该换门。

下面考虑两个与三门问题不一样的情形：

(1)如果参赛者之前尚未做出选择，主持人便直接排除了没有汽车的"2"号门，在这个条件下，用随机变量 $X$ 表示汽车对应的门的标号，随机变量 $Y$ 表示节目主持人排除的门的标号。此时随机变量 $Y$ 的样本空间与之前不一样了。这时

$$
\begin{aligned}
P\{Y=2\} &= \sum_{i=1}^{3} P\{X=i\}P\{Y=2 \mid X=i\} \\
&= \frac{1}{3}\times\frac{1}{2}+\frac{1}{3}\times 0+\frac{1}{3}\times\frac{1}{2}=\frac{1}{3}
\end{aligned}
$$

于是

$$
P\{X=1 \mid Y=2\}=\frac{P\{X=1,Y=2\}}{P\{Y=2\}}=\frac{P\{X=1\}P\{Y=2 \mid X=1\}}{P\{Y=2\}}=\frac{1}{2}
$$

$$
P\{X=3 \mid Y=2\}=\frac{P\{X=3,Y=2\}}{P\{Y=2\}}=\frac{P\{X=3\}P\{Y=2 \mid X=3\}}{P\{Y=2\}}=\frac{1}{2}
$$

可见，参赛者是否已经做出选择对这个问题的结果是有影响的。

(2)假设参赛者已经选择了"1"号门，然后在并不知道"2"号门后是否有汽车的情形下，要不要改选"3"号门呢？这时

$$
P\{Y=2\} = \sum_{i=1}^{3} P\{X=i\}P\{Y=2 \mid X=i\}
$$

$$= \frac{1}{3} \times \frac{1}{2} + \frac{1}{3} \times \frac{1}{2} + \frac{1}{3} \times \frac{1}{2} = \frac{1}{2}$$

于是

$$P\{X=1 \mid Y=2\} = \frac{P\{X=1,Y=2\}}{P\{Y=2\}} = \frac{P\{X=1\}P\{Y=2 \mid X=1\}}{P\{Y=2\}} = \frac{1}{3}$$

$$P\{X=3 \mid Y=2\} = \frac{P\{X=3,Y=2\}}{P\{Y=2\}} = \frac{P\{X=3\}P\{Y=2 \mid X=3\}}{P\{Y=2\}} = \frac{1}{3}$$

可见，主持人在排除一扇门时是否确定门里没有汽车，这一点也是很重要的。

三门问题曾引起一阵热烈的讨论，它的答案虽然在数学逻辑上并无矛盾，但十分违反直觉。在 20 世纪的美国，这个问题刚刚被提出的时候，也遭到过许多人的质疑，这些质疑者中有教师、学者，甚至有数学家。后来人们经过了反复论证和多次试验，才逐渐达成共识。现实生活中的问题往往就是这样，我们的直觉可以给出朴素的猜测，但未必能给出正确的结论。因此需要我们秉持着审慎的态度，不断地锻炼自己的思维和数学能力，这样才能在决断中保持理性。

## 习题 1.4

1.已知 $P(A)=\frac{1}{3}$，$P(B \mid A)=\frac{1}{4}$，$P(A \mid B)=\frac{1}{6}$，求 $P(A \cup B)$。

2.设 $A,B$ 为两事件，$P(A)=P(B)=\frac{1}{3}$，$P(A \mid B)=\frac{1}{6}$，求 $P(\bar{A} \mid \bar{B})$。

3.口袋中有 1 个白球、1 个黑球。从中任取 1 个，若取出白球，则试验停止；若取出黑球，则把取出的黑球放回的同时，再加入 1 个黑球，如此下去，直到取出的是白球为止，试求下列事件的概率：

(1)取到第 $n$ 次，试验没有结束；

(2)取到第 $n$ 次，试验恰好结束。

4.人们为了解一只股票未来一定时期内价格的变化，往往会去分析影响股票价格的基本因素，比如利率的变化。现假设人们经分析估计利率下调的概率为 60%，利率不变的概率为 40%。根据经验，人们估计，在利率下调的情况下，该只股票价格上涨的概率为 80%，而在利率不变的情况下，其价格上涨的概率为 40%，求该只股票将上涨的概率。

5.设罐中有 $b$ 个黑球、$r$ 个红球，每次随机取出一个球，取出后将原球放回，再加入 $c(c>0)$ 个同色的球。试证：第 $k$ 次取到黑球的概率为 $\frac{b}{b+r}$，$k=1,2,\cdots$

6.有 $n$ 个口袋，每个口袋中均有 $a$ 个白球、$b$ 个黑球。从第一个口袋中任取一球放入第二个口袋，再从第二个口袋中任取一球放入第三个口袋，如此下去，从第 $n-1$ 个口袋中任取一球放入第 $n$ 个口袋，最后从第 $n$ 个口袋中任取一球，求此时取到的是白球的概率。

7.甲、乙两人轮流掷一颗骰子，甲先掷。每当某人掷出 1 点时，则交给对方掷，否则此人继续掷。试求第 $n$ 次由甲掷的概率。

8.甲口袋有1个黑球、2个白球,乙口袋有3个白球。每次从两口袋中各任取一球,交换后放入另一口袋。求交换 $n$ 次后,黑球仍在甲口袋中的概率。

9.假设只考虑天气的两种情况:有雨或无雨。若已知今天的天气情况,明天天气保持不变的概率为 $p$ ,变的概率为 $1-p$ 。设第一天无雨,试求第 $n$ 天也无雨的概率。

10.一袋中有10个球,其中3个黑球、7个白球,从中先后随意各取一球(不放回),假设已知第二次取到的球为黑球,用贝叶斯公式求"第一次取到的也是黑球"的概率。

11.学生在做一道有4个选项的单项选择题时,如果他不知道问题的正确答案,就随机猜测。现从卷面上看题是答对了,试在以下情况下求学生确实知道正确答案的概率:

(1)学生知道正确答案和胡乱猜测的概率都是0.5;

(2)学生知道正确答案的概率是0.2。

12.两台车床加工同样的零件,第一台出现不合格品的概率是0.03,第二台出现不合格品的概率是0.06,加工出来的零件放在一起,并且已知第一台加工的零件比第二台加工的零件多一倍。

(1)求任取一个零件是合格品的概率;

(2)如果取出的零件是不合格品,求它是由第二台车床加工的概率。

13.有两箱零件,第一箱装50件,其中20件是一等品。第二箱装30件,其中18件是一等品。现从两箱中随意挑出一箱,然后从该箱中先后任取两个零件,试求:

(1)第一次取出的零件是一等品的概率;

(2)在第一次取出的是一等品的条件下,第二次取出的零件仍然是一等品的概率。

14.一打靶场备有5支某种型号的枪,其中3支已经校正,2支未经校正。某人使用已校正的枪击中目标的概率为 $p_1$,使用未经校正的枪击中目标的概率为 $p_2$。他随机地取一支枪进行射击,已知他射击了5次,都未击中,求他使用的是已校正的枪的概率(设各次射击的结果相互独立)。

# 第 2 章 一维随机变量及其分布

随机变量的引入使得我们可以用定量的数学方法处理随机问题。当我们要描述一个随机变量时,不仅要说明它能够取哪些值,还要指出它取这些值的概率。只有这样,才能真正完整地刻画一个随机变量。想要定量描述随机变量取值的统计规律,我们引入随机变量的分布函数的概念。通过随机变量 $X$ 的分布函数可以得到 $X$ 落入实数域的任意一个子集的概率。随机变量和分布函数这两个概念的引入,就好像在随机现象和数学分析之间架起了一座桥梁,有了这座桥梁,“数学分析”这个强有力的工具才有可能进入随机现象的研究领域。

## 2.1 一维随机变量的分布函数

### 2.1.1 分布函数及其性质

**例 2.1.1** 已知随机变量 $X$ 可能的取值范围是 $[-2,2]$,$X$ 在 $(-2,2)$ 内的任一子区间上取值的概率与该子区间的长度成正比,且 $P\{X=-2\}=\frac{1}{8}$,$P\{X=2\}=\frac{1}{4}$。

(1)试求 $P\{X<2\}$,$P\{X\leqslant 1\}$ 及 $P\{X=1\}$;

(2)定义函数 $F(x)=P\{X\leqslant x\}$,$-\infty<x<\infty$,请写出 $F(x)$ 的解析式;

(3)用 $F(x)$ 来计算(1)中的三个概率。

**解**:(1)随机变量 $X$ 可能的取值范围是 $[-2,2]$,$P\{X\leqslant 2\}=1$。从而

$$P\{X<2\}=1-P\{X=2\}=\frac{3}{4}$$

因为 $X$ 在 $(-2,2)$ 内的任一子区间上取值的概率与该子区间的长度成正比,设比例系数为 $k$;而 $P\{X<2\}=P\{X=-2\}+P\{-2<X<2\}=\frac{1}{8}+4k=\frac{3}{4}$,所以 $k=\frac{5}{32}$。从而有 $P\{X\leqslant 1\}=P\{X=-2\}+P\{-2<X\leqslant 1\}=\frac{1}{8}+3k=\frac{1}{8}+\frac{15}{32}=\frac{19}{32}$。

对于事件 $\{X=1\}$，不妨视为随机变量 $X$ 在区间 $[1,1]$ 上取值，区间长度为0，所以 $P\{X=1\}=0$。

(2) $F(x)$ 是定义在全体实数上的映射：

当 $x<-2$ 时，$F(x)=P\{X\leqslant x\}=P\{\varnothing\}=0$；

当 $x=-2$ 时，$F(x)=P\{X\leqslant x\}=P\{X=-2\}=\dfrac{1}{8}$；

当 $-2<x<2$ 时，$F(x)=P\{X\leqslant x\}=P\{X=-2\}+P\{-2<X\leqslant x\}=\dfrac{1}{8}+\dfrac{5(x+2)}{32}$；

当 $x\geqslant 2$ 时，$F(x)=P\{X\leqslant x\}=P\{\Omega\}=1$。

综上所述

$$F(x)=\begin{cases}0, & x<-2\\ \dfrac{1}{8}, & x=-2\\ \dfrac{5x+14}{32}, & -2<x<2\\ 1, & x\geqslant 2\end{cases}=\begin{cases}0, & x<-2\\ \dfrac{5x+14}{32}, & -2\leqslant x<2\\ 1, & x\geqslant 2\end{cases}$$

(3) $P\{X\leqslant 1\}=F(1)=\dfrac{5+14}{32}=\dfrac{19}{32}$；

$P\{X<2\}=\lim\limits_{x\to 2^-}P\{X\leqslant x\}=\lim\limits_{x\to 2^-}F(x)=\dfrac{10+14}{32}=\dfrac{3}{4}$；

$P\{X=1\}=P\{X\leqslant 1\}-P\{X<1\}=F(1)-\lim\limits_{x\to 1^-}F(x)=0$。

**定义 2.1.1** 设 $X$ 是一个随机变量，$x$ 是任意实数，定义函数

$$F(x)\triangleq P\{X\leqslant x\},\ -\infty<x<\infty$$

则函数 $F:\mathbb{R}\to[0,1]$ 称为随机变量 $X$ 的**概率分布函数**，简称**分布函数**。随机变量 $X$ 的分布函数是 $F(x)$，这种对应关系记作 $X\sim F(x)$。

从定义中不难看出，分布函数 $F(x)$ 是定义在全体实数上的单值函数，将任意实数 $x$ 映射为随机变量 $X$ 落在区间 $(-\infty,x]$ 内的概率。事实上，对于任意随机变量 $X$，只要明确分布函数 $F(x)$，就可以通过事件的运算和概率的性质，得到诸如 $\{x_1\leqslant X\leqslant x_2\}$，$\{x_1<X<x_2\}$，$\{x_1<X\leqslant x_2\}$，$\{x_1\leqslant X<x_2\}$，$\{X<x_1\}$，$\{X>x_1\}$，$\{X\geqslant x_1\}$，$\{X=x_2\}$ 等形式的具体事件的概率，以及这些事件经过有限次或可列次和、积、差运算以后得到的任意事件的概率。例如

$$P\{X<a\}=\lim_{x\to a^-}P\{X\leqslant x\}=\lim_{x\to a^-}F(x)\triangleq F(a-0)$$

$$P\{X\geqslant a\}=1-P\{X<a\}=1-F(a-0)$$

$$P\{a<X\leqslant b\}=P\{X\leqslant b\}-P\{X\leqslant a\}=F(b)-F(a)$$

$$P\{a<X<b\}=P\{X<b\}-P\{X\leqslant a\}=F(b-0)-F(a)$$

$$P\{X=a\}=P\{X\leqslant a\}-P\{X<a\}=F(a)-F(a-0)$$

由定义可以验证，对于任意一个随机变量 $X$，其分布函数 $F(x)$ 满足下列三个性质。

(1) **单调不减性**：$\forall x_1<x_2$，$F(x_2)-F(x_1)=P\{X\leqslant x_2\}-P\{X\leqslant x_1\}=P\{x_1<X\leqslant x_2\}\geqslant 0$。

(2) **有界性**：$0\leqslant F(x)\leqslant 1$，且 $\lim\limits_{x\to-\infty}F(x)=0$，$\lim\limits_{x\to+\infty}F(x)=1$。

分布函数的本质是概率值，这保证了它的有界性。同时 $F(x)$ 单调不减，故 $\lim_{x\to-\infty}F(x)=\lim_{m\to-\infty}F(m)$，$\lim_{x\to+\infty}F(x)=\lim_{n\to+\infty}F(n)$ 都存在，且取值范围在 $[0,1]$ 内。又有

$$1=P\{-\infty<X<+\infty\}=\lim_{\substack{n\to+\infty\\m\to-\infty}}P\{m<X\leqslant n\}=\lim_{n\to+\infty}F(n)-\lim_{m\to-\infty}F(m)$$

所以必有 $\lim_{x\to-\infty}F(x)=\lim_{m\to-\infty}F(m)=0$，$\lim_{x\to+\infty}F(x)=\lim_{n\to+\infty}F(n)=1$ 成立。

(3)**右连续性**：对任意实数 $x_0$，都有 $F(x_0+0)\triangleq\lim_{x\to x_0^+}F(x)=F(x_0)$。

因为 $F(x)$ 是单调有界函数，其任一点的右极限 $F(x+0)$ 必存在。为证明右连续，只要对任一列单调下降的数列 $x_1>x_2>\cdots>x_n>\cdots>x$，$x_n\to x(n\to\infty)$，证明 $\lim_{n\to\infty}F(x_n)=F(x)$ 成立即可。由于

$$\begin{aligned}F(x_1)-F(x)&=P\{x<X\leqslant x_1\}=P\left(\bigcup_{n=1}^{\infty}\{x_{n+1}<X\leqslant x_n\}\right)=\sum_{n=1}^{\infty}P\{x_{n+1}<X\leqslant x_n\}\\&=\sum_{n=1}^{\infty}[F(x_n)-F(x_{n+1})]=F(x_1)-\lim_{n\to\infty}F(x_{n+1})\end{aligned}$$

由此即得 $F(x)=\lim_{n\to\infty}F(x_{n+1})=F(x+0)$。

反过来还可以证明，任一满足这三个性质的函数，一定可以作为某个随机变量的分布函数。

**例 2.1.2**　设随机变量 $X$ 的分布函数为 $F(x)=\begin{cases}0, & x<0\\ \dfrac{x^3}{3a}, & 0\leqslant x\leqslant 3\\ 1, & x>3\end{cases}$，求常数 $a$ 的取值。

**解**：由分布函数的右连续性，$F(3)=\dfrac{3^3}{3a}=F(3+0)=1$，从而 $a=9$。

## 2.1.2　随机变量的分类

基于分布函数的特征，随机变量可以分为不同的类型。根据实变函数论中的**勒贝格(Lebesgue)分解定理**，总可以对分布函数 $F(x)$ 做分解：$F(x)=c_1F_1(x)+c_2F_2(x)+c_3F_3(x)$。其中，$c_1,c_2,c_3$ 是非负常数，且 $c_1+c_2+c_3=1$；$F_1(x)$，$F_2(x)$，$F_3(x)$ 都是分布函数(即它们都具有分布函数的性质)，且它们分别为纯阶梯状跳跃函数、绝对连续函数和奇异函数(奇异函数是指在定义域区间上导数几乎处处为 0，而自身不等于常数的、连续的有界变差函数)。具体的细节是实变函数论的内容，本书不做赘述。

不同的分布函数经勒贝格分解后的形式具有不同的特征。**离散型随机变量**的分布函数是纯阶梯状跳跃函数，即在勒贝格分解中，$c_1=1$，$c_2=c_3=0$，相应的概率分布称为**离散型的分布**；**连续型随机变量**的分布函数是绝对连续函数，即在勒贝格分解中，$c_2=1$，$c_1=c_3=0$，相应的概率分布称为**连续型的分布**。事实上，随机变量除了离散型和连续型之外，还有很多其他的类型，比如奇异型和各种各样的混合型。

随机变量
- 离散型
- 连续型
- 其他型
  - 奇异型
  - ⋮

离散型随机变量与连续型随机变量是随机变量的两种特殊类型，也是最重要、最常见且最基本的随机变量类型。“典型的离散型随机变量可能的取值是有限个或可列个，典型的连续型随机变量的可能取值充满连续的区间”，这种说法提供了关于离散型和连续型随机变量的一种较为直观的描述，但并不是严格的数学定义。在后面的小节中会介绍两者概率分布的具体特征。

**例 2.1.3** 在区间 $(0,1)$ 上随机地取一点 $X$，定义 $Y=\min\{X,0.75\}$。(1)求随机变量 $Y$ 的值域。(2)求 $Y$ 的分布函数 $F_Y(y)$，并画出它的图形。(3)尝试对 $F_Y(y)$ 进行勒贝格分解。

**解**：(1) 因 $Y=\min\{X,0.75\}$，故 $Y\leqslant X$ 且 $Y\leqslant 0.75$。又由 $X$ 的值域是 $(0,1)$ 知，$Y$ 的值域为 $(0,0.75]$。

(2)当 $y<0$ 时，$F_Y(y)=P\{Y\leqslant y\}=0$；

当 $y\geqslant 0.75$ 时，$F_Y(y)=P\{Y\leqslant y\}=1$；

当 $0\leqslant y<0.75$ 时，事件 $\{Y\leqslant y\}$ 表示 $X$ 是在 $(0,y]$ 随机取的一点。

故有

$$F_Y(y)=\begin{cases}0, & y<0\\ y, & 0\leqslant y<0.75\\ 1, & y\geqslant 0.75\end{cases}$$

$F_Y(y)$ 的图形如图 2.1.1 所示。

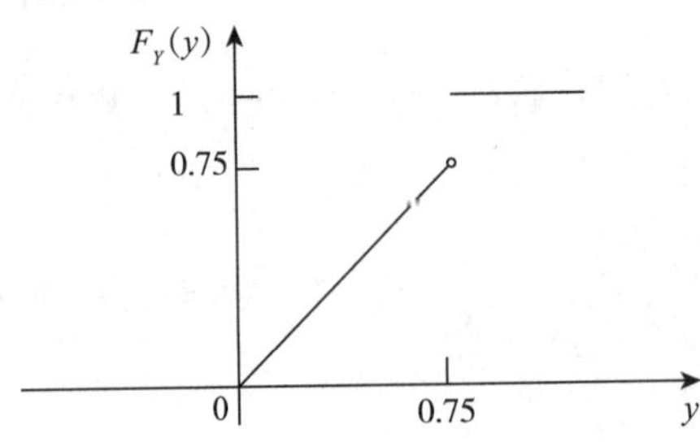


**图 2.1.1 例 2.1.3 的分布函数图**

(3)观察 $F_Y(y)$ 的形式：只有一个不连续点 $y=0.75$；在区间 $(-\infty,0)$ 和 $(0.75,+\infty)$ 分别取常数；在区间 $(0,0.75)$ 函数值连续变化。在勒贝格分解式

$$F_Y(y)=c_1F_1(y)+c_2F_2(y)+c_3F_3(y)$$

中，要求 $c_1$，$c_2$，$c_3$ 是非负常数，且 $c_1+c_2+c_3=1$；$F_1(x)$，$F_2(x)$，$F_3(x)$ 都是分布函数，且它们分别为纯阶梯状跳跃函数、绝对连续函数和奇异函数。因此，可取 $c_3=0$，而

$$F_1(y)=\begin{cases}0, & y<0.75\\ 1, & y\geqslant 0.75\end{cases},\quad F_2(y)=\begin{cases}0, & y<0\\ \dfrac{4}{3}y, & 0\leqslant y<0.75\\ 1, & y\geqslant 0.75\end{cases}$$

这样，通过待定系数法，可以确定 $c_1=0.25$，$c_2=0.75$。这就完成了勒贝格分解。$Y$ 的分布函数 $F_Y(y)$ 既不是纯阶梯状跳跃函数，也不是绝对连续函数，故 $Y$ 不是离散型随机变量，也不是连续型随机变量。

需要注意的是，可能有不同的随机变量都对应于同一个分布函数 $F(x)$，也就是说，由分布函数 $F(x)$ 并不能唯一地确定随机变量，如下例。

**例 2.1.4** 求下述随机变量的分布函数：

(1)甲、乙两人约定在 8 时到 10 时在某处会面，两人各自在约定的时间内随机地到达。定义随机变量 $X_1$ 和 $X_2$ 如下：

$$X_1(\text{甲、乙两人在约定时间内到达}) = 0$$

$$X_2 = \begin{cases} 1, & \text{甲、乙两人同时到达} \\ 0, & \text{甲、乙两人未同时到达} \end{cases}$$

(2)质点 1 等可能地落在区间 $(a,b)$ 内的任意一点上，对于每一次这样的随机试验，记质点 1 落点对应的数字为随机变量 $X$；质点 2 等可能地落在区间 $\left[a,\frac{a+b}{2}\right) \cup \left(\frac{a+b}{2},b\right]$ 内的任意一点上，随机变量 $Y$ 表示质点 2 落点对应的数字。

**解**：(1)很明显，$\{X_1 = 0\}$ 是必然事件；$\{X_2 = 0\}$ 不是必然事件，但概率为 1，即

$$P\{X_1 = 0\} = P\{X_2 = 0\} = 1$$

因此随机变量 $X_1$ 和 $X_2$ 的分布函数

$$F_{X_1}(x) = F_{X_2}(x) = \begin{cases} 0, & x < 0 \\ 1, & x \geqslant 0 \end{cases}$$

即同一个分布函数对应了 $X_1$ 和 $X_2$ 两个不同的随机变量。

(2)随机变量 $X$ 对应的分布函数为

$$F_X(x) = \begin{cases} 0, & x < a \\ \dfrac{x-a}{b-a}, & a \leqslant x \leqslant b \\ 1, & x > b \end{cases}$$

这个分布函数是一个绝对连续函数，说明对应的随机变量 $X$ 是连续型随机变量。

随机变量 $Y$ 对应的分布函数

$$F_Y(x) = \begin{cases} 0, & x < a \\ \dfrac{x-a}{b-a}, & a \leqslant x \leqslant b \\ 1, & x > b \end{cases}$$

随机变量 $X$ 和 $Y$ 对应的分布函数是一样的，但两个随机变量取值范围不同，严格意义上来说并不是同一个随机变量。

从这个例子中我们可以观察到，对应于同一个分布函数 $F(x)$ 可以有不同的随机变量，这些随机变量的取值情况上的区别，都是一些概率为零的事件，而概率为零的事件不等价于不可能事件。如果随机变量 $X$ 与 $Y$ 的**分布函数是相同的**，此时我们称它们**具有相同的分布**，简称**同分布**。

## 习题 2.1

1.设随机变量 $X$ 的分布函数为 $F(x)=\begin{cases}0, & x<1\\ \ln x, & 1\leqslant x<\mathrm{e}\\ 1, & x\geqslant \mathrm{e}\end{cases}$,试求 $P\{X<2\}$,$P\{0<X\leqslant 3\}$ 和 $P\{2<X<2.5\}$。

2.设随机变量 $X$ 的分布函数为 $F(x)=\begin{cases}0, & x<-1\\ \dfrac{1}{8}, & x=-1\\ ax+b, & -1<x<1\\ 1, & x\geqslant 1\end{cases}$,又知 $P\{-1<X<1\}=\dfrac{5}{8}$,试确定常数 $a$ 与 $b$ 的值。

3.判别下列函数是否为某随机变量的分布函数?

(1) $F(x)=\begin{cases}0, & x<-2\\ \dfrac{1}{2}, & -2\leqslant x<0;\\ 1, & x\geqslant 0\end{cases}$

(2) $F(x)=\begin{cases}0, & x<0\\ \sin x, & 0\leqslant x<\pi;\\ 1, & x\geqslant \pi\end{cases}$

(3) $F(x)=\begin{cases}0, & x<0\\ x+\dfrac{1}{2}, & 0\leqslant x<\dfrac{1}{2}\\ 1, & x\geqslant \dfrac{1}{2}\end{cases}$。

## 2.2 一维离散型随机变量的分布

### 2.2.1 离散型随机变量的分布律

前文说过,离散型随机变量的分布函数是纯阶梯状跳跃函数。我们也可用以下定义的分布律来表示其分布。

**定义 2.2.1** 对离散型随机变量 $X$,设其所有可能取值为 $x_1,x_2,\cdots,x_n,\cdots$,则称 $X$ 取 $x_k$ 的

概率

$$P\{X = x_k\} = p_k, k = 1,2,\cdots,n,\cdots$$

为 $X$ 的**概率分布律**或**分布律**，简称**分布**。

习惯把离散型随机变量 $X$ 的分布律写成表格的形式或矩阵形式：

| $X$ | $x_1$ | $x_2$ | $\cdots$ | $x_n$ | $\cdots$ |
|---|---|---|---|---|---|
| $p_i$ | $p_1$ | $p_2$ | $\cdots$ | $p_n$ | $\cdots$ |

$$X \sim \begin{pmatrix} x_1 & x_2 & \cdots & x_n & \cdots \\ p_1 & p_2 & \cdots & p_n & \cdots \end{pmatrix}$$

**性质 2.2.1**　分布律的基本性质：

(1) **非负性**：$p_k \geqslant 0, k = 1,2,\cdots,n,\cdots$；

(2) **正则性**：$\sum\limits_{k=1}^{\infty} p_k = 1$。

以上两条性质是判断某个数列是否可以作为一个离散型随机变量分布律的充要条件。

**例 2.2.1**　设随机变量 $X$ 的概率分布为：

$$P\{X = k\} = \frac{a\lambda^k}{k!},\ k = 0,1,2,\cdots,\lambda > 0$$

试确定常数 $a$。

**解**：依据分布律的性质：$\dfrac{a\lambda^k}{k!} \geqslant 0$，且 $\sum\limits_{k} \dfrac{a\lambda^k}{k!} = 1$，因而有 $a \geqslant 0$，且 $\sum\limits_{k=0}^{\infty} \dfrac{a\lambda^k}{k!} = a\mathrm{e}^{\lambda} = 1$ $\left(\text{利用常见的幂级数展开式 } \mathrm{e}^{\lambda} = \sum\limits_{k=0}^{\infty} \dfrac{\lambda^k}{k!}\right)$，从中解得 $a = \mathrm{e}^{-\lambda}$。

这里需要注意的是，随机变量 $X$ 取数列 $\{x_k\}$ 中的值的概率合计为 1，取数列 $\{x_k\}$ 以外的值的概率为 0，我们也经常不严格地说"随机变量 $X$ 只取数列 $\{x_k\}$ 这有限个或可列无限个值"。

离散型随机变量 $X$ 的分布律为 $P\{X = x_k\} = p_k,\ k = 1,2,\cdots$，对于任意的随机事件 $D$，有

$$P\{X \in D\} = P\left(\bigcup_{x_k \in D} \{X = x_k\}\right) = \sum_{x_k \in D} P\{X = x_k\}$$

例如

$$P\{a < X \leqslant b\} = \sum_{x_i \in (a,b]} P\{X = x_i\}$$

**例 2.2.2**　5 只外观相同的电池放在一个包装里，其中有 2 只电池电量不足。(1) 不放回地每次取 1 只进行测试，定义随机变量 $X$，表示完成第 $X(X = 2,3,4,5)$ 次测试时是第 2 次发现电量不足的电池。求 $X$ 的分布律和 $P\{X > 3.5\}$。

(2) 不放回地每次取 1 只进行测试，直到找出 2 只电量不足的电池或 3 只电量充足的电池为止。将需要测试的次数记为随机变量 $Y$。写出随机变量 $Y$ 的分布律，并计算 $P\{1 \leqslant Y < 3\}$。

**解**：(1) $X$ 可能取的值为 2,3,4,5。

$P\{X = 2\} = P\{$第 1 次、第 2 次取到的都是 1 只电量不足的电池$\} = \dfrac{2}{5} \times \dfrac{1}{4} = \dfrac{1}{10}$。至于事件 $\{X = 3\}$，相当于前两次取到 1 只电量不足的电池，而第 3 次又取到 1 只电量不足的电池，利用

条件概率的乘法公式,有

$$P\{X=3\}=\frac{1}{3}\times\left(\frac{2}{5}\times\frac{3}{4}+\frac{3}{5}\times\frac{2}{4}\right)=\frac{1}{5}$$

类似地

$$P\{X=4\}=\frac{1}{2}\times\frac{A_3^3C_3^2C_2^1}{A_5^3}=\frac{3}{10}$$

再由概率的规范性

$$P\{X=5\}=1-P\{X=2\}-P\{X=3\}-P\{X=4\}=\frac{2}{5}$$

得 $X$ 的分布律为

| $X$ | 2 | 3 | 4 | 5 |
|---|---|---|---|---|
| $p_k$ | $\frac{1}{10}$ | $\frac{1}{5}$ | $\frac{3}{10}$ | $\frac{2}{5}$ |

$$P\{X>3.5\}=P\{X=4\}+P\{X=5\}=\frac{7}{10}$$

(2)随机变量 $Y$ 的可能取值为 2,3,4。这是因为 5 只电池中两类各自的数目是已知的,所以最多进行 4 次测试就可以获悉剩下 1 只电池的情况了,第 5 次检测可无须进行。

$$P\{Y=2\}=P\{X=2\}=\frac{1}{10}$$

事件 $\{Y=3\}$ 表示“前 3 次取到的都是电量充足的电池”或“第二只电量不足的电池在第 3 次取到”,故

$$P\{Y=3\}=\frac{3}{5}\times\frac{2}{4}\times\frac{1}{3}+\frac{1}{5}=\frac{3}{10}$$

而

$$P\{Y=4\}=1-P\{Y=2\}-P\{Y=3\}=1-\frac{1}{10}-\frac{3}{10}=\frac{3}{5}$$

$Y$ 的分布律为

| $Y$ | 2 | 3 | 4 |
|---|---|---|---|
| $p_k$ | $\frac{1}{10}$ | $\frac{3}{10}$ | $\frac{3}{5}$ |

因而,$P\{1\leqslant Y<3\}=P\{Y=2\}=\frac{1}{10}$。

由概率的可列可加性,通过任一离散型随机变量的分布律,都可以求该随机变量落入某一个区间的概率,也可以求出相应的分布函数。这个事实常常说成是:分布律全面地描述了离散型随机变量的统计规律。

具体来说,如果 $X$ 是一个离散型随机变量,它的分布律为

$$P\{X=x_k\}=p_k,\ k=1,2,\cdots$$

那么 $X$ 的分布函数为

$$F(x)=P\{X\leqslant x\}=\sum_{x_k\leqslant x}P\{X=x_k\}=\sum_{x_k\leqslant x}p_k$$

**例 2.2.3**　随机变量 $X$ 服从离散型均匀分布，即

$$P\{X = x_i\} = \frac{1}{n}, \quad i = 1,2,\cdots,n$$

求随机变量 $X$ 的分布函数。

**解**：将 $X$ 所取的 $n$ 个值按从小到大的顺序排列为 $x_{(1)} \leqslant x_{(2)} \leqslant \cdots \leqslant x_{(n)}$，则

$x < x_{(1)}$ 时，$F(x) = P\{X \leqslant x\} = 0$，

$x_{(1)} \leqslant x < x_{(2)}$ 时，$F(x) = P\{X \leqslant x\} = \dfrac{1}{n}$，

$x_{(2)} \leqslant x < x_{(3)}$ 时，$F(x) = P\{X \leqslant x\} = \dfrac{2}{n}$，

$\vdots$

$x_{(n-1)} \leqslant x < x_{(n)}$ 时，$F(x) = P\{X \leqslant x\} = \dfrac{n-1}{n}$，

$x \geqslant x_{(n)}$ 时，$F(x) = P\{X \leqslant x\} = 1$。

反之，给定一个离散型随机变量 $X$ 的分布函数 $F(x)$，如何确定相应的分布律呢？离散型随机变量的分布函数是纯阶梯状跳跃函数，对于分布函数 $F(x)$ 的不连续点（即只右连续不左连续的跳跃点）$x_i$，可以计算事件 $\{X = x_i\}$ 的概率

$$P\{X = x_i\} = F(x_i) - F(x_i - 0) \neq 0$$

而对于分布函数 $F(x)$ 的连续点 $x$

$$P\{X = x\} = F(x) - F(x - 0) = 0$$

所以，对于给定的分布函数 $F(x)$，如果它是纯阶梯状跳跃函数，那么取这些不连续的跳跃点 $\{x_k\}$ 构造分布律中的数列 $\{x_k\}$，再计算

$$p_k = P\{X = x_i\} = F(x_i) - F(x_i - 0)$$

即可得到离散型随机变量的分布律（取值情况上可以有概率为零的差别，这里不做严格区分）。

总而言之，描述离散型随机变量取值情况的统计规律，可以采用两种工具——分布律与分布函数，两种方法都涵盖了离散型随机变量取值的统计规律信息，但是又各有特点，各有侧重：分布律反映的是随机变量取每一个可能值的概率；分布函数反映的是随机变量落在每一个形如区间 $(-\infty,x]$ 内的概率，是一种整体分布情况。对于离散型随机变量来说，它的分布函数实际上是分布律从 $-\infty$ 到 $x$ 的累加。

## 2.2.2　常见的离散型分布

### 2.2.2.1　二项分布

**定义 2.2.2**　在 $n$ 重伯努利试验中，每一次伯努利试验的结果可能为 $A$ 或者为 $\overline{A}$，其中 $P(A) = p, P(\overline{A}) = 1 - p$，定义试验中事件 $A$ 出现的总次数为随机变量 $X$，则 $X$ 服从参数为 $n,p$ 的**二项分布**，也叫**伯努利分布**，记为 $X \sim b(n,p)$。其分布律为

$$P\{X = k\} = C_n^k p^k (1 - p)^{n-k}, k = 0,1,2,\cdots,n$$

这里 $C_n^k p^k (1 - p)^{n-k}$ 恰好是二项式 $(p + q)^n (q = 1 - p)$ 展开式中含 $p^k$ 的那项，故得名。

二项分布 $b(n,p)$ 中，$n=1$ 的特例也叫参数为 $p$ 的**两点分布**，或称 **0-1 分布**，其分布律为

$$P\{X=k\}=p^k(1-p)^{1-k},k=0,1$$

即

| $X$ | 0 | 1 |
|---|---|---|
| $P$ | $1-p$ | $p$ |

两点分布可以描述一切只有两种可能结果的随机试验，也就是伯努利试验。例如，200 件产品中，有 196 件是正品，4 件是次品，今从中随机地抽取一件，若规定随机变量

$$X=\begin{cases}1, & \text{取到正品}\\0, & \text{取到次品}\end{cases}$$

则 $P\{X=1\}=\frac{196}{200}=0.98,P\{X=0\}=\frac{4}{200}=0.02$。于是，$X\sim b(1,0.98)$。同理，掷一枚均匀硬币是出现正面还是反面等随机试验都可以用相应的两点分布来描述。

进一步地，对于一个有多种可能结果的随机试验，有时我们可以把所有可能结果分成两类。例如，投掷一枚骰子，一共有六种可能的点数，但有时我们关注的只是出现的点数是奇数还是偶数这两类情况，或者出现的点数是与不是 5 点这两类情形；再如，灯泡的使用寿命是一个连续型随机变量，但问题中关注的是使用寿命有没有超过 1000 小时；等等。这时也可以用两点分布来描述这种随机试验两类可能结果的分布。

**例 2.2.4** 设有 80 台同类型设备，各台工作是相互独立的，发生故障的概率都是 0.01，且一台设备的故障能由一个人处理。考虑两种配备维修工人的方法，其一是由 4 人维护，每人负责 20 台；其二是由 3 人共同维护 80 台。试比较这两种方法在设备发生故障时不能及时维修的概率的大小。

**解**：按第一种方法：以 $X$ 记“第 1 人维护的 20 台中同一时刻发生故障的台数”，以 $A_i(i=1,2,3,4)$ 表示“第 $i$ 人维护的 20 台中发生故障不能及时维修”，则知 80 台中发生故障不能及时维修的概率为

$$P(A_1\cup A_2\cup A_3\cup A_4)=1-P(\overline{A_1\cup A_2\cup A_3\cup A_4})=1-P(\overline{A}_1\cap\overline{A}_2\cap\overline{A}_3\cap\overline{A}_4)$$

而 $X\sim b(20,0.01)$ 且各台设备工作是相互独立的，故有

$$P(A_1\cup A_2\cup A_3\cup A_4)=1-P(\overline{A}_1)P(\overline{A}_2)P(\overline{A}_3)P(\overline{A_4})=1-[P\{X<2\}]^4$$

$$P\{X<2\}=\sum_{k=0}^{1}P\{X=k\}=\sum_{k=0}^{1}C_{20}^k(0.01)^k(0.99)^{20-k}\approx 0.9831$$

即 $P(A_1\cup A_2\cup A_3\cup A_4)\approx 0.0659$。

而按第二种方法：以 $Y$ 记 80 台中同一时刻发生故障的台数。此时 $Y\sim b(80,0.01)$，故 80 台中发生故障而不能及时维修的概率为

$$P\{Y\geqslant 4\}=1-\sum_{k=0}^{3}C_{80}^k(0.01)^k(0.99)^{80-k}=0.0087$$

结果表明，第二种方法尽管单人的任务加重了（每人平均维护约 27 台），但整体的工作效率不仅没有降低，反而提高了。

**例 2.2.5（二项分布概率最大点）** 随机变量 $X\sim b(n,p)$，当 $k$ 取何值时 $P\{X=k\}$ 最大？

**解**：随机变量 $X$ 的分布律为 $P\{X=k\}=C_n^kp^k(1-p)^{n-k},k=0,1,2,\cdots,n$，由

$$\frac{P\{X=k\}}{P\{X=k-1\}}=\frac{(n-k+1)p}{k(1-p)}$$

$$=1+\frac{(n+1)p-k}{k(1-p)}\begin{cases}>1, & k<(n+1)p \\ =1, & k=(n+1)p, \quad k=1,2,\cdots,n \\ <1, & k>(n+1)p\end{cases}$$

可知,二项分布分布律中的概率是先递增后递减的。当 $k<(n+1)p$ 时, $P\{X=k\}$ 随 $k$ 增大而递增;当 $k>(n+1)p$ 时, $P\{X=k\}$ 随 $k$ 增大而递减。从而:

(1)若 $(n+1)p$ 为正整数,则 $k=(n+1)p$ 时

$$P\{X=(n+1)p\}=P\{X=(n+1)p-1\}$$

为概率的最大值,即当 $k=(n+1)p$ 或 $k=(n+1)p-1$ 时概率都取到最大值。

(2)若 $(n+1)p$ 不是正整数,令 $k_0=[(n+1)p]$,这里的记号 $[x]$ 表示小于等于 $x$ 的最大整数,则 $k_0<(n+1)p<k_0+1$,此时有

$$P\{X=k_0-1\}<P\{X=k_0\}>P\{X=k_0+1\}$$

所以 $P\{X=k_0\}=P\{X=[(n+1)p]\}$ 为概率的最大值。

#### 2.2.2.2　泊松分布

**定义 2.2.3**　若离散型随机变量 $X$ 的分布律为

$$P\{X=k\}=\frac{\lambda^k e^{-\lambda}}{k!}, k=0,1,2,\cdots$$

其中 $\lambda>0$ 为常数,则称 $X$ 服从参数为 $\lambda$ 的**泊松(Poisson)分布**,记为 $X\sim\pi(\lambda)$ 。

泊松分布有着广泛的应用,实际问题中许多自然随机现象及稀有随机事件发生的次数均服从或近似服从泊松分布。诸如布匹上的瑕疵点数,纱锭上棉纱的断头次数,电话交换台每天接到呼叫的次数,某一地区某段时间内交通事故的次数,来到某售票口买票的人数,进入商店的顾客数,放射性物质放射出的质点数,热电子的发射数,显微镜下在某观察范围内的微生物数,一只母鸡的产蛋量等,这类随机变量用泊松分布来描述一般都是比较恰当、逼真的。这主要是因为泊松分布与二项分布具有紧密的联系。

**定理 2.2.1(泊松逼近定理)**　在 $n$ 重伯努利试验中,事件 $A$ 在每次试验中发生的概率为 $p_n$,如果 $n\to\infty$时,满足 $np_n\to\lambda$ ( $\lambda>0$ 为常数),则对任意给定的 $k=0,1,2,\cdots$,有

$$\lim_{n\to\infty}C_n^k p_n^k(1-p_n)^{n-k}=\frac{\lambda^k}{k!}e^{-\lambda}$$

**证明**:令 $np_n=\lambda_n$,则

$$C_n^k p_n^k(1-p_n)^{n-k}=\frac{n!}{(n-k)!\ k!}\left(\frac{\lambda_n}{n}\right)^k\left(1-\frac{\lambda_n}{n}\right)^{n-k}=\frac{\lambda_n^k}{k!}\left(1-\frac{\lambda_n}{n}\right)^{n-k}\prod_{i=1}^{k-1}\left(1-\frac{i}{n}\right)$$

对于任一固定的 $k$,显然有 $\lim\limits_{n\to\infty}\lambda_n^k=\lambda^k$, $\lim\limits_{n\to\infty}\left(1-\frac{\lambda_n}{n}\right)^{n-k}=\lim\limits_{n\to\infty}\left[\left(1-\frac{\lambda_n}{n}\right)^{-\frac{n}{\lambda_n}}\right]^{-\frac{\lambda_n(n-k)}{n}}=e^{-\lambda}$,

且 $\lim\limits_{n\to\infty}\prod\limits_{i=1}^{k-1}\left(1-\frac{i}{n}\right)=1$,从而 $\lim\limits_{n\to\infty}C_n^k p_n^k(1-p_n)^{n-k}=\frac{\lambda^k}{k!}e^{-\lambda}$ 对任意的 $k(k=0,1,2,\cdots)$ 成立,定理得证。

泊松定理表明,泊松分布是一种理想化的极限分布。泊松定理保证了独立重复进行伯努利试验时,若试验总次数 $n$ 与每一次试验中事件 $A$ 出现的概率 $p$ 两者的乘积保持适当大小的

话,试验中事件 $A$ 出现的总次数近似服从参数为 $\lambda = np$ 的泊松分布。这通常要求 $p$ 较小而 $n$ 较大。

例如,一本书某页中的印刷错误数经常用泊松随机变量来表示。在这个模型中,可以认为某一页上每个文字出现印刷错误是相互独立的,并且概率都是一个很小的值 $p$;而该页上一共有 $n$ 个文字, $n$ 相对来说是一个很大的数字,因此,这一页上总的印刷错误就近似服从参数为 $\lambda = np$ 的泊松分布。再有,每个人一天之中到某医院急诊是相互独立的小概率事件,而该地区的总人数相对来说是很大的,所以某医院在一天内的急诊病人数近似服从泊松分布。

另外,泊松定理还提供了一种近似计算二项概率的方法,即在 $n,k$ 都比较大时 $C_n^k p_n^k (1-p_n)^{n-k} \approx \frac{\lambda^k}{k!}e^{-\lambda}$,其中 $\lambda = \lim\limits_{n\to\infty} np_n$,而且针对泊松分布的概率取值有专用的泊松分布表可查。

**例 2.2.6** 某公司生产的一种产品共有 300 件,根据历史生产记录可知废品率为 0.01。现在这 300 件产品中废品数大于 5 的概率是多少?

**解**:把每件产品的检验看作一次伯努利试验,它有两个结果:$A=\{正品\}$,$\overline{A}=\{废品\}$。检验 300 件产品就是做 300 次独立的伯努利试验。用 $X$ 表示检验出的废品数,则 $X \sim b(300, 0.01)$,我们要计算 $P\{X>5\}$。这个概率要严格精确计算也是可以的,只是比较复杂耗时。对 $n=300, p=0.01$,有 $\lambda = np = 3$,于是,近似估算

$$
\begin{aligned}
P\{X>5\} &= \sum_{k=6}^{\infty} C_{300}^k (0.01)^k (1-0.01)^{300-k} \\
&= 1 - \sum_{k=0}^{5} C_{300}^k (0.01)^k (1-0.01)^{300-k} \approx 1 - \sum_{k=0}^{5} \frac{3^k}{k!} e^{-3}
\end{aligned}
$$

查泊松分布表,得 $P\{X>5\} \approx 1 - 0.916082 \approx 0.08$。

**例 2.2.7(泊松分布概率最大点)** 随机变量 $X \sim \pi(\lambda)$,当 $k$ 取何值时,$P\{X=k\}$ 最大?

**解**:由

$$
\frac{P\{X=k\}}{P\{X=k-1\}} = \frac{\lambda^k e^{-\lambda}}{k!} \times \frac{(k-1)!}{\lambda^{k-1}e^{-\lambda}} = \frac{\lambda}{k}\begin{cases} >1, & k<\lambda \\ =1, & k=\lambda, k=1,2,\cdots \\ <1, & k>\lambda \end{cases}
$$

可以知道:当 $k<\lambda$ 时,$P\{X=k\}$ 随 $k$ 增大而递增;当 $k>\lambda$ 时,$P\{X=k\}$ 随 $k$ 增大而递减。从而,若 $\lambda$ 为正整数,则当 $k=\lambda$ 时,$P(X=\lambda)=P\{X=\lambda-1\}$ 为概率的最大值;若 $\lambda$ 不是正整数,令 $k_0=[\lambda]$(即 $k_0$ 是 $\lambda$ 的整数部分),则 $k_0<\lambda<k_0+1$,此时有

$$
P\{X=k_0-1\} < P\{X=k_0\} > P\{X=k_0+1\}
$$

因而 $P\{X=k_0\}=P\{X=[\lambda]\}$ 为概率的最大值。

#### 2.2.2.3 几何分布

**定义 2.2.4** 在一个无穷次伯努利试验序列中,事件 $A$ 发生的概率为 $p(0<p<1)$,$A$ 首次发生时所需的试验次数记为随机变量 $X$,则 $X$ 服从**几何分布**,记为 $X \sim Ge(p)$。其分布律为

$$
P\{X=k\} = (1-p)^{k-1}p, k=1,2,\cdots
$$

实际中有不少随机变量服从几何分布,譬如,某产品的不合格率为 0.01,则抽查产品时首次查到不合格品时对应的检查次数 $X \sim Ge(0.01)$。几何分布与二项分布是有着明显而紧密联系的,它们有着相似的问题背景,只是关注的随机事件有所不同。

**例 2.2.8**　设某应届毕业生在求职过程中每次求职成功率为 0.4,该毕业生要求职多少次,才能有九成的把握获得一个就业机会?

**解**:可以认为该毕业生每次求职的结果都是相互独立的。

**第一种方法**　设随机变量 $X$ 表示该毕业生在求职过程中首次成功时的求职次数,则 $X \sim Ge(0.4)$ ,分布律 $P\{X = k\} = 0.6^{k-1} \times 0.4, k = 1,2,\cdots$ ;或者表示成表格的形式

| $X$ | 1 | 2 | 3 | $\cdots$ | $k$ | $k+1$ | $\cdots$ |
|---|---|---|---|---|---|---|---|
| $p_k$ | 0.4 | 0.24 | 0.144 | $\cdots$ | $0.6^{k-1}\times0.4$ | $0.6^{k}\times0.4$ | $\cdots$ |

随着毕业生求职次数的增加,求职成功的概率在不断累加。要使该生有九成的把握获得一个就业机会,相当于确定数字 $n$ ,使得 $P\{X \leqslant n\} = 0.9$。由事件的不相容性,有

$$P\{X \leqslant n\} = \sum_{k=1}^{n} P\{X = k\} = \sum_{k=1}^{n} 0.6^{k-1} \times 0.4 = \frac{0.4 \times (1 - 0.6^n)}{1 - 0.6} = 1 - 0.6^n$$

要使 $P\{X \leqslant n\} = 0.9$,则 $n = \log_{0.6}0.1 \approx 4.5$。故该毕业生至少要求职 5 次,才能以九成的把握得到一次就业的机会。

**第二种方法**　设随机变量 $Y$ 表示该毕业生求职 $n$ 次中成功的求职次数,则随机变量 $Y \sim b(n,0.4)$ 。那么,该毕业生求职成功的概率可以表示为

$$P\{Y \geqslant 1\} = 1 - P\{Y = 0\} = 1 - (1 - p)^n = 1 - 0.6^n$$

因而该毕业生至少要求职 5 次,才能以九成的把握得到一次就业机会。

几何分布还有一个有趣的性质——无记忆性。无记忆性指按时间先后顺序,后面的事件发生的概率与前面的事件是否发生无关,这一性质是通过条件概率来体现的。

**例 2.2.9(几何分布的无记忆性)**　设随机变量 $X \sim Ge(p)(0 < p < 1)$ ,试证明对于任意的正整数 $m$、$n$ ,有 $P\{X > m + n \mid X > m\} = P\{X > n\}$ 。

**证明**:由条件概率的公式

$$P\{X > m + n \mid X > m\} = \frac{P(\{X > m + n\} \cap \{X > m\})}{P\{X > m\}} = \frac{P\{X > m + n\}}{P\{X > m\}}$$

而

$$P\{X > m\} = \sum_{k=m+1}^{\infty} P\{X = k\} = \sum_{k=m+1}^{\infty} (1 - p)^{k-1}p = \lim_{t\to\infty} \frac{(1 - p)^m p[1 - (1 - p)^t]}{1 - (1 - p)} = (1 - p)^m$$

所以

$$P\{X > m + n \mid X > m\} = \frac{(1 - p)^{m+n}}{(1 - p)^m} = (1 - p)^n = P\{X > n\}$$

几何分布的无记忆性可以理解为,在独立重复的伯努利试验序列中,已经进行了 $m$ 次试验没有成功,再进行 $n$ 次试验依然没有成功的概率,等于单纯进行 $n$ 次试验没有成功的概率,而与之前已知的信息(前续的 $m$ 次试验都没有成功)没有关系。

比如,在赌博游戏“押大小”中,假设每轮的游戏结果都是相互独立的,“大”出现的概率是一个常数。现在台上连续出了十次“小”,很多人会认为,前面出了那么多次“小”,再出“小”的可能性就非常小了,应该用全部身家押“大”,搏一把翻本。这完全是赌徒心理,是错误且反智的。事实上,“大”第一次出现时对应的游戏次数是一个典型的几何分布,具有无记忆性。前面十次连续出“小”,完全不影响之后出“大”的概率。因此,考虑到前十次都连续出“小”,合理的推断应该是出“大”的概率本身就很小。

### 2.2.2.4 负二项分布

**定义 2.2.5** 在独立重复的伯努利试验中,记每次试验中事件 $A$ 发生的概率为 $p\ (0<p<1)$,如果随机变量 $X$ 为事件 $A$ 第 $r$ 次发生时的试验总次数,则 $X$ 的可能取值为 $r,r+1,r+2,\cdots$,其分布律为

$$P\{X=k\}=C_{k-1}^{r-1}p^r(1-p)^{k-r},k=r,r+1,r+2,\cdots$$

此时,称随机变量 $X$ 服从**负二项分布**,也叫**帕斯卡(Pascal)分布**,记为 $X\sim Nb(r,p)$。显然当 $r=1$ 时,即为几何分布。

前面讨论的两点分布、二项分布、泊松分布、几何分布以及负二项分布都是以独立重复的伯努利试验为背景的,它们之间的区别在于:

(1)两点分布的试验次数为1,二项分布的试验次数是 $n$,两者的试验次数可以认为是固定的,关注的随机变量表示的是事件 $A$ 出现的总次数。事实上,二项分布的随机变量可以表示成 $n$ 个独立同分布的两点分布随机变量之和。

(2)泊松分布是二项分布的推广,可以认为试验次数是无穷的,关注的随机变量也表示的是事件 $A$ 出现的总次数。

(3)几何分布、负二项分布的试验次数是无限制、不固定的,它们关注的随机变量表示的是事件 $A$ 出现的某个特定情况下试验进行的次数:几何分布关注的是首次出现;负二项分布关注的是第 $r$ 次出现。负二项分布的随机变量也可以表示成 $r$ 个独立同分布的几何分布随机变量之和。事实上,若设随机变量 $X_i(i=1,2,\cdots,r)$ 表示事件 $A$ 在独立重复的伯努利试验序列中,从第 $i-1$ 次之后到第 $i$ 次发生时经过的试验次数,则

$$X_i\sim Ge(p)(i=1,2,\cdots,r),X=X_1+X_2+\cdots+X_r$$

并且由几何分布的无记忆性可知它们是独立同分布的。

### 2.2.2.5 超几何分布

**定义 2.2.6** 设随机变量 $X$ 的分布律为

$$P\{X=k\}=\frac{C_M^k\cdot C_{N-M}^{n-k}}{C_N^n},\ k=0,1,2\cdots,r$$

其中 $r=\min\{M,n\}$,这样的概率分布叫作**超几何分布**,记为 $X\sim h(n,N,M)$。

超几何分布在抽样理论中占有重要地位,从一个有限总体中进行不放回抽样时经常会涉及超几何分布。例如,有 $N$ 件产品,其中有 $M(M\leqslant N)$ 件是不合格品,若从所有产品中不放回地随机抽取 $n$ 件,则其中含有的不合格品的件数 $X\sim h(n,N,M)$。

如果这里做的是放回抽样,合格品与不合格品的比例是常数,每次抽样相互独立,那么抽得的不合格品的件数应该服从二项分布。而不放回抽样的特点是,随着抽样的进行,总的产品数变少,其中合格品与不合格品的比例也在不断变化,这一点是与放回抽样不同的。但是,在实际的科学研究和生产生活中,当调查研究的总体容量非常大而抽样数相对很小时,即使是无放回抽样,合格品与不合格品的比例变化也小到可以忽略,这时有放回地抽取与无放回地抽取两种情况对应的概率非常接近,出于简化计算的考虑也可以用二项分布来近似实际问题。

## 习题 2.2

1.将 3 个球随机地放入 4 个杯子中,求杯子中球的最大个数 $X$ 的分布律。

2.有 3 个盒子,第一个盒子装有 1 个白球、4 个黑球;第二个盒子装有 2 个白球、3 个黑球;第三个盒子装有 3 个白球、2 个黑球。现任取一个盒子,从中任取 3 个球。以 $X$ 表示所取到的白球数。

(1)试求 $X$ 的分布律;

(2)取到的白球数不少于 2 个的概率是多少?

3.一批产品共有 100 件,其中 10 件是不合格品。根据验收规则,从中任取 5 件产品进行质量检验,假如 5 件中无不合格品,则这批产品被接收,否则就要重新对这批产品逐个进行检验。

(1)试求 5 件中不合格品数 $X$ 的分布律;

(2)需要对这批产品进行逐个检验的概率是多少?

4.设随机变量 $X$ 的分布函数为 $F(x)=\begin{cases}0, & x<0\\ \dfrac{1}{4}, & 0\leqslant x<1\\ \dfrac{1}{3}, & 1\leqslant x<3\\ \dfrac{1}{2}, & 3\leqslant x<6\\ 1, & x\geqslant 6\end{cases}$,试求 $X$ 的分布律及 $P\{X<3\}$, $P\{X\leqslant 3\}$, $P\{X>1\}$ 和 $P\{X\geqslant 1\}$。

5.设随机变量 $X$ 的分布律为

| $X$ | 0 | 1 | 2 |
|---|---|---|---|
| $p_i$ | $\frac{1}{3}$ | $\frac{1}{6}$ | $\frac{1}{2}$ |

,求 $X$ 的分布函数 $F(x)$。

6.设随机变量 $X$ 的分布律为

| $X$ | 1 | 2 | 3 |
|---|---|---|---|
| $p_i$ | $a^2$ | $a^2$ | $-a$ |

,求:(1)常数 $a$;(2)分布函数 $F_X(x)$;(3) $P\{-2<X<2\}$。

7.设随机变量 $X$ 的分布律为

| $X$ | 1 | 2 | 3 |
|---|---|---|---|
| $p_i$ | $\theta^2$ | $2\theta(1-\theta)$ | $(1-\theta)^2$ |

,且 $P\{X\geqslant 2\}=\dfrac{3}{4}$,求:

(1) $\theta$ 的值;

(2)分布函数 $F_X(x)$。

# 2.3 一维连续型随机变量的分布

## 2.3.1 连续型随机变量的概率密度

前面已经介绍过,连续型随机变量的分布函数是一个绝对连续函数。

**定义 2.3.1** 随机变量 $X$ 是连续型随机变量,则存在非负函数 $f(x)$ ,使得对于任意实数 $x$ , $X$ 的分布函数

$$F(x)=\int_{-\infty}^{x} f(t)\,\mathrm{d}t$$

满足这一要求的函数 $f(x)$ 称为分布函数 $F(x)$ 的**概率密度函数**,简称**概率密度**或**密度函数**。

分布函数 $F(x)$ 与概率密度函数 $f(x)$ 的关系的几何解释如图 2.3.1 所示

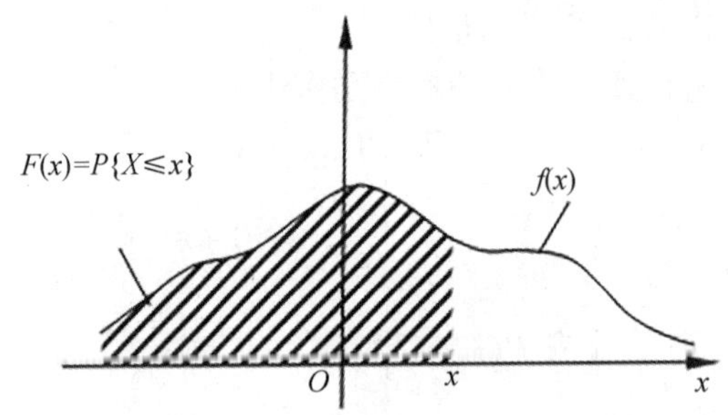


图 2.3.1 分布函数 $F(x)$ 与概率密度函数 $f(x)$ 的关系示意图

对概率密度函数 $f(x)$ 的连续点必有 $\dfrac{\mathrm{d}F(x)}{\mathrm{d}x}=f(x)$ 。需要注意的是,改变概率密度函数 $f(x)$ 在个别点的函数值并不影响积分 $F(x)=\int_{-\infty}^{x} f(t)\,\mathrm{d}t$ 的值,也就是说,由同一个分布函数并不能唯一地确定概率密度函数,这些概率密度函数可能在一些点上取值存在不同,在实际中为了表示和计算的简便,通常并不严格区分对应于同一分布函数的不同的概率密度函数。

由分布函数的性质即可验证,任一连续型分布的概率密度函数 $f(x)$ 具有下述性质:

(1)非负性: $f(x)\geqslant 0$。

(2)规范性: $\int_{-\infty}^{\infty} f(x)\,\mathrm{d}x=1$。

事实上,任意一个定义在实数域上的函数 $f(x)$ ,如果具有以上两个性质,即可对应某一个连续型随机变量,同时由 $F(x)=\int_{-\infty}^{x} f(t)\,\mathrm{d}t$ 确定相应的分布函数 $F(x)$ 。而且,由概率密度函数 $f(x)$ 可直接求出随机变量 $X$ 落在任意区间 $(a,b]$ 内的概率

$$P\{a<X\leqslant b\}=F(b)-F(a)=\int_{a}^{b} f(x)\,\mathrm{d}x$$

这个结果有很简单的几何意义:随机变量 $X$ 落在任意区间 $(a,b]$ 内的概率,恰好等于在区间 $(a,b]$ 上由曲线 $y=f(x)$ 形成的曲边梯形的面积;而 $\int_{-\infty}^{\infty} f(x)\,\mathrm{d}x=1$ 表明,整个曲线 $y=$

$f(x)$ 以下，$x$ 轴以上的面积为 1，如图 2.3.2 所示。

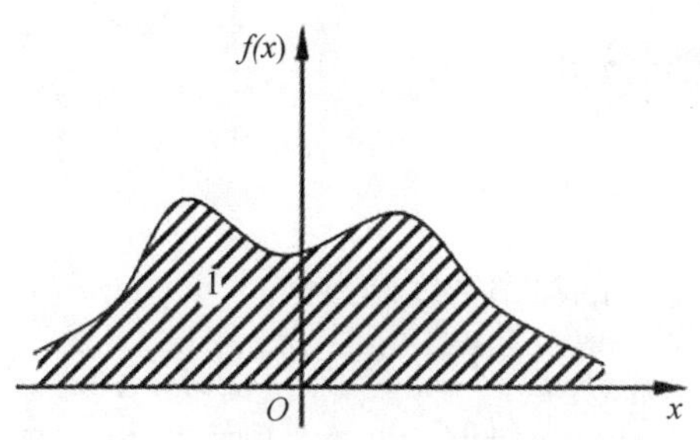


图 2.3.2　密度函数的规范性的几何含义

特别地，对于连续型随机变量 $X$，任意的实数 $c \in \mathbb{R}$，均满足 $P\{X = c\} = 0$。所以

$$P\{a \leqslant X \leqslant b\} = P\{a < X < b\} = P\{a \leqslant X < b\} = P\{a < X \leqslant b\} = \int_a^b f(x)\,\mathrm{d}x$$

连续型随机变量的概率密度函数 $f(x)$ 完全刻画了随机变量的概率分布情况。如果概率密度函数 $f(x)$ 在某一范围内的数值相对比较大，则随机变量落在这个范围内的概率也比较大。这意味着 $f(x)$ 的确具有物理学上“密度”这一概念的特点：如果把连续型随机变量的概率分布类比为物体的质量分布，那么概率密度就可以类比为物体的密度，这也是“概率密度函数”一词的由来。

**例 2.3.1**　设随机变量

$$X \sim f(x) = \begin{cases} Ax, & 2 \leqslant x < 3 \\ B, & 3 \leqslant x < 4 \\ 0, & \text{其他} \end{cases}$$

且 $P\{2 < x < 3\} = P\{3 < x < 4\}$，试求：(1) 常数 $A, B$；(2) 概率 $P\{3 < x < 5\}$；(3) $X$ 的分布函数 $F(x)$。

**解**：(1) 由题意：$\int_2^3 Ax\mathrm{d}x + \int_3^4 B\mathrm{d}x = 1$，且 $\int_2^3 Ax\mathrm{d}x = \int_3^4 B\mathrm{d}x$，解方程组可得 $A = \dfrac{1}{5}$，$B = \dfrac{1}{2}$；

(2) $P\{3 < x < 5\} = \int_3^5 f(x)\,\mathrm{d}x = \int_3^4 \dfrac{1}{2}\mathrm{d}x = \dfrac{1}{2}$；

$$(3)\ F(x) = \int_{-\infty}^x f(x)\,\mathrm{d}x = \begin{cases} 0, & x < 2 \\ \int_2^x \dfrac{x}{5}\mathrm{d}x, & 2 \leqslant x < 3 \\ \int_2^3 \dfrac{x}{5}\mathrm{d}x + \int_3^x \dfrac{1}{2}\mathrm{d}x, & 3 \leqslant x < 4 \\ 1, & \text{其他} \end{cases} = \begin{cases} 0, & x < 2 \\ \dfrac{x^2}{10} - \dfrac{2}{5}, & 2 \leqslant x < 3 \\ \dfrac{x-2}{2}, & 3 \leqslant x < 4 \\ 1, & \text{其他} \end{cases}。$$

引入概率密度函数之后，求连续型随机变量落入某区域中的概率，既可以用分布函数求得，也可以用概率密度函数求得，但研究概率密度函数比研究分布函数简单。而且，概率密度函数可以定量地描述连续型随机变量取不同值的“可能性”大小。基于上述优点，对于连续型随机变量，我们常常专注于研究其概率密度函数。

## 2.3.2 常见的连续型分布

### 2.3.2.1 正态分布

**定义 2.3.2** 若随机变量 $X$ 的概率密度函数为

$$f(x)=\frac{1}{\sqrt{2\pi}\sigma}\mathrm{e}^{-\frac{(x-\mu)^2}{2\sigma^2}},\quad -\infty<x<\infty$$

其中 $\mu$ 和 $\sigma(\sigma>0)$ 都是常数,则称 $X$ 服从参数为 $\mu$ 和 $\sigma^2$ 的**正态分布**,也叫**高斯(Gauss)分布**,记为 $X\sim N(\mu,\sigma^2)$。

下面验证上述定义中的 $f(x)$ 满足概率密度函数的要求。

$f(x)>0$ 是显然的。

令 $\frac{x-\mu}{\sigma}=y$,则

$$\int_{-\infty}^{\infty}f(x)\mathrm{d}x=\frac{1}{\sqrt{2\pi}\sigma}\int_{-\infty}^{\infty}\mathrm{e}^{-\frac{(x-\mu)^2}{2\sigma^2}}\mathrm{d}x=\frac{1}{\sqrt{2\pi}}\int_{-\infty}^{\infty}\mathrm{e}^{-\frac{y^2}{2}}\mathrm{d}y$$

这时有

$$\left(\frac{1}{\sqrt{2\pi}}\int_{-\infty}^{\infty}\mathrm{e}^{-\frac{y^2}{2}}\mathrm{d}y\right)^2=\frac{1}{2\pi}\int_{-\infty}^{\infty}\int_{-\infty}^{\infty}\mathrm{e}^{-\frac{x^2+y^2}{2}}\mathrm{d}x\mathrm{d}y=\frac{1}{2\pi}\int_0^{2\pi}\left(\int_0^{\infty}\mathrm{e}^{-\frac{r^2}{2}}r\mathrm{d}r\right)\mathrm{d}\theta=1$$

于是 $\int_{-\infty}^{\infty}f(x)\mathrm{d}x=1$。

正态分布的概率密度函数 $f(x)=\frac{1}{\sqrt{2\pi}\sigma}\mathrm{e}^{-\frac{(x-\mu)^2}{2\sigma^2}}\ (-\infty<x<\infty)$ 的几何图形称为正态曲线或高斯帽,其具有下列性质:

(1) $f(x)$ 关于 $x=\mu$ 点对称,这使得

$$P\{X\leqslant\mu\}=P\{X<\mu\}=P\{X>\mu\}=P\{X\geqslant\mu\}=\frac{1}{2}$$

(2) $f(x)$ 在 $x=\mu$ 处达到极大值 $f(\mu)=\frac{1}{\sqrt{2\pi}\sigma}$,曲线以 $x$ 轴为渐近线,在 $x=\mu\pm\sigma$ 处有拐点。

(3) 当 $\sigma$ 固定时:随着 $\mu$ 的变化,$f(x)$ 的几何图形位置相应左右移动,形状保持不变,因此 $\mu$ 称为**位置参数**。

(4) 当 $\mu$ 固定时:$\sigma$ 的值愈小,$f(x)$ 的几何图形就愈尖、愈狭,则随机变量在 $\mu$ 点附近取值的概率也愈大;$\sigma$ 的值愈大,$f(x)$ 的图像就愈平、愈宽。因此,$\sigma$ 称为**形状参数**,或**尺度参数**。图 2.3.3 所示为不同参数的正态分布概率密度函数对比。

正态分布是概率论与数理统计中最常见也是最重要的分布之一,在数学、物理及工程等许多方面有着重要应用。正态分布最早由棣莫弗(Abraham de Moivre)在求二项分布的渐近公式中得到,现在称该结论为棣莫弗-拉普拉斯(de Moiver-Laplace)中心极限定理。之后,在 19 世纪前叶,德国数学家高斯对正态分布进行了研究和推广,在研究误差理论时曾用它来描述误差。

一般来说,一个随机变量如果受到大量微小的、独立的随机因素的影响,而其中每一个因

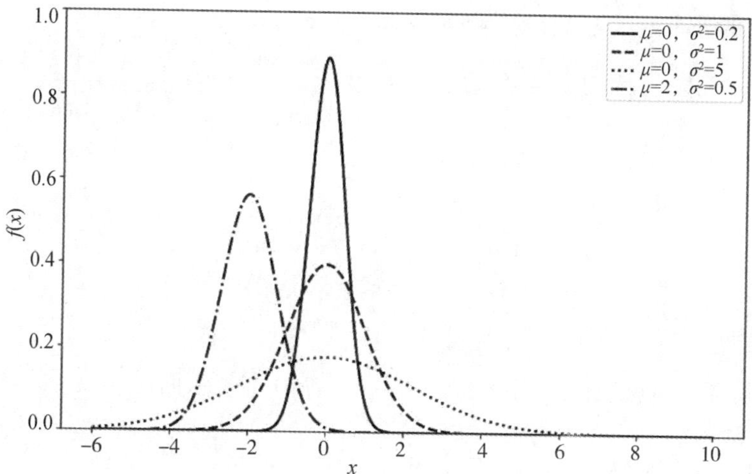


图 2.3.3　不同参数的正态分布概率密度函数对比

素都不起主导作用(作用微小),则这个随机变量一般服从正态分布。这是经过理论证实的结论(即中心极限定理,与此相关的详细论述请参考本书第 5 章),也是正态分布在实践中得到广泛应用的原因。经验表明,许多实际问题中的随机变量都服从或近似服从正态分布,例如,产品的质量指标,元件的尺寸,某地区成年男子的身高、体重,测量误差,射击目标的水平或垂直偏差,信号噪声,农作物的产量,热力学中理想气体的分子速度等。

尽管正态分布有着广泛的应用,但是相应的分布函数(又称为误差函数)

$$F(x)=\frac{1}{\sqrt{2\pi}\sigma}\int_{-\infty}^{x}\mathrm{e}^{-\frac{(y-\mu)^2}{2\sigma^2}}\mathrm{d}y,\quad -\infty<x<\infty$$

是一个非初等函数,函数值必须要通过数值积分才能得到,这给相关概率的计算带来了困难。在实际应用中怎么解决这一困境呢？我们先来看一种简单的情形。

称 $\mu=0,\sigma=1$ 的正态分布 $N(0,1)$ 为**标准正态分布**。其概率密度函数和分布函数常用 $\varphi(x)$ 和 $\Phi(x)$ 表示

$$\varphi(x)=\frac{1}{\sqrt{2\pi}}\mathrm{e}^{-\frac{x^2}{2}},\ -\infty<x<\infty$$

$$\Phi(x)=\frac{1}{\sqrt{2\pi}}\int_{-\infty}^{x}\mathrm{e}^{-\frac{t^2}{2}}\mathrm{d}t,\ -\infty<x<\infty$$

若 $X\sim N(0,1)$ ,则

$$P\{a<X\leqslant b\}=\Phi(b)-\Phi(a)$$

标准正态分布表(附表 3)中给出了 $x>0$ 时标准正态分布分布函数 $\Phi(x)$ 的函数值。由于 $\varphi(x)$ 是个偶函数,所以有

$$\Phi(-x)+\Phi(x)=1$$

由此式可以得到当 $x<0$ 时标准正态分布分布函数 $\Phi(x)$ 的数值。

以下定理说明,对一般正态变量,都可以通过一个线性变换化为标准正态变量。因而与正态变量有关的一切事件的概率都可以通过查标准正态分布函数表获得。可见标准正态分布对一般正态分布的概率计算起关键作用。

**定理 2.3.1**　若随机变量 $X\sim N(\mu,\sigma^2)$ ,则 $Z=\dfrac{X-\mu}{\sigma}\sim N(0,1)$ 。

**证明**:记 $Z$ 的分布函数为 $F_Z(z)$,则对 $-\infty<z<+\infty$,有

$$F_Z(z)=P\{Z\leqslant z\}=P\left\{\frac{X-\mu}{\sigma}\leqslant z\right\}=P\left\{X\leqslant\sigma z+\mu\right\}=\int_{-\infty}^{\sigma z+\mu}\frac{1}{\sqrt{2\pi}\sigma}\mathrm{e}^{-\frac{(x-\mu)^2}{2\sigma^2}}\mathrm{d}x$$

从而 $Z$ 的概率密度函数为

$$f_Z(z)=\frac{\mathrm{d}F_Z(z)}{\mathrm{d}z}=\frac{1}{\sqrt{2\pi}\sigma}\mathrm{e}^{-\frac{(\sigma z+\mu-\mu)^2}{2\sigma^2}}\cdot\sigma=\frac{1}{\sqrt{2\pi}}\mathrm{e}^{-\frac{z^2}{2}},\ -\infty<z<+\infty$$

即 $Z=\dfrac{X-\mu}{\sigma}\sim N(0,1)$。

若随机变量 $X\sim N(\mu,\sigma^2)$,则有 $Y=\dfrac{X-\mu}{\sigma}\sim N(0,1)$,从而

$$P\{a<X\leqslant b\}=P\left\{\frac{a-\mu}{\sigma}<Y\leqslant\frac{b-\mu}{\sigma}\right\}=\Phi\left(\frac{b-\mu}{\sigma}\right)-\Phi\left(\frac{a-\mu}{\sigma}\right)$$

**例 2.3.2** 设随机变量 $X\sim N(1,4)$,相应的分布函数为 $F(x)$。求 $F(5)$, $P\{0<X\leqslant 1.6\}$ 和 $P\{|X-1|\leqslant 2\}$。

**解**:这里 $\mu=1$, $\sigma=2$,故

$$F(5)=P\{X\leqslant 5\}=P\left\{\frac{X-1}{2}\leqslant\frac{5-1}{2}\right\}=\Phi\left(\frac{5-1}{2}\right)=\Phi(2)\overset{\text{查表得}}{\approx}0.9772$$

$$\begin{aligned}P\{0<X\leqslant 1.6\}&=\Phi\left(\frac{1.6-1}{2}\right)-\Phi\left(\frac{0-1}{2}\right)\\&=\Phi(0.3)-\Phi(-0.5)\\&=\Phi(0.3)-[1-\Phi(0.5)]\\&\approx 0.6179-(1-0.6915)=0.3094\end{aligned}$$

$$\begin{aligned}P\{|X-1|\leqslant 2\}&=P\{-1\leqslant X\leqslant 3\}\\&=P\left\{-1\leqslant\frac{X-1}{2}\leqslant 1\right\}\\&=\Phi(1)-\Phi(-1)\\&=2\Phi(1)-1\approx 0.6826\end{aligned}$$

**例 2.3.3** 在电源电压不超过 200 伏、在 200 ~ 240 伏和超过 240 伏三种情形下,某种电子元件损坏的概率分别为 0.1、0.001 和 0.2。假设电源电压 $X$ 服从正态分布 $N(220,25^2)$,试求:

(1)该电子元件损坏的概率 $\alpha$;

(2)该电子元件损坏时,电源电压在 200 ~ 240 伏的概率 $\beta$。

**解**:引入事件 $A_1=\{$电压不超过 200 伏$\}$, $A_2=\{$电压在 200 ~ 240 伏$\}$, $A_3=\{$电压超过 240 伏$\}$; $B=\{$电子元件损坏$\}$。由于 $X\sim N(220,25^2)$,所以

$$P(A_1)=P\{X\leqslant 200\}=P\left\{\frac{X-220}{25}\leqslant\frac{200-220}{25}\right\}=\Phi(-0.8)=1-\Phi(0.8)\approx 0.212$$

$$P(A_2)=P\{200\leqslant X\leqslant 240\}=P\left\{-0.8\leqslant\frac{X-220}{25}\leqslant 0.8\right\}=2\Phi(0.8)-1\approx 0.576$$

$$P(A_3)=P\{X>240\}=1-P\{X\leqslant 240\}=1-\Phi(0.8)\approx 0.212$$

(1)由题设条件, $P(B|A_1)=0.1$, $P(B|A_2)=0.001$, $P(B|A_3)=0.2$。于是由全概率公式知

$$\alpha = P(B) = \sum_{i=1}^{3} P(A_i)P(B \mid A_i) \approx 0.0642$$

(2)由贝叶斯公式知

$$\beta = P(A_2 \mid B) = \frac{P(A_2)P(B \mid A_2)}{P(B)} \approx 0.009$$

对任一服从正态分布 $N(\mu,\sigma^2)$ 的随机变量 $X$，有

$$P\{-\sigma \leqslant X-\mu \leqslant \sigma\} = P\left\{-1 \leqslant \frac{X-\mu}{\sigma} \leqslant 1\right\} = 2\Phi(1)-1 \approx 0.683$$

$$P\{-2\sigma \leqslant X-\mu \leqslant 2\sigma\} = P\left\{-2 \leqslant \frac{X-\mu}{\sigma} \leqslant 2\right\} = 2\Phi(2)-1 \approx 0.954 \tag{2.3.1}$$

$$P\{-3\sigma \leqslant X-\mu \leqslant 3\sigma\} = P\left\{-3 \leqslant \frac{X-\mu}{\sigma} \leqslant 3\right\} = 2\Phi(3)-1 \approx 0.997$$

这是正态分布的重要性质。如果某个随机变量取值的概率近似满足式(2.3.1)，则可认为这个随机变量近似服从正态分布；假如三式中有一个偏差较大，则可认为这个随机变量不服从正态分布。近似的说法被称作正态分布的“$3\sigma$”**原则**。

在产品生产过程中，对产品的质量要求常规定其上、下控制限，若上、下控制限能覆盖区间 $(\mu-3\sigma,\mu+3\sigma)$，则称该生产过程受控制，并称其比值

$$C_p = \frac{\text{上控制限} - \text{下控制限}}{6\sigma}$$

为过程能力指数。当 $C_p < 1$ 时，认为生产过程不足；当 $C_p \geqslant 1.33$ 时，认为生产过程正常；当 $C_p$ 为其他值时，常认为生产过程不稳定，需要改进。

#### 2.3.2.2 均匀分布

均匀分布是一种具有等可能特征的连续型概率分布，抽象地描述了几何概型的统计规律。

**定义 2.3.3** 若连续型随机变量 $X$ 的概率密度函数为

$$f(x) = \begin{cases} \dfrac{1}{b-a}, & a < x < b \\ 0, & \text{其他} \end{cases}$$

则称 $X$ 在区间 $(a,b)$ 上服从**均匀分布**，记为 $X \sim U(a,b)$。其分布函数为

$$F(x) = \begin{cases} 0, & x < a \\ \dfrac{x-a}{b-a}, & a \leqslant x < b \\ 1, & x \geqslant b \end{cases}$$

服从均匀分布的随机变量 $X$ 落在区间 $(a,b)$ 中任意等长度的子区间内的可能性是相同的，或者说落在区间 $(a,b)$ 的子区间内的概率只依赖于子区间的长度而与子区间的位置无关。事实上，对于区间 $(a,b)$ 中任一长度为 $l$ 的子区间 $(c,c+l)$，$a \leqslant c < c+l \leqslant b$，有

$$P\{c < X \leqslant c+l\} = \int_c^{c+l} \frac{1}{b-a}\mathrm{d}x = \frac{l}{b-a}$$

因此，均匀分布可用来描述在某个区间上具有等可能性结果的随机试验的统计规律。例如，在数值计算中，若数字只保留到小数点后一位，以后的数位按四舍五入处理，则小数点后第一位小数所引起的误差，一般可认为在区间$(-0.05,0.05)$内服从均匀分布；在一个较短的时间内，

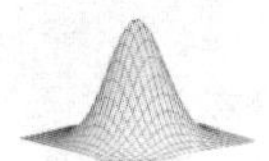


考虑某一股票的价格 $X$ 在区间 $(a,b)$ 内波动的情况,若区间 $(a,b)$ 较短,且无任何其他信息可以借鉴,这时可近似地认为随机变量 $X \sim U(a,b)$ 。

**例 2.3.4** 某公共汽车站从上午 7 时起,每 15 分钟来一班车,即 7:00, 7:15, 7:30, 7:45 等时刻有汽车到达此站,如果乘客到达此站时间 $X$ 是 7:00 到 7:30 的均匀分布随机变量,试求他的候车时间少于 5 分钟的概率。

**解**:以 7:00 为起点 0,依题意 $X \sim U(0,30)$ ,概率密度函数

$$f(x)=\begin{cases}\dfrac{1}{30}, & 0<x<30\\ 0, & \text{其他}\end{cases}$$

为使候车时间 $X$ 少于 5 分钟,乘客必须在 7:10 到 7:15,或在 7:25 到 7:30 到达车站,故所求概率为 $P\{10<X<15\}+P\{25<X<30\}=\int_{10}^{15}\frac{1}{30}\mathrm{d}x+\int_{25}^{30}\frac{1}{30}\mathrm{d}x=\frac{1}{3}$ ,即乘客候车时间少于 5 分钟的概率是 $\frac{1}{3}$。

### 2.3.2.3 指数分布

**定义 2.3.4** 若随机变量 $X$ 的概率密度函数为

$$f(x)=\begin{cases}\lambda \mathrm{e}^{-\lambda x}, & x>0\\ 0, & \text{其他}\end{cases},\quad \lambda>0$$

则称 $X$ 服从**指数分布**,记为 $X \sim Exp(\lambda)$ 。其分布函数为

$$F(x)=\begin{cases}1-\mathrm{e}^{-\lambda x}, & x\geqslant 0\\ 0, & x<0\end{cases}$$

指数分布概率密度函数如图 2.3.4 所示。

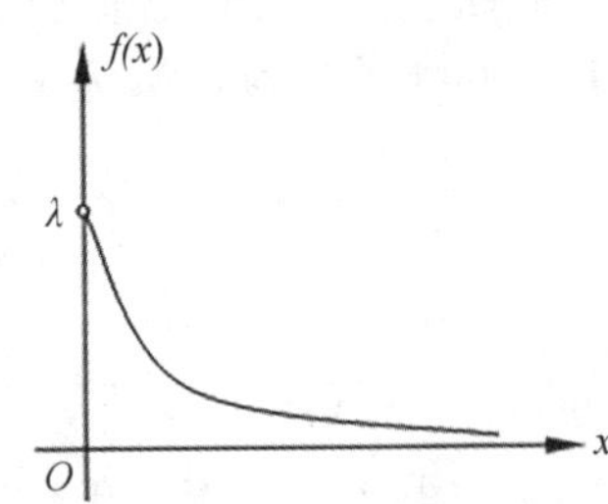


图 2.3.4 指数分布概率密度函数

**例 2.3.5** 设某放射粒子在任意 $[t_0,t_0+t]$ 的时间间隔内放射的个数 $Y$ 服从泊松分布,分布律为 $P\{Y=k\}=\frac{(\lambda t)^k}{k!}\mathrm{e}^{-\lambda t},\lambda>0,k=0,1,2,\cdots$ 。粒子的两次放射之间的"等待时间" $X$ 服从怎样的分布?

**解**:尝试确定 $X$ 的分布函数 $F(t)$ 。记两次放射中前一次粒子放射的时刻为零时刻,当 $t<0$ 时,显然有 $F(t)=P\{X\leqslant t\}=0$。而当 $t\geqslant 0$ 时,因为"等待时间" $[0,t]$ 内是没有粒子发射的,所以有 $P\{X>t\}=P\{Y=0\}=\mathrm{e}^{-\lambda t}$ ,于是 $P\{X\leqslant t\}=1-P\{X>t\}=1-\mathrm{e}^{-\lambda t}$ 。

从而随机变量 $X$ 的分布函数为

$$F(t)=P\left\{X\leqslant t\right\}=\begin{cases}1-\mathrm{e}^{-\lambda t}, & t\geqslant 0\\ 0, & t<0\end{cases}$$

因而随机变量 $X$ 服从指数分布。

当独立事件发生的频率固定时，泊松分布可以刻画单位时间内事件发生次数的概率，而指数分布的随机变量可以表示这样的两次事件发生的时间间隔：这是泊松分布与指数分布的联系。对于这道例题，$\lambda$ 是该放射粒子单位时间内的平均放射个数，也就是粒子在时间上的平均发生频率，这是参数 $\lambda$ 的实际意义。

此外，指数分布与几何分布也有一定的关系。

**例 2.3.6**　设随机变量 $X \sim Exp(\lambda)$，试验证随机变量 $Y = [X] + 1$（$[X]$ 是取 $X$ 的整数部分）服从参数为 $1 - e^{-\lambda}$ 的几何分布。

**解**：$X$ 的值域为 $(0,\infty)$，故 $Y = [X] + 1$ 是离散型随机变量，其值域为 $\{0,1,2,\cdots\}$。对于任意非负整数 $y$，有

$$\begin{aligned}P\{Y = y\} &= P\{[X] + 1 = y\} = P\{y - 1 \leqslant X < y\} \\ &= \int_{y-1}^{y} \lambda e^{-\lambda x} dx = e^{-\lambda(y-1)} e^{-\lambda y} \\ &= (1 - e^{-\lambda})\ (e^{-\lambda})^{y-1} = [1 - e^{-\lambda})(1 - (1 - e^{-\lambda})]^{y-1}\end{aligned}$$

这就是说随机变量 $Y$ 服从以 $1 - e^{-\lambda}$ 为参数的几何分布。

这个例子还可以用来说明连续型随机变量的函数可以是离散型随机变量。

需要说明的是，在不同的文献资料里，对于指数分布的参数有着不同的定义。对于概率密度函数为

$$f(x) = \begin{cases} \lambda e^{-\lambda x}, & x > 0 \\ 0, & \text{其他} \end{cases}$$

的指数分布，有的资料称 $\frac{1}{\lambda}$ 为指数分布的参数。$\lambda$ 与 $\frac{1}{\lambda}$ 这两个参数有着不同的意义：如果用指数分布描述两次独立事件发生的时间间隔，那么参数 $\lambda$ 对应着事件在时间上的平均发生频率，而参数 $\frac{1}{\lambda}$ 对应着事件的平均发生周期。

指数分布还有着与几何分布类似的一个很重要的性质——**无记忆性**，即对于任意的 $s,t > 0$，指数分布的随机变量 $X$ 满足

$$P\{X > s + t \mid X > s\} = P\{X > t\}$$

这一性质的证明可以参考几何分布无记忆性的证明思路。

在精密元件的可靠性研究中，指数分布通常用于描述元件的使用寿命；而指数分布的无记忆性又指出，元件在经过一段时间的工作之后，接下来的使用寿命分布与原来还未工作时的使用寿命分布相同，即它对之前的工作没有记忆。这好像是在说，有一个已经用了 10 年的手机和一个刚买的手机，两者在未来一年里报废的概率相同，这似乎并不符合我们在生活中的感受。这是因为指数分布忽略了“损耗”与“衰老”。要用指数分布来描述元件的使用寿命，前提是这个元件是具有高可靠性的。通俗来讲，就是元件是否能正常工作，完全取决于是否遭到了外力的破坏，日常损耗所起到的作用可以忽略不计，在这种情况下，元件的使用寿命才能通过指数分布得到较好的描述。虽然这一点限制了指数分布的应用，但是，指数分布仍然可以近似地作为高可靠性的复杂部件、机器或系统的失效分布模型。

#### 2.3.2.4　伽马分布

**定义 2.3.5**　如果随机变量 $X$ 具有概率密度函数

$$f(x)=\begin{cases}\dfrac{\beta^{\alpha}}{\Gamma(\alpha)}x^{\alpha-1}\mathrm{e}^{-\beta x}, & x\geqslant 0\\ 0, & \text{其他}\end{cases}$$

则称随机变量 $X$ 服从参数为 $(\alpha,\beta)$ 的**伽马(Gamma)分布**,记作 $X\sim Ga(\alpha,\beta)$ ,其中 $\alpha>0$ 为形状参数, $\beta>0$ 为尺度参数,伽马函数 $\Gamma(\alpha)=\int_0^{+\infty}x^{\alpha-1}\mathrm{e}^{-x}\mathrm{d}x$ 。

伽马分布总是偏态分布, $\alpha$ 越小,其偏斜程度越严重。图 2.3.5 给出了参数 $\beta$ , $\alpha$ 不同时的伽马分布概率密度函数 $f(x)$ 的曲线。

当 $0<\alpha<1$ 时, $f(x)$ 是严格下降函数,且在 $x=0$ 处有奇异点。

当 $\alpha=1$ 时, $f(x)$ 是严格下降函数,且在 $x=0$ 处有 $f(0)=\beta$ 。

当 $1<\alpha\leqslant 2$ 时, $f(x)$ 是单峰函数,先上凸后下凸。

当 $\alpha>2$ 时, $f(x)$ 是单峰函数,先下凸,中间上凸,后下凸,且 $\alpha$ 越大, $f(x)$ 越接近于正态密度曲线。

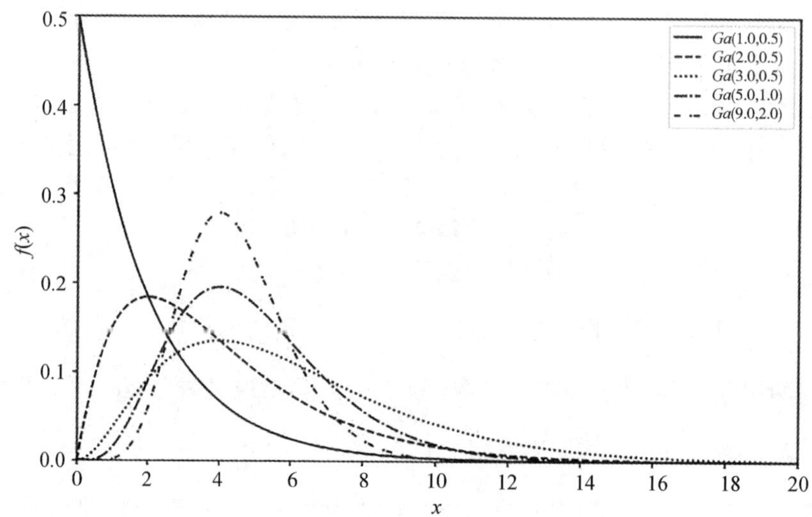


**图 2.3.5　伽马分布概率密度函数曲线**

伽马分布有两个常用的特例:

(1)当 $\alpha=1$ 时, $Ga(1,\beta)$ 实际上就是**指数分布**,其概率密度函数为

$$f(x)=\begin{cases}\beta\mathrm{e}^{-\beta x}, & x>0\\ 0, & x\leqslant 0\end{cases}$$

(2)当 $\alpha=\dfrac{n}{2},\beta=\dfrac{1}{2}$ 时,伽马分布是自由度为 $n$ 的 $\chi^2$**(卡方)分布**,记为 $\chi^2(n)$ ,其概率密度函数为

$$f(x)=\begin{cases}\dfrac{1}{2^{\frac{n}{2}}\Gamma\left(\dfrac{n}{2}\right)}\mathrm{e}^{-\frac{x}{2}}x^{\frac{n}{2}-1}, & x\geqslant 0\\ 0, & x<0\end{cases}$$

$\chi^2$ 分布是统计应用中的一个重要分布,这里的参数 $n$ 称为自由度,它可以是正实数,但多数时候是取正整数。

**例 2.3.7**　设设备在时间 $(0,t)$ 内发生故障的次数 $X\sim\pi(\lambda t)(\lambda>0)$ ,试证第 $n$ 次故障

出现的时间 $T_n \sim Ga(n,\lambda)$ 。

**证明**:尝试确定 $T_n$ 的分布函数 $F(t)$ 。因为“第 $n$ 次故障出现的时间 $T_n \leqslant t$ ”等价于事件“ $(0,t)$ 时间内发生故障的次数 $X \geqslant n$ ”,于是

$$F(t) = P\{T_n \leqslant t\} = P\{X \geqslant n\} = \sum_{k=n}^{\infty} \frac{(\lambda t)^k}{k!} \mathrm{e}^{-\lambda t}$$

由分部积分法知

$$\frac{\lambda^n}{\Gamma(n)} \int_t^{\infty} x^{n-1} \mathrm{e}^{-\lambda x} \mathrm{d}x = \sum_{k=0}^{n-1} \frac{(\lambda t)^k}{k!} \mathrm{e}^{-\lambda t}$$

因而

$$F(t) = \frac{\lambda^n}{\Gamma(n)} \int_0^{t} x^{n-1} \mathrm{e}^{-\lambda x} \mathrm{d}x$$

即 $T_n \sim Ga(n,\lambda)$ 。

#### 2.3.2.5　贝塔分布

**定义 2.3.6**　如果随机变量 $X$ 具有概率密度函数

$$f(x) = \begin{cases} \dfrac{1}{\mathrm{B}(a,b)} x^{a-1}(1-x)^{b-1}, & 0 < x < 1 \\ 0, & \text{其他} \end{cases}$$

则称随机变量 $X$ 服从**贝塔(Beta)分布**,记作 $X \sim \mathrm{B}(a,b)$ ,其中 $a > 0,\ b > 0$ 都为形状参数,贝塔函数

$$\mathrm{B}(a,b) = \int_0^1 x^{a-1}(1-x)^{b-1} \mathrm{d}x = \frac{\Gamma(a)\Gamma(b)}{\Gamma(a+b)}$$

图 2.3.6 给出了几种典型的贝塔分布概率密度函数 $f(x)$ 的曲线。

当 $a < 1,\ b < 1$ 时, $f(x)$ 是下凸函数。

当 $a > 1,\ b > 1$ 时, $f(x)$ 是上凸单峰函数。

当 $a < 1,\ b \geqslant 1$ 时, $f(x)$ 是下凸的单调减函数。

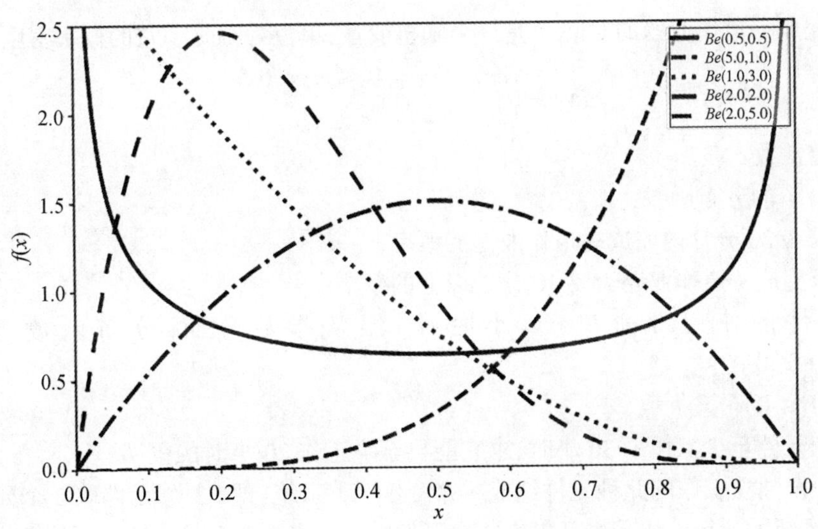


图 2.3.6　贝塔分布概率密度函数曲线

当 $a \geqslant 1, b < 1$ 时, $f(x)$ 是下凸的单调增函数。

当 $a = 1, b = 1$ 时, $Be(1,1) = U(0,1)$ 。

由于服从贝塔分布 $Be(a,b)$ 的随机变量仅在区间 $(0,1)$ 取值,所以贝塔分布可以作为各种比率的近似概率分布,如产品的市场占有率、机器的不合格率等,只要选取合适的参数 $a$ 和 $b$ 即可。

## 习题 2.3

1.设连续随机变量 $X$ 的分布函数为 $F(x) = \begin{cases} 0, & x < 0 \\ Ax^2, & 0 \leqslant x < 1 \\ 1, & x \geqslant 1 \end{cases}$, 试求:

(1)系数 $A$ ;

(2) $X$ 落在区间 $(0.3,0.7)$ 内的概率;

(3) $X$ 的概率密度函数。

2.设随机变量 $X \sim f(x) = \begin{cases} \dfrac{c}{\sqrt{1 - x^2}}, & |x| < 1 \\ 0, & 其他 \end{cases}$, 求:

(1)常数 $c$ ;

(2) $X$ 的分布函数 $F(x)$ ;

(3) $P\left\{-\dfrac{1}{2} < X < \dfrac{1}{2}\right\}$ 。

3.设 $X \sim U(1,6)$, 对 $X$ 进行三次独立观测, $Y$ 表示三次独立观测中观测值大于 3 出现的次数,求 $Y$ 的分布律以及 $P\{Y \geqslant 1\}$ 。

4.学生完成一道作业题的时间 $X$ 是一个随机变量,单位为小时。它的概率密度函数为

$$p(x) = \begin{cases} cx^2 + x, & 0 \leqslant x < 0.5 \\ 0, & 其他 \end{cases}$$

(1)确定常数 $c$ ;

(2)写出 $X$ 的分布函数;

(3)试求在 20 分钟内完成一道作业题的概率;

(4)试求完成一道作业题需要 10 分钟以上的概率。

5.设元件的使用寿命 $T$ (以小时计)服从指数分布,分布函数为 $F(t) = \begin{cases} 1 - e^{-0.03t}, & t > 0 \\ 0, & t \leqslant 0 \end{cases}$, 则:

(1)已知元件至少工作了 30 小时,求它能再至少工作 20 小时的概率。

(2)由 3 个独立工作的此种元件组成一个 $2/3[G]$ 系统,即“3 个元件取 2 个元件的表决系统”,这一系统的运行方式是当且仅当 3 个元件中至少有 2 个正常时这一系统正常工作。求这一系统的使用寿命 $X$ 大于 20 小时 的概率。

6.记猫的寿命为随机变量 $X$（年），概率密度函数 $f_X(x)=\begin{cases}\dfrac{1}{\theta}e^{-\frac{x}{\theta}}, & x>0\\ 0, & x\leqslant 0\end{cases}$。已知对于家养猫，$\theta=9$；对于非家养猫，$\theta=3$。已知有 40% 的猫是家养猫。

(1)对于一只非家养猫，求 $P\{X>3\}$；

(2)求任意一只猫的寿命超过 3 岁的概率 $p_1$；

(3)已知一只猫的寿命超过了 3 岁，求这是一只非家养猫的概率 $p_2$。

7.设随机变量 $X$ 和 $Y$ 同分布，$X$ 的概率密度函数为 $p(x)=\begin{cases}\dfrac{3}{8}x^2, & 0<x<2\\ 0, & 其他\end{cases}$，已知事件 $A=\{|X>a|\}$ 和 $B=\{|Y>a|\}$ 独立，且 $P(A\cup B)=\dfrac{3}{4}$，求常数 $a$。

## 2.4　一维随机变量函数的分布

若 $X$ 是一个随机变量，$g(x)$ 是实变量 $x$ 的函数。定义随机变量函数 $Y=g(X)$，则 $Y$ 也是一个随机变量。

在数学分析中，我们在讨论变量间的函数关系时，主要研究函数关系的确定性特征，如导数、积分等。而在概率论中，我们主要研究的是随机变量函数的随机性特征，即由自变量 $X$ 的统计规律性出发研究因变量 $Y$ 的统计规律性。如果已经明确了随机变量 $X$ 的分布，那么随机变量 $Y=g(X)$ 的分布是什么样子的呢？

一般地，随机变量 $Y$ 与 $X$ 的函数关系确定，从 $X$ 的分布函数出发，可以导出 $Y$ 的分布函数。下面举个具体的例子进行演示。

**例 2.4.1**　设随机变量 $X\sim F(x)=\begin{cases}0, & x<0\\ \dfrac{x^3}{27}, & 0\leqslant x\leqslant 3\\ 1, & x>3\end{cases}$，令随机变量 $Y=\begin{cases}2, & X\leqslant 1\\ X, & 1<X<2\\ 1, & X\geqslant 2\end{cases}$，求：(1)概率 $P\{X\leqslant Y\}$；(2) $Y$ 的分布函数。

**解**：(1)
$$\begin{aligned}P\{X\leqslant Y\}&=P\{X\leqslant Y,X\leqslant 1\}+P\{X\leqslant Y,1<X<2\}+P\{X\leqslant Y,X\geqslant 2\}\\&=P\{X\leqslant 2,X\leqslant 1\}+P\{X\leqslant X,1<X<2\}+P\{X\leqslant 1,X\geqslant 2\}\\&=P\{X\leqslant 1\}+P\{1<X<2\}\\&=P\{X<2\}=F(2-0)=\frac{8}{27}\end{aligned}$$

也可以用对立事件更简单地求出这个概率

$$P\{X\leqslant Y\}=1-P\{X>Y\}=1-P\{X\geqslant 2\}=\frac{8}{27}$$

(2)设 $Y$ 的分布函数为 $F_Y(y)$，则：

当 $y<1$ 时

$$F_Y(y)=P\{Y\leqslant y\}=0$$

当 $y \geqslant 2$ 时

$$F_Y(y) = P\{Y \leqslant y\} = 1$$

当 $1 \leqslant y < 2$ 时

$$\begin{aligned} F_Y(y) &= P\{Y \leqslant y\} = P\{Y \leqslant y, X \in \mathbb{R}\} \\ &= P\{X \leqslant 1, Y \leqslant y\} + P\{1 < X < 2, Y \leqslant y\} + P\{X \geqslant 2, Y \leqslant y\} \\ &= P\{X \leqslant 1, 2 \leqslant y\} + P\{1 < X < 2, X \leqslant y\} + P\{X \geqslant 2,\ 1 \leqslant y\} \end{aligned}$$

注意到此时有前提 $1 \leqslant y < 2$,从而

$$\begin{aligned} F_Y(y) &= P\{1 < X \leqslant y\} + P\{X \geqslant 2\} = F(y) - F(1) + 1 - F(2-0) \\ &= \frac{y^3}{27} - \frac{1}{27} + 1 - \frac{8}{27} = \frac{y^3}{27} + \frac{2}{3} \end{aligned}$$

所以,随机变量 $Y$ 的分布函数为 $F_Y(y) = \begin{cases} 0, & y < 1 \\ \dfrac{2}{3} + \dfrac{y^3}{27}, & 1 \leqslant y < 2 \\ 1, & y \geqslant 2 \end{cases}$。

**例 2.4.2** 已知随机变量 $X$ 的分布函数 $F(x)$ 是严格单调的连续函数,证明 $Y = F(X)$ 服从 $(0,1)$ 上的均匀分布。

**证明**:设 $Y$ 的分布函数是 $F_Y(y)$ 。由于 $F(x)$ 严格递增,其反函数 $F^{-1}$ 存在且严格递增。

由 $Y = F(X) \in [0,1]$ ,于是对 $y < 0$, $F_Y(y) = 0$ ;对 $y > 1$, $F_Y(y) = 1$;对于 $0 \leqslant y \leqslant 1$, $F_Y(y) = P\{Y \leqslant y\} = P\{F(X) \leqslant y\} = P\{X \leqslant F^{-1}(y)\} = F(F^{-1}(y)) = y$, 即 $Y$ 的分布函数是 $F_Y(y) = \begin{cases} 0, & y < 0 \\ y, & 0 \leqslant y \leqslant 1 \\ 1, & y > 1 \end{cases}$,可见, $Y$ 服从 $(0,1)$ 上的均匀分布。

这一事实表明,均匀分布在连续型分布类中占有特殊地位,任一个连续型随机变量都可通过其分布函数 $F(x)$ 与均匀分布随机变量 $U$ 发生关系,如 $X \sim Exp(\lambda)$ ,其分布函数 $F(x) = 1 - \mathrm{e}^{-\lambda x}(x \geqslant 0)$ ,则

$$U = 1 - \mathrm{e}^{-\lambda X}\ ,\ X = \frac{1}{\lambda}\ln\frac{1}{1-U}$$

因而,由均匀分布 $U(0,1)$ 的随机数 $u_i$ 可得指数分布 $Exp(\lambda)$ 的随机数

$$x_i = \frac{1}{\lambda}\ln\frac{1}{1-u_i}, i = 1,2,\cdots,n,\cdots$$

而均匀分布的随机数可由任一统计软件生成。各种分布的随机数的获得是进行随机模拟(蒙特卡罗方法)的基础。

### 2.4.1 离散型随机变量函数的分布

确定离散型随机变量函数分布律的一般方法是:先根据 $X$ 的可能取值,确定因变量 $Y = g(X)$ 的所有可能取值,然后对 $Y$ 的每一个可能取值 $y_i, i = 1,2,\cdots$ ,确定相应的 $C_i = \{x_j \mid g(x_j) = y_i\}$,于是 $\{Y = y_i\} = \{g(x_i) = y_i\} = \{X \in C_i\}$, 从而求得 $Y$ 的概率分布

$$P\{Y = y_i\} = P\{X \in C_i\} = \sum_{x_j \in C_i} P\{X = x_j\}$$

**例 2.4.3**　设随机变量 $X$ 的分布律为

| $X$ | 0 | 1 | 2 | 3 | 4 | 5 |
|---|---|---|---|---|---|---|
| $P_k$ | $\frac{1}{12}$ | $\frac{1}{6}$ | $\frac{1}{12}$ | $\frac{1}{3}$ | $\frac{2}{9}$ | $\frac{1}{9}$ |

求随机变量 $Y=(X-2)^2$ 的分布律。

**解**:

| $X$ | 0 | 1 | 2 | 3 | 4 | 5 |
|---|---|---|---|---|---|---|
| $Y=(X-2)^2$ | 4 | 1 | 0 | 1 | 4 | 9 |
| $P_k$ | $\frac{1}{12}$ | $\frac{1}{6}$ | $\frac{1}{12}$ | $\frac{1}{3}$ | $\frac{2}{9}$ | $\frac{1}{9}$ |

注意,

$$P\{Y=1\}=P\{X=1\}+P\{X=3\}$$
$$P\{Y=4\}=P\{X=0\}+P\{X=4\}$$

从而可得 $Y=(X-2)^2 \sim \begin{pmatrix} 0 & 1 & 4 & 9 \\ \frac{1}{12} & \frac{1}{2} & \frac{11}{36} & \frac{1}{9} \end{pmatrix}$。

## 2.4.2　连续型随机变量函数的分布

前文介绍过,已知随机变量 $X$ 的分布,那么随机变量函数 $Y=g(X)$ 的分布函数可表示为:$F_Y(y)=P\{Y\leqslant y\}=P\{g(X)\leqslant y\}=P\{X\in C_y\}$,其中 $C_y=\{x\mid g(x)\leqslant y\}$。因此,已知连续型随机变量 $X$ 的概率密度函数 $f_X(x)$,则有 $F_Y(y)=P\{X\in C_y\}=\int_{C_y}f_X(x)\mathrm{d}x$。

需要注意的是,连续型随机变量的函数不一定是连续型随机变量,但本节主要讨论连续型随机变量的函数还是连续型随机变量的情形,此时我们不仅希望求出随机变量函数 $Y=g(X)$ 的分布函数,还希望能进一步求出其概率密度函数。这时,可以先按照 $Y=g(X)$ 的对应关系,用 $X$ 的分布函数 $F_X(x)$ 来表示 $Y$ 的分布函数 $F_Y(y)$,再根据分布函数与概率密度函数的关系,通过求导得出随机变量 $Y$ 的概率密度函数 $f_Y(y)$。这种方法叫作**分布函数法**。

**例 2.4.4**　设连续型随机变量 $X$ 的概率密度函数是 $f_X(x)$,试求 $Y=X^2$ 的概率密度函数。

**解**:先求随机变量 $Y$ 的分布函数 $F_Y(y)$,再求概率密度函数 $f_Y(y)$。因为 $F_Y(y)=P\{Y\leqslant y\}$,下面根据自变量 $y$ 的不同取值分情况讨论:

(1)对 $y\leqslant 0$,事件$\{X^2\leqslant y\}$是一个不可能事件,所以

$$F_Y(y)=P\{Y\leqslant y\}=P\{X^2\leqslant y\}=0$$

从而,当 $y\leqslant 0$ 时,有 $f_Y(y)=0$。

(2)当 $y>0$ 时,因为 $\{X^2\leqslant y\}=\{-\sqrt{y}\leqslant X\leqslant\sqrt{y}\}$,故

$$F_Y(y)=P\{Y\leqslant y\}=P\{X^2\leqslant y\}=P\{-\sqrt{y}\leqslant X\leqslant\sqrt{y}\}=F_X(\sqrt{y})-F_X(-\sqrt{y})$$

从而,随机变量 $Y$ 的概率密度函数 $f_Y(y)$ 为

$$f_Y(y)=\frac{\mathrm{d}[F_X(\sqrt{y})-F_X(-\sqrt{y})]}{\mathrm{d}y}$$

$$=f_X(\sqrt{y})\cdot\frac{1}{2}(\sqrt{y})^{-1}-f_X(-\sqrt{y})\cdot\left(-\frac{1}{2}\right)(\sqrt{y})^{-1}$$

$$=\frac{1}{2\sqrt{y}}[f_X(\sqrt{y})+f_X(-\sqrt{y})]$$

综上所述

$$f_Y(y)=\begin{cases}0, & y\leqslant 0\\ \dfrac{1}{2\sqrt{y}}[f_X(\sqrt{y})+f_X(-\sqrt{y})], & y>0\end{cases}$$

上述求解过程与概率密度函数 $f_X(x)$ 的具体形式无关,也并不需要求出分布函数 $F_Y(y)$ 的具体解析式,只是利用 $F_Y(y)$ 与 $F_X(x)$ 的关系以及复合函数求导的规则,就足以表示出 $f_Y(y)$ 了。

**例 2.4.5** 已知随机变量 $X$ 是一个连续型随机变量,具有概率密度函数 $f_X(x)$,$x\in(-\infty,+\infty)$,若函数 $g(x)$ 严格单调,处处可导,且恒有 $g'(x)>0$(或恒有 $g'(x)<0$);其反函数 $h(y)$ 有连续导数。请证明:随机变量 $Y=g(x)$ 的概率密度函数为

$$f_Y(y)=\begin{cases}f_X[h(y)]|h'(y)|, & \alpha<y<\beta\\ 0, & \text{其他}\end{cases}$$

其中 $\alpha=\min\{g(-\infty),g(+\infty)\}$,$\beta=\max\{g(-\infty),g(+\infty)\}$。

**证明:**

(1)设 $g(x)$ 是严格单调上升函数,这时反函数 $h(y)$ 也是严格单调上升函数,于是,

当 $y\leqslant g(-\infty)$ 时

$$F_Y(y)=P\{Y\leqslant y\}=P\{g(X)\leqslant y\}=0$$

当 $g(-\infty)<y<g(+\infty)$ 时

$$F_Y(y)=P\{Y\leqslant y\}=P\{g(X)\leqslant y\}=P\{X\leqslant h(y)\}=\int_{-\infty}^{h(y)}f_X(x)\mathrm{d}x$$

当 $y\geqslant g(+\infty)$ 时

$$F_Y(y)=P\{Y\leqslant y\}=P\{g(X)\leqslant y\}=1$$

由此得 $Y$ 的概率密度函数为

$$f_Y(y)=F'_Y(y)=\begin{cases}f_X[h(y)]h'(y), & g(-\infty)<y<g(+\infty)\\ 0, & \text{其他}\end{cases}$$

(2)同理可证,若 $g(x)$ 严格单调下降,当 $g(+\infty)<y<g(-\infty)$ 时,有

$$F_Y(y)=P\{Y\leqslant y\}=P\{g(X)\leqslant y\}=P\{X\geqslant h(y)\}=\int_{h(y)}^{+\infty}f_X(x)\mathrm{d}x$$

由此得 $Y$ 的概率密度函数为

$$f_Y(y)=F'_Y(y)=\begin{cases}-f_X[h(y)]h'(y), & g(+\infty)<y<g(-\infty)\\ 0, & \text{其他}\end{cases}$$

综合上述两种情况,若 $g(x)$ 严格单调,则

$$f_Y(y)=F'_Y(y)=\begin{cases}f_X[h(y)]|h'(y)|, & \alpha<y<\beta\\ 0, & \text{其他}\end{cases}$$

其中 $h(y)$ 是 $g(x)$ 的反函数,$(\alpha,\beta)$ 是 $g(x)$ 在实数域上的值域。由此命题得证。

**例 2.4.6** 设随机变量 $X$ 的概率密度函数为

$$f_X(x)=\begin{cases}\dfrac{1}{2}, & -1<x<0\\ \dfrac{1}{4}, & 0\leqslant x<2\\ 0, & 其他\end{cases}$$

令 $Y=X^2$，求 $Y$ 的概率密度函数。

**解**：函数 $y=g(x)=x^2$ 可分成两段，在 $x\in(-\infty,0)$ 段上它严格单调下降，反函数连续可微；而在 $x\in(0,+\infty)$ 段上，$y=g(x)=x^2$ 严格单调上升，反函数连续可微，因此：

(1) 对于 $x\in(-\infty,0)$，若 $0<y<1$，则 $x=h_1(y)=-\sqrt{y}\in(-1,0)$，从而

$$f_X[h_1(y)]\,|h'_1(y)|=f_X[-\sqrt{y}]\left|\frac{\mathrm{d}(-\sqrt{y})}{\mathrm{d}y}\right|=\frac{1}{2}\cdot\frac{1}{2\sqrt{y}}=\frac{1}{4\sqrt{y}}$$

若 $y\geqslant 1$，则 $x=-\sqrt{y}\leqslant -1$，从而

$$f_X[h_1(y)]\,|h'_1(y)|=f_X[-\sqrt{y}]\left|\frac{\mathrm{d}(-\sqrt{y})}{\mathrm{d}y}\right|=0$$

(2) 对于 $x\in[0,+\infty)$，若 $0\leqslant y<4$，则 $x=h_2(y)=\sqrt{y}\in[0,2)$，从而

$$f_X[h_2(y)]\,|h'_2(y)|=f_X[\sqrt{y}]\left|\frac{\mathrm{d}(\sqrt{y})}{\mathrm{d}y}\right|=\frac{1}{4}\cdot\frac{1}{2\sqrt{y}}=\frac{1}{8\sqrt{y}}$$

若 $y\geqslant 4$，则 $x=\sqrt{y}\geqslant 2$，从而

$$f_X[h_2(y)]\,|h'_2(y)|=f_X[\sqrt{y}]\left|\frac{\mathrm{d}(\sqrt{y})}{\mathrm{d}y}\right|=0$$

综上，

$$f_Y(y)=\begin{cases}\dfrac{1}{8\sqrt{y}}+\dfrac{1}{4\sqrt{y}}, & 0<y<1\\ \dfrac{1}{8\sqrt{y}}+0, & 1\leqslant y<4\\ 0, & 其他\end{cases}$$

**例 2.4.7**　设 $X\sim N(\mu,\sigma^2)$，则 $Y=aX+b\sim N(a\mu+b,(a\sigma)^2)\ (a\neq 0)$。

**证明**：因 $y=g(x)=ax+b\ (a\neq 0)$ 严格单调，其反函数为 $x=h(y)=\dfrac{y-b}{a}$，$-\infty<y<+\infty$，且有 $h'(y)=\dfrac{1}{a}$. 又 $f_X(x)=\dfrac{1}{\sqrt{2\pi}\sigma}\mathrm{e}^{-\frac{(x-\mu)^2}{2\sigma^2}}\ (-\infty<x<+\infty)$，因而 $Y=aX+b$ 的概率密度函数为

$$f_Y(y)=\frac{1}{|a|}f_X\left(\frac{y-b}{a}\right)=\frac{1}{|a|}\frac{1}{\sqrt{2\pi}\sigma}\mathrm{e}^{-\frac{\left(\frac{y-b}{a}-\mu\right)^2}{2\sigma^2}}=\frac{1}{\sqrt{2\pi}\,|a|\sigma}\mathrm{e}^{-\frac{[y-(a\mu+b)]^2}{2(a\sigma)^2}},\ -\infty<y<+\infty$$

故 $Y=aX+b\sim N(a\mu+b,(a\sigma)^2)$。

由上例题知，正态变量的线性变换仍然服从正态分布，此性质也称为正态分布的线性不变性，这在许多理论及应用中都起重要作用。

## 习题 2.4

1.已知离散型随机变量 $X$ 的分布律为

| $X$ | $-2$ | $-1$ | $0$ | $1$ | $3$ |
|---|---|---|---|---|---|
| $p$ | $\frac{1}{5}$ | $\frac{1}{6}$ | $\frac{1}{5}$ | $\frac{1}{15}$ | $\frac{11}{30}$ |

试求 $Y = X^2$ 与 $Z = |X|$ 的分布律。

2.设随机变量 $X$ 具有分布律

| $X$ | $-1$ | $0$ | $1$ | $2$ |
|---|---|---|---|---|
| $p_i$ | 0.2 | 0.3 | 0.1 | 0.4 |

,试求 $Y = (X-1)^2$ 的分布律。

3.设随机变量 $X \sim U(-1,2)$,记 $Y = \begin{cases} 1, & X \geqslant 0 \\ -1, & X < 0 \end{cases}$, 试求 $Y$ 的分布律。

4.连续型随机变量 $X \sim U(-3,2)$ 求 $Y = |X|$ 的概率密度函数。

5.设随机变量 $X$ 的分布函数 $F_Y(x) = \begin{cases} 1 - e^{-\lambda x}, & x > 0 \\ 0, & x \leqslant 0 \end{cases}$,求 $Y = \min\{X,2\}$ 的分布函数。

6.设随机变量 $X \sim U(0,1)$,试求以下 $Y$ 的概率密度函数:

(1) $Y = -2\ln X$;

(2) $Y = 3X + 1$;

(3) $Y = e^X$;

(4) $Y = |\ln X|$。

7.设随机变量 $X$ 的概率密度函数为 $f_X(x) = \begin{cases} \frac{3}{2}x^2, & -1 < x < 1 \\ 0, & 其他 \end{cases}$,试求下列随机变量的分布:

(1) $Y_1 = 3X$;

(2) $Y_2 = 3 - X$;

(3) $Y_3 = X^2$。

# 第 3 章 多维随机变量的分布

在实际应用中,有些随机现象需要同时用两个或两个以上的随机变量来描述。例如,研究某地区学龄前儿童的发育情况时,就要同时抽查儿童的身高 $H$ 与体重 $W$。这里,$H$ 和 $W$ 是定义在同一个样本空间 $S=\{$某地区的全部学龄前儿童$\}$上的两个随机变量。又如,考察某次射击中炮弹弹着点的位置时,就要同时考察弹着点的横坐标 $X$ 和纵坐标 $Y$,横坐标和纵坐标是定义在同一个样本空间的两个随机变量。在这种情况下,我们不但要研究多个随机变量各自的统计规律,还要研究它们之间的统计相依关系,因而还需考察它们的联合取值的统计规律,这就形成了多维随机变量的概念。

## 3.1 多维随机变量的联合分布

### 3.1.1 联合分布函数

要描述多维随机变量的概率分布,需要用到联合分布函数。

**定义 3.1.1** 设 $X_1(\omega),X_2(\omega),\cdots,X_n(\omega)$ 是定义在同一个样本空间 $\Omega$ 上的随机变量,则 $n$ 维向量 $(X_1(\omega),X_2(\omega),\cdots,X_n(\omega))$ 称为样本空间 $\Omega$ 上的 $n$ **维随机变量**或 $n$ **维随机向量**。并称 $n$ 元函数 $F(x_1,x_2,\cdots,x_n)=P\{X_1(\omega)\leqslant x_1,X_2(\omega)\leqslant x_2,\cdots,X_n(\omega)\leqslant x_n\}$ 是 $n$ 维随机变量 $(X_1(\omega),X_2(\omega),\cdots,X_n(\omega))$ 的**联合分布函数**,也简称为**联合分布**或**分布**。

为了简要起见,本书对于多维随机变量着重讨论二维随机变量。应该指出的是,二维随机变量是一维随机变量的推广与延伸,与一维随机变量相比,情况要复杂得多。而将两个随机变量函数的分布问题推广到 $n$ 个随机变量函数的分布问题只是表述和计算的繁杂程度的提高,并没有本质性的差异。

如果把二维随机变量 $(X,Y)$ 看作笛卡儿平面上点的坐标,那么,联合分布函数 $F(x,y)\triangleq P\{X\leqslant x,Y\leqslant y\}$ 的几何意义就表示点 $(X,Y)$ 落在以 $(x,y)$ 为顶点的左下方区域内的概率,如图 3.1.1 所示。

因为增加了一个维度,二维随机变量分布函数的分段比一维随机变量复杂了很多,相当于整个二维笛卡儿坐标平面被分成了若干块。但是概括说来,我们依然可以得到二维随机变量联合分布函数 $F(x,y)$ 的四个性质:

(1) $F(x,y)$ 关于 $x$ 和 $y$ 均为单调非减函数,即对任意固定的 $y$,当 $x_2 > x_1$ 时,$F(x_2,y) \geq F(x_1,y)$;对任意固定的 $x$,当 $y_2 > y_1$ 时,$F(x,y_2) \geq F(x,y_1)$。

(2) $F(x,y)$ 关于 $x$ 和 $y$ 均右连续,即 $F(x,y) = F(x+0,y)$,$F(x,y) = F(x,y+0)$。

(3) 对任意 $(x,y) \in \mathbb{R}^2$,$0 \leq F(x,y) \leq 1$,且对任意固定的 $x$、$y$,有

$$F(-\infty,y) = \lim_{x\to-\infty} F(x,y) = 0, F(x,-\infty) = \lim_{y\to-\infty} F(x,y) = 0$$

$$F(-\infty,-\infty) = \lim_{\substack{x\to-\infty \\ y\to-\infty}} F(x,y) = 0, F(+\infty,+\infty) = \lim_{\substack{x\to+\infty \\ y\to+\infty}} F(x,y) = 1$$

(4) 对任意的 $(x_1,y_1)$ 和 $(x_2,y_2)$(其中 $x_1 < x_2, y_1 < y_2$),有

$$F(x_2,y_2) - F(x_1,y_2) - F(x_2,y_1) + F(x_1,y_1) \geq 0$$

其中,性质(1)、(2)、(3)是显然的,性质(4)可由点 $(X,Y)$ 落入任一矩形 $\{x_1 < X \leq x_2, y_1 < Y \leq y_2\}$ 中的概率表示,如图 3.1.2 所示。

$$P\{x_1 < X \leq x_2, y_1 < Y \leq y_2\} = F(x_2,y_2) - F(x_1,y_2) - F(x_2,y_1) + F(x_1,y_1) \geq 0$$

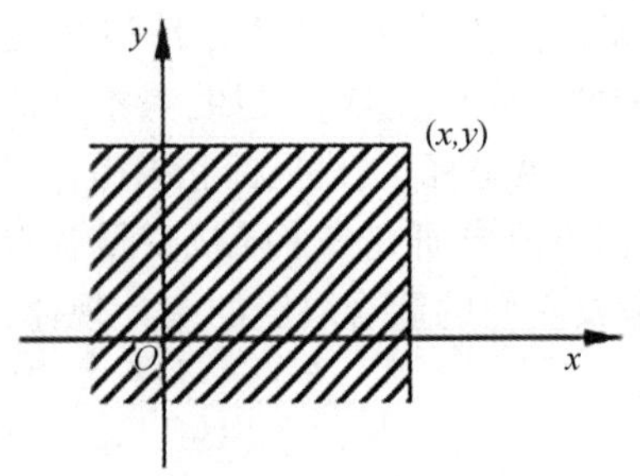


图 3.1.1 以 $(x,y)$ 为顶点的无穷直角区域

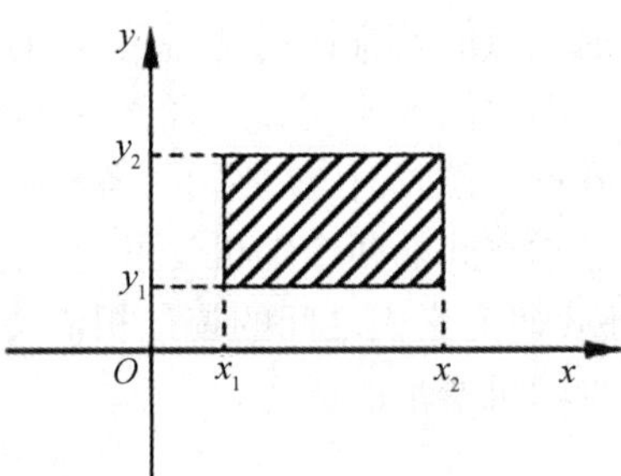


图 3.1.2 二维随机变量 $(X,Y)$ 落在矩形区域中的情况

反过来还可以证明,任意一个满足上述四个性质的二元函数必定可以作为某个二维随机变量的联合分布函数。其中性质(4)是不可少的,因为存在这样的二元函数满足上述性质(1)、(2)、(3),但不满足性质(4),如下例。

**例 3.1.1** 试验证二元函数 $G(x,y) = \begin{cases} 0, & x+y < 0 \\ 1, & x+y \geq 0 \end{cases}$,满足二维分布函数性质(1)、(2)、(3),但不满足性质(4)。

**证明:** $G(x,y)$ 满足非降性、有界性和右连续性,但对于区域

$$D = \{(x,y) \mid -1 \leq x \leq 1, -1 \leq y \leq 1\}$$

的四个顶点,有

$$G(1,1) - G(1,-1) - G(-1,1) + G(-1,-1) = 1 - 1 - 1 + 0 = -1 < 0$$

即不满足性质(4),其不能作为某二维随机变量的分布函数。

## 3.1.2 联合分布律

**定义 3.1.2** 设 $X_1, X_2, \cdots, X_n$ 是样本空间 $\Omega$ 上的 $n$ 个离散型随机变量,则 $n$ 维向量 $(X_1, X_2, \cdots, X_n)$ 是 $\Omega$ 上的一个 $n$ 维离散型随机变量或 $n$ 维离散型随机向量。设二维离散型随机变量 $(X,Y)$ 所有可能取值为 $(x_i,y_j)$,$i,j = 1,2,\cdots$,称

$$P\{X=x_i,Y=y_j\}=p_{ij},i,j=1,2,\cdots$$

为二维离散型随机变量 $(X,Y)$ 的**(联合)分布律**,也叫**(联合)分布列**。

由概率的性质,易得二维离散型随机变量的联合分布律具有以下性质:

(1) $p_{ij}\geqslant 0,\ i,j=1,2,\cdots$;

(2) $\sum\limits_{i=1}^{\infty}\sum\limits_{j=1}^{\infty}p_{ij}=1$。

与一维情形类似,有时也将二维离散型随机变量的联合概率分布用表格形式或者矩阵形式来表示,称为二维离散型随机变量的联合概率分布表和联合概率分布矩阵,如下所示:

| $Y \backslash X$ | $x_1$ | $x_2$ | $\cdots$ | $x_i$ | $\cdots$ |
|---|---|---|---|---|---|
| $y_1$ | $p_{11}$ | $p_{21}$ | $\cdots$ | $p_{i1}$ | $\cdots$ |
| $y_2$ | $p_{12}$ | $p_{22}$ | $\cdots$ | $p_{i2}$ | $\cdots$ |
| $\vdots$ | $\vdots$ | $\vdots$ | | $\vdots$ | |
| $y_j$ | $p_{1j}$ | $p_{2j}$ | $\cdots$ | $p_{ij}$ | $\cdots$ |
| $\vdots$ | $\vdots$ | $\vdots$ | | $\vdots$ | |

**例 3.1.2**　设随机变量 $X$ 在 1,2,3,4 四个整数中等可能地取一个值,另一个随机变量 $Y$ 在 $1\sim X$ 中等可能地取一整数值,试求 $(X,Y)$ 的分布律。

**解**:易知 $\{X=i,Y=j\}$ 的取值情况是:$i=1,2,3,4$, $j$ 取不大于 $i$ 的正整数。由乘法公式得, $P\{X=i,Y=j\}=P\{Y=j\mid X=i\}\cdot P\{X=i\}=\dfrac{1}{i}\cdot\dfrac{1}{4}, i=1,2,3,4, j\leqslant i$,也可以写成以下表格形式:

| $Y \backslash X$ | 1 | 2 | 3 | 4 |
|---|---|---|---|---|
| 1 | $\frac{1}{4}$ | $\frac{1}{8}$ | $\frac{1}{12}$ | $\frac{1}{16}$ |
| 2 | 0 | $\frac{1}{8}$ | $\frac{1}{12}$ | $\frac{1}{16}$ |
| 3 | 0 | 0 | $\frac{1}{12}$ | $\frac{1}{16}$ |
| 4 | 0 | 0 | 0 | $\frac{1}{16}$ |

对于离散型随机变量,联合分布律不仅比联合分布函数更加直观,而且能够更加方便地确定 $(X,Y)$ 取值于任意区域 $D$ 上的概率:若已知 $P\{X=x_i,Y=y_i\}=p_{ij}$, $i,j=1,2,3,\cdots$,则 $P\{(X,Y)\in D\}=\sum\limits_{(x_i,y_j)\in D}p_{ij}$。

特别地,由联合概率分布可以确定联合分布函数

$$F(x,y)=P\{X\leqslant x,Y\leqslant y\}=\sum_{x_i\leqslant x,y_j\leqslant y}p_{ij}$$

**例 3.1.3**　设二维随机变量 $(X,Y)$ 的联合概率分布为

| $X$ \ $Y$ | $-2$ | $0$ | $1$ |
|---|---|---|---|
| $-1$ | 0.3 | 0.1 | 0.1 |
| $1$ | 0.05 | 0.2 | 0 |
| $2$ | 0.2 | 0 | 0.05 |

求 $P\{X \leqslant 1, Y \geqslant 0\}$ 及 $F(0,0)$。

**解：**

$P\{X \leqslant 1, Y \geqslant 0\}$

$= P\{X = -1, Y = 0\} + P\{X = -1, Y = 1\} + P\{X = 1, Y = 0\} + P\{X = 1, Y = 1\}$

$= 0.1 + 0.1 + 0.2 + 0 = 0.4$

$F(0,0) = P\{X = -1, Y = -2\} + P\{X = -1, Y = 0\} = 0.3 + 0.1 = 0.4$

### 3.1.3 联合概率密度函数

若二维随机变量$(X,Y)$的联合分布函数$F(x,y)$是绝对连续的，则称$(X,Y)$为二维连续型随机变量。此时，一定存在非负可积的二元函数$f(x,y)$，使得对任意实数$(x,y)$，有

$$F(x,y) = P\{X \leqslant x, Y \leqslant y\} = \int_{-\infty}^{x}\left(\int_{-\infty}^{y} f(u,v)\,\mathrm{d}v\right)\mathrm{d}u$$

则称$f(x,y)$为$(X,Y)$的**概率密度函数**，或$X,Y$的**联合概率密度函数**。

由分布函数的性质可知，任一二元概率密度函数$f(x,y)$必具有下述性质：

(1) $f(x,y) \geqslant 0$；

(2) $\int_{-\infty}^{+\infty}\int_{-\infty}^{+\infty} f(x,y)\,\mathrm{d}x\mathrm{d}y = F(+\infty, +\infty) = 1$。

反过来，任意一个具有上述两个性质的二元函数$f(x,y)$，必定可以作为某个二维随机变量的概率密度函数。

(3)若$f(x,y)$在点$(x,y)$连续，$F(x,y)$是相应的分布函数，则有

$$\frac{\partial^2 F(x,y)}{\partial x \partial y} = f(x,y) \text{（广义二阶混合偏导）}$$

进一步地，根据偏导数的定义，可推得：当$\Delta x, \Delta y$很小时，有

$$P\{x < X \leqslant x + \Delta x, y < Y \leqslant y + \Delta y\} \approx f(x,y)\Delta x \Delta y$$

从而有第四个性质：

(4)点$(X,Y)$落入$xOy$平面上的区域$D$内的概率为$P\{(X,Y) \in D\} = \iint\limits_{D} f(x,y)\,\mathrm{d}x\mathrm{d}y$。例如，若$D = \{(x,y) \mid x_1 \leqslant x < x_2, y_1 \leqslant y < y_2\}$，这时就有

$$\begin{aligned} P\{x_1 \leqslant X < x_2, y_1 \leqslant Y < y_2\} &= P\{(X,Y) \in D\} \\ &= \iint\limits_{(x,y)\in D} f(x,y)\,\mathrm{d}x\mathrm{d}y = \int_{y_1}^{y_2}\left(\int_{x_1}^{x_2} f(x,y)\,\mathrm{d}x\right)\mathrm{d}y \end{aligned}$$

**例 3.1.4** 设二维随机变量$(X,Y)$的概率密度函数为

$$f(x,y) = A\mathrm{e}^{-2x^2+2xy-y^2}, \quad -\infty < x < \infty, \quad -\infty < y < \infty$$

求常数$A$。

**解**:由概率密度函数的性质 $\int_{-\infty}^{+\infty}\int_{-\infty}^{+\infty}f(x,y)\,\mathrm{d}x\mathrm{d}y=1$,可知

$$\int_{-\infty}^{+\infty}\int_{-\infty}^{+\infty}A\mathrm{e}^{-2x^2+2xy-y^2}\mathrm{d}x\mathrm{d}y=A\int_{-\infty}^{\infty}\mathrm{e}^{-x^2}\mathrm{d}x\int_{-\infty}^{+\infty}\mathrm{e}^{-(x-y)^2}\mathrm{d}y=1$$

又知 $\int_{-\infty}^{+\infty}\mathrm{e}^{-x^2}\mathrm{d}x=\sqrt{\pi}$,有 $\int_{-\infty}^{+\infty}\mathrm{e}^{-x^2}\mathrm{d}x\int_{-\infty}^{+\infty}\mathrm{e}^{-(x-y)^2}\mathrm{d}y=\sqrt{\pi}\cdot\sqrt{\pi}=\pi$,所以 $A=\dfrac{1}{\pi}$。

**例 3.1.5**　设二维随机变量 $(X,Y)$ 具有概率密度函数

$$f(x,y)=\begin{cases}2\mathrm{e}^{-(2x+y)}, & x>0,y>0\\0, & \text{其他}\end{cases}$$

(1)求分布函数 $F(x,y)$;(2)求概率 $P\{Y\leqslant X\}$。

**解**:需要注意的是,概率密度函数 $f(x,y)$ 是分段取值的,所以要注意考虑被积函数不为零的区域,对积分范围进行分段处理。

$$(1)\ F(x,y)=\int_{-\infty}^{y}\left(\int_{-\infty}^{x}f(x,y)\,\mathrm{d}x\right)\mathrm{d}y=\begin{cases}\int_0^y\left(\int_0^x 2\mathrm{e}^{-(2x+y)}\mathrm{d}x\right)\mathrm{d}y, & x>0,y>0\\0, & \text{其他}\end{cases}$$

即有

$$F(x,y)=\begin{cases}(1-\mathrm{e}^{-2x})(1-\mathrm{e}^{-y}), & x>0,y>0\\0, & \text{其他}\end{cases}$$

(2)将$(X,Y)$看作平面上随机点的坐标,即有$\{Y\leqslant X\}=\{(X,Y)\in G\}$,其中 $G$ 为 $xOy$ 平面上直线 $y=x$ 及其下方的部分,于是

$$P\{Y\leqslant X\}=\int_0^{+\infty}\left(\int_y^{+\infty}2\mathrm{e}^{-(2x+y)}\mathrm{d}x\right)\mathrm{d}y=\int_0^{+\infty}\mathrm{e}^{-3y}\mathrm{d}y=\frac{1}{3}$$

### 3.1.4　常见多维分布

本小节介绍一些多维随机变量的常见分布。

#### 3.1.4.1　多项分布

多项分布是二项分布的推广。

进行 $n$ 次独立重复试验,如果每次试验有 $t$ 个互不相容的结果 $A_1,A_2,\cdots,A_t$ 之一发生,且每次试验中 $A_i$ 发生的概率为 $P(A_i)=p_i,i=1,2,\cdots,t$,且 $p_1+p_2+\cdots+p_t=1$。记 $X_i$ 为 $n$ 次独立重复实验中 $A_i$ 出现的次数,$i=1,2,\cdots,t$,则 $(X_1,X_2,\cdots,X_t)$ 取值 $(n_1,n_2,\cdots,n_t)$ 的概率,即 $A_1$ 出现 $n_1$ 次,$A_2$ 出现 $n_2$ 次,……,$A_t$ 出现 $n_t$ 次的概率为

$$P\{X_1=n_1,X_2=n_2,\cdots,X_t=n_t\}=\frac{n!}{n_1!\ n_2!\ \cdots n_t!}p_1^{\ n_1}p_2^{\ n_2}\cdots p_t^{\ n_t}$$

其中 $n_1+n_2+\cdots+n_t=n$。

这个分布称为 $t$ **项分布**,又称**多项分布**,记为 $M(n,p_1,p_2,\cdots,p_t)$。这个概率的表达式是多项式 $(p_1+p_2+\cdots+p_t)^n$ 展开式中的一项,其和为 1。当 $t=2$ 时,即为二项分布。

注意:二项分布是一维随机变量的分布,在 $t$ 项分布中,由于 $p_1+p_2+\cdots+p_t=1$,且 $n_1+n_2+\cdots+n_t=n$,所以 $t$ 项分布是 $t-1$ 维随机变量的分布。

**例 3.1.6**　一批产品共有 100 件,其中一等品 60 件、二等品 30 件、三等品 10 件。从这批产

品中有放回地任取 3 件,以 $X$ 和 $Y$ 分别表示取出的 3 件产品中一等品、二等品的件数。求二维随机变量 $(X,Y)$ 的联合分布律。

**解**:设 $(X,Y)$ 的联合分布律为

$$P\{X=i,Y=j\} = P_{ij}, i,j=0,1,2,3$$

其中,事件 $\{X=i,Y=j\}$ 表示:取出的 3 件产品中有 $i$ 件一等品、$j$ 件二等品、$3-i-j$ 件三等品。从而当 $i+j>3$ 时,$p_{ij}=0$;当 $i+j\leqslant 3$ 时

$$p_{ij} = \frac{3!}{i!\ j!\ (3-i-j)!}\left(\frac{6}{10}\right)^{i}\left(\frac{3}{10}\right)^{j}\left(\frac{1}{10}\right)^{3-i-j}$$

经计算,$(X,Y)$ 的联合分布律为

| $X$ \ $Y$ | 0 | 1 | 2 | 3 |
|---|---|---|---|---|
| 0 | 0.001 | 0.009 | 0.027 | 0.027 |
| 1 | 0.018 | 0.108 | 0.162 | 0 |
| 2 | 0.108 | 0.324 | 0 | 0 |
| 3 | 0.216 | 0 | 0 | 0 |

由此联合分布律,可以计算有关事件的概率,例如

$$P\{X=0\} = \sum_{j=0}^{3} p_{0j} = 0.001 + 0.009 + 0.027 + 0.027 = 0.064$$

$$P\{X\leqslant 1, Y\leqslant 1\} = 0.001 + 0.009 + 0.018 + 0.108 = 0.136$$

此例是从一等品、二等品、三等品三种情况中抽取的,得到的是一个二维随机变量的分布,称为三项分布。

#### 3.1.4.2 多维超几何分布

考虑以下概率模型:设盒子中有 $N$ 个球,其中有 $N_i$ 个 $i$ 号球,$i=1,2,\cdots,t$,且 $N=N_1+N_2+\cdots+N_t$。从中任意取出 $n$ 个,若记 $X_i$ 为取出的 $n$ 个球中 $i$ 号球的个数,$i=1,2,\cdots,t$,则

$$P\{X_1=n_1,X_2=n_2,\cdots,X_t=n_t\} = \frac{\binom{N_1}{n_1}\binom{N_2}{n_2}\cdots\binom{N_t}{n_t}}{\binom{N}{n}}$$

其中,$n=n_1+n_2+\cdots+n_t$。

这个联合分布律称为 $t$ **维超几何分布**。

**例 3.1.7** 将例 3.1.6 改成不放回采样,求二维随机变量 $(X,Y)$ 的联合分布律。

**解**:事件 $\{X=i,Y=j\}$ 表示:取出的 3 件产品中有 $i$ 件一等品、$j$ 件二等品、$3-i-j$ 件三等品。从而当 $i+j>3$ 时,$p_{ij}=0$;当 $i+j\leqslant 3$ 时

$$p_{ij} = \frac{\binom{60}{i}\binom{30}{j}\binom{10}{3-i-j}}{\binom{100}{3}}$$

由此得联合分布律为

| X \ Y | 0 | 1 | 2 | 3 |
|---|---|---|---|---|
| 0 | 0.0007 | 0.0083 | 0.0269 | 0.0251 |
| 1 | 0.0167 | 0.1113 | 0.1614 | 0 |
| 2 | 0.1095 | 0.3284 | 0 | 0 |
| 3 | 0.2116 | 0 | 0 | 0 |

此例是一个三维超几何分布,是超几何分布的推广。

### 3.1.4.3　多维均匀分布

设 $D$ 为 $R^n$ 中的有界区域,其度量(二维的为面积,三维的为体积等)为 $S_D$ ,若多维随机变量 $(X_1,X_2,\cdots,X_n)$ 的概率密度函数为

$$f(x_1,x_2,\cdots,x_n)=\begin{cases}\dfrac{1}{S_D}, & 若(x_1,x_2,\cdots,x_n)\in D\\ 0, & 其他\end{cases}$$

则称 $(X_1,X_2,\cdots,X_n)$ 服从 $D$ 上的多维均匀分布,记为 $(X_1,X_2,\cdots,X_n)\sim U(D)$ 。

若 $(X,Y)$ 在区域 $D$ 上服从二维均匀分布,则对于任一平面区域 $G$ 有

$$P\{(X,Y)\in G\}=\iint_G f(x,y)\mathrm{d}x\mathrm{d}y=\iint_{G\cap D}\frac{1}{S_D}\mathrm{d}x\mathrm{d}y=\frac{1}{S_D}\iint_{G\cap D}\mathrm{d}x\mathrm{d}y=\frac{S_{G\cap D}}{S_D}$$

其中, $S_{G\cap D}$ 为平面区域 $G$ 与 $D$ 公共部分的面积(如图 3.1.3 所示)。

这说明 $D$ 上二维均匀分布随机变量 $(X,Y)$ 落入 $D$ 内任意子区域 $G$ 内的概率只与区域 $G$ 的面积有关,而与区域 $G$ 的形状及位置无关。因此,二维均匀分布常用作随机数点的数学模型。

**例 3.1.8**　设 $D$ 为由曲线 $y=x^2$ 和 $y=\sqrt{x}$ 围成的平面区域(如图 3.1.4 所示), $(X,Y)$ 在 $D$ 上服从均匀分布, 求 $P\{X>Y\}$ 。

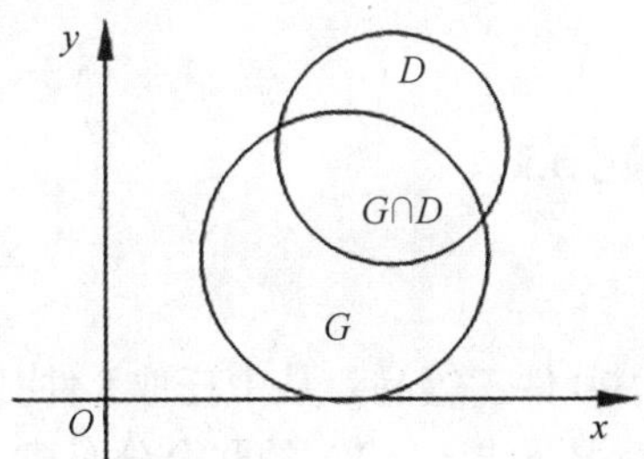


图 3.1.3　二维均匀分布中两区域相交示意图

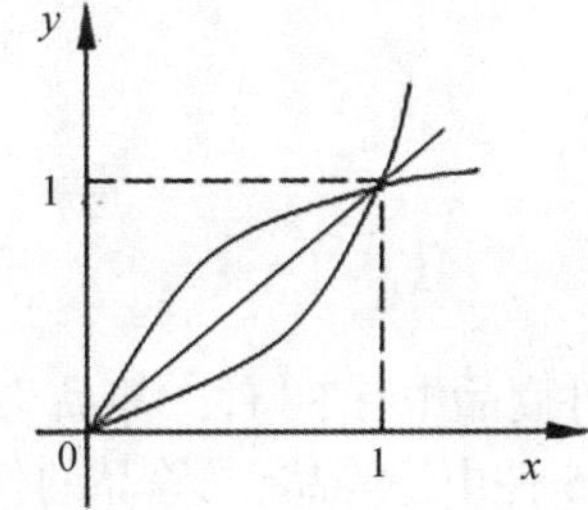


图 3.1.4　例 3.1.8 中的区域 $D$

**解**:区域 $D$ 的面积 $S_D=\int_0^1(\sqrt{x}-x^2)\,\mathrm{d}x=\dfrac{1}{3}$ ,故 $(X,Y)$ 的概率密度函数为

$$f(x,y)=\begin{cases}3, & (x,y)\in D\\ 0, & 其他\end{cases}$$

设 $G=\{(x,y)\mid x>y\}$ ,则

$$P\{X > Y\} = P\{(X,Y) \in G\} = \frac{S_{G\cap D}}{S_D} = \frac{\frac{1}{6}}{\frac{1}{3}} = \frac{1}{2}$$

#### 3.1.4.4 二维正态分布

若二维随机变量 $(X,Y)$ 的概率密度函数为

$$f(x,y) = \frac{1}{2\pi\sigma_1\sigma_2\sqrt{1-\rho^2}}\exp\left\{-\frac{1}{2(1-\rho^2)}\left[\frac{(x-\mu_1)^2}{\sigma_1^2} - 2\rho\frac{(x-\mu_1)(y-\mu_2)}{\sigma_1\sigma_2} + \frac{(y-\mu_2)^2}{\sigma_2^2}\right]\right\},$$

$$-\infty < x,y < +\infty$$

其中，$\mu_1,\mu_2,\sigma_1,\sigma_2,\rho$ 均为常数，且 $-\infty<\mu_1,\mu_2<+\infty,\sigma_1>0,\sigma_2>0,|\rho|<1$，则称 $(X,Y)$ 服从**二维正态分布**，记为 $(X,Y) \sim N(\mu_1,\mu_2,\sigma_1^2,\sigma_2^2,\rho)$ 。

二维正态分布概率密度函数的图形像一顶四周无限延伸的草帽，如图 3.1.5 所示，其中心在 $(\mu_1,\mu_2)$，等高线是椭圆。

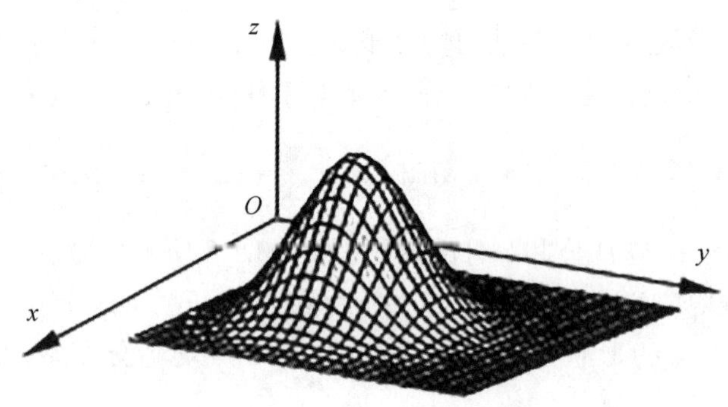


图 3.1.5 二维正态分布的概率密度函数

## 习题 3.1

1. 100 件商品中有 50 件一等品、30 件二等品、20 件三等品。从中任取 5 件，以 $X$，$Y$ 分别表示取出的 5 件中一等品、二等品的件数，在以下情况下求 $(X,Y)$ 的联合分布律：

(1)不放回抽取；

(2)有放回抽取。

2. 设随机变量 $X_i$，$i=1,2$ 的分布律如下，且满足 $P\{X_1X_2=0\}=1$，试求 $P\{X_1=X_2\}$ 。

| $X_i$ | $-1$ | 0 | 1 |
|---|---|---|---|
| $p$ | 0.25 | 0.5 | 0.25 |

3.盒子里装有 3 个黑球、2 个红球、2 个白球，从中任取 4 个，以 $X$ 表示取到黑球的个数，以 $Y$ 表示取到红球的个数，试求 $P\{X=Y\}$ 。

4.设随机变量 $(X,Y)$ 的联合概率密度函数为 $f(x,y)=\begin{cases}ke^{-(3x+4y)}, & x>0,y>0\\0, & 其他\end{cases}$,试求:

(1) 常数 $k$;

(2) $(X,Y)$ 的联合分布函数 $F(x,y)$;

(3) $P\{0<X\leqslant 1,0<Y\leqslant 2\}$。

5.设随机变量 $(X,Y)$ 的联合概率密度函数为 $f(x,y)=\begin{cases}4xy, & 0<x<1,0<y<1\\0, & 其他\end{cases}$。

试求:

(1) $P\{0<X<0.5,0.25<Y<1\}$;

(2) $P\{X=Y\}$;

(3) $P\{X<Y\}$;

(4) $(X,Y)$ 的联合分布函数。

6.设随机变量 $(X,Y)$ 的联合概率密度函数为 $f(x,y)=\begin{cases}k(6-x-y), & 0<x<2,2<y<4\\0, & 其他\end{cases}$,

试求:

(1) 常数 $k$;

(2) $P\{X<1,Y<3\}$;

(3) $P\{X<1.5\}$;

(4) $P\{X+Y\leqslant 4\}$。

7.设二维随机变量 $(X,Y)$ 在边长为 2、中心为 $(0,0)$ 的正方形区域内服从均匀分布,试求:$P\{X^2+Y^2\leqslant 1\}$。

8.设随机变量 $Y$ 服从参数为 $\lambda=1$ 的指数分布,定义随机变量 $X_k$ 如下

$$X_k=\begin{cases}0, & Y\leqslant k\\1, & Y>k\end{cases},k=1,2$$

求 $X_1$ 与 $X_2$ 的联合分布律。

9.设二维随机变量 $(X,Y)$ 的联合概率密度函数为 $p(x,y)=\begin{cases}\dfrac{1}{2}, & 0<x<1,0<y<2\\0, & 其他\end{cases}$,

求 $X$ 与 $Y$ 中至少有一个小于 0.5 的概率。

10.从区间 $(0,1)$ 中随机取两个数,求其积不小于 $\dfrac{3}{16}$,且其和不大于 1 的概率。

## 3.2　边缘分布与随机变量的独立性

### 3.2.1　边缘分布函数

若二维随机变量 $(X,Y)$ 的联合分布函数 $F(x,y)$ 已知,那么,两个分量 $X$ 与 $Y$ 的分布函数可由 $F(x,y)$ 的极限求得,即

$$F_X(x)=P\{X\leqslant x\}=P\{X\leqslant x,Y<\infty\}=F(x,\infty)\text{，其中 }F(x,\infty)=\lim_{y\to+\infty}F(x,y)$$

$$F_Y(y)=P\{Y\leqslant y\}=P\{X<\infty,Y\leqslant y\}=F(\infty,y)\text{，其中 }F(\infty,y)=\lim_{x\to+\infty}F(x,y)$$

这里的 $F_X(x)$ 和 $F_Y(y)$ 分别称为随机变量 $X$ 与 $Y$ 的**边缘分布函数**，也叫**边际分布函数**。边缘分布实际就是两个随机变量的分布。

**例 3.2.1** 设 $(X,Y)$ 的分布函数为

$$F(x,y)=\frac{1}{\pi^2}\left(A+\arctan\frac{x}{2}\right)\left(B+\arctan\frac{y}{3}\right),\ -\infty<x,y<+\infty$$

(1)求常数 $A$，$B$；

(2)求 $F(x,y)$ 关于 $X$ 和 $Y$ 的边缘分布函数 $F_X(x)$ 和 $F_Y(y)$。

**解**：(1)利用分布函数 $F(x,y)$ 的性质 $F(+\infty,+\infty)=1$，$F(-\infty,-\infty)=0$ 得

$$\lim_{\substack{x\to+\infty\\y\to+\infty}}F(x,y)=\lim_{\substack{x\to+\infty\\y\to+\infty}}\frac{1}{\pi^2}\left(A+\arctan\frac{x}{2}\right)\left(B+\arctan\frac{y}{3}\right)=\frac{1}{\pi^2}\left(A+\frac{\pi}{2}\right)\left(B+\frac{\pi}{2}\right)=1$$

$$\lim_{\substack{x\to-\infty\\y\to-\infty}}F(x,y)=\lim_{\substack{x\to-\infty\\y\to-\infty}}\frac{1}{\pi^2}\left(A+\arctan\frac{x}{2}\right)\left(B+\arctan\frac{y}{3}\right)=\frac{1}{\pi^2}\left(A-\frac{\pi}{2}\right)\left(B-\frac{\pi}{2}\right)=0$$

解得 $A=B=\dfrac{\pi}{2}$。故

$$F(x,y)=\frac{1}{\pi^2}\left(\frac{\pi}{2}+\arctan\frac{x}{2}\right)\left(\frac{\pi}{2}+\arctan\frac{y}{3}\right)$$

(2)由定义知

$$\begin{aligned}F_X(x)=F(x,+\infty)&=\lim_{y\to+\infty}F(x,y)\\&=\lim_{y\to+\infty}\frac{1}{\pi^2}\left(\frac{\pi}{2}+\arctan\frac{x}{2}\right)\left(\frac{\pi}{2}+\arctan\frac{y}{3}\right)\\&=\frac{1}{\pi^2}\left(\frac{\pi}{2}+\arctan\frac{x}{2}\right)\cdot\pi\\&=\frac{1}{2}+\frac{1}{\pi}\arctan\frac{x}{2},\ -\infty<x<+\infty\end{aligned}$$

同理可得

$$F_Y(y)=\frac{1}{2}+\frac{1}{\pi}\arctan\frac{y}{3},\ -\infty<y<+\infty$$

**例 3.2.2** 设二维随机变量 $(X,Y)$ 的联合分布函数为

$$F(x,y)=\begin{cases}1-\mathrm{e}^{-x}-\mathrm{e}^{-y}+\mathrm{e}^{-x-y-\lambda xy}, & x>0,y>0\\0, & \text{其他}\end{cases}$$

这个分布称为**二维指数分布**，其中 $\lambda>0$。由此分布函数可以得到 $X$ 和 $Y$ 的边缘分布函数

$$F_X(x)=F(x,\infty)=\begin{cases}1-\mathrm{e}^{-x}, & x>0\\0, & \text{其他}\end{cases}$$

$$F_Y(y)=F(\infty,y)=\begin{cases}1-\mathrm{e}^{-y}, & y>0\\0, & \text{其他}\end{cases}$$

它们是一维指数分布。不同的 $\lambda>0$ 对应不同的二维指数分布，但两个边缘分布与 $\lambda$ 无关。这说明：二维联合分布不仅含有每个变量的概率分布，还含有 $X$ 和 $Y$ 两个变量间关系的信息。

这是研究多维随机变量的原因。

### 3.2.2　边缘分布律

由二维离散型随机变量 $(X,Y)$ 的联合概率分布 $P\{X=x_i,Y=y_i\}=p_{ij}(i,j=1,2,\cdots)$ 可以得到一系列事件 $\{X=x_i\},i=1,2,\cdots$ 的概率：

$$\begin{aligned}P\{X=x_i\}&=P\left\{\{X=x_i\}\cap\left[\bigcup_{j=1}^{\infty}\{Y=y_j\}\right]\right\}\\&=P\left\{\bigcup_{j=1}^{\infty}[\{X=x_i\}\cap\{Y=y_j\}]\right\}\\&=\sum_{j=1}^{\infty}P\left\{\{X=x_i\}\cap\{Y=y_j\}\right\}\\&=\sum_{j=1}^{\infty}p_{ij}\end{aligned}$$

即对二维离散型随机变量 $(X,Y)$ 的联合概率分布中对固定的 $i$ 关于所有的 $j$ 求和。这样就可以得到随机变量 $X$ 的分布律

$$P\{X=x_i\}=\sum_{j=1}^{\infty}p_{ij}\triangleq p_{i\cdot},\quad i=1,2,\cdots$$

为了强调这是随机向量之中的一个随机变量的概率分布，称以上分布为二维离散型随机变量 $(X,Y)$ 中随机变量 $X$ 的**边缘分布律**，也叫随机变量 $X$ 的**边际分布律**。

同理可得二维离散型随机变量 $(X,Y)$ 中随机变量 $Y$ 的边缘分布律：

$$P\{Y=y_j\}=\sum_{i=1}^{\infty}p_{ij}\triangleq p_{\cdot j},\quad j=1,2,\cdots$$

我们可以把二维离散型随机变量 $(X,Y)$ 联合分布和两个边缘分布列在同一个表里：

| $X$ \ $Y$ | $y_1$ | $y_2$ | $\cdots$ | $y_j$ | $\cdots$ | $P\{X=x_i\}$ |
|---|---|---|---|---|---|---|
| $x_1$ | $p_{11}$ | $p_{12}$ | $\cdots$ | $p_{1j}$ | $\cdots$ | $p_{1\cdot}$ |
| $x_2$ | $p_{21}$ | $p_{22}$ | $\cdots$ | $p_{2j}$ | $\cdots$ | $p_{2\cdot}$ |
| $\vdots$ | $\vdots$ | $\vdots$ | | $\vdots$ | | $\vdots$ |
| $x_i$ | $p_{i1}$ | $p_{i2}$ | $\cdots$ | $p_{ij}$ | $\cdots$ | $p_{i\cdot}$ |
| $\vdots$ | $\vdots$ | $\vdots$ | | $\vdots$ | $\cdots$ | $\vdots$ |
| $P\{Y=y_j\}$ | $p_{\cdot 1}$ | $p_{\cdot 2}$ | $\cdots$ | $p_{\cdot j}$ | $\cdots$ | |

**例 3.2.3**　服从三项分布 $M(n,p_1,p_2,p_3)$ 的二维随机变量 $(X,Y)$ 的联合分布律为

$$P\{X=i,Y=j\}=\frac{n!}{i!\,j!\,(n-i-j)!}p_1^ip_2^j(1-p_1-p_2)^{n-i-j},i,j=0,1,2,\cdots,n,i+j\leqslant n,$$

其中 $p_1+p_2+p_3=1$。则有

$$\begin{aligned}\sum_{j=0}^{n-i}P\{X=i,Y=j\}&=\sum_{j=0}^{n-i}\frac{n!}{i!\,j!\,(n-i-j)!}p_1^ip_2^j(1-p_1-p_2)^{n-i-j}\\&=\frac{n!}{i!}p_1^i\sum_{j=0}^{n-i}\frac{1}{j!\,(n-i-j)!}p_2^j(1-p_1-p_2)^{n-i-j}\end{aligned}$$

$$= \frac{n!}{i!} p_1^i \frac{(1-p_1)^{n-i}}{(n-i)!} \sum_{j=0}^{n-i} \frac{(n-i)!}{(1-p_1)^{n-i}} \frac{1}{j!\ (n-i-j)!} p_2^j (1-p_1-p_2)^{n-i-j}$$

$$= \frac{n!}{i!} p_1^i \frac{(1-p_1)^{n-i}}{(n-i)!} \sum_{j=0}^{n-i} C_{n-i}^j \frac{p_2^j}{(1-p_1)^j} \frac{(1-p_1-p_2)^{n-i-j}}{(1-p_1)^{n-i-j}}$$

$$= \frac{n!}{i!\ (n-i)!} p_1^i (1-p_1)^{n-i} \sum_{j=0}^{n-i} C_{n-i}^j \left(\frac{p_2}{1-p_1}\right)^j \left(1-\frac{p_2}{1-p_1}\right)^{n-i-j}$$

$$= \frac{n!}{i!\ (n-i)!} p_1^i (1-p_1)^{n-i} \left(\frac{p_2}{1-p_1}+1-\frac{p_2}{1-p_1}\right)^{n-i}$$

$$= \frac{n!}{i!\ (n-i)!} p_1^i (1-p_1)^{n-i}$$

从而,随机变量 $X$ 的边缘分布为

$$P\{X=i\} = \sum_{j=0}^{n-i} P\{X=i,Y=j\} = \frac{n!}{i!\ (n-i)!} p_1^i (1-p_1)^{n-i}, i=0,1,2,\cdots,n$$

也就是说,$X \sim b(n,p_1)$ 。类似地,可以得到随机变量 $Y \sim b(n,p_2)$ 。也就是说,三项分布的一维边缘分布是二项分布。

由联合分布律可以唯一地确定边缘分布律,反之则不然,下面我们举两个例子进行说明。

**例 3.2.4** (1)把三个相同的球等可能地放入编号为 1、2、3 的三个盒子中,记落入第 1 号盒子中的球的个数为随机变量 $X$ ,落入第 2 号盒子中的球的个数为随机变量 $Y$ ,求 $(X,Y)$ 的边缘分布律。

(2)把 3 个白球和 3 个红球等可能地放入编号为 1、2、3 的盒子中,记落入第 1 号盒子中的白球个数为随机变量 $X$ ,落入第 2 号盒子中的红球个数为随机变量 $Y$ ,求 $(X,Y)$ 的联合分布律。

**解**:(1)因为每个球放入每个盒子中都是等可能的,随机变量 $X$ 和 $Y$ 的可能取值分别是 0,1,2,3,第 1 号盒子与第 2 号盒子的地位具有对称性,所以 $X$ 和 $Y$ 具有相同分布 $b(3,\frac{1}{3})$ ,即

$$P\{X=i\} = P\{Y=i\} = C_3^i \left(\frac{1}{3}\right)^i \left(\frac{2}{3}\right)^{3-i}, i=0,1,2,3$$

但是很明显,随机变量 $X$ 和 $Y$ 存在某种此消彼长的联系。要确定二维离散型随机变量 $(X,Y)$ 的联合分布律,需要仔细考察概率 $P\{X=i,Y=j\}$ 。易知事件 $\{X=i,Y=j\}$ 中的取值情况是 $i,j=0,1,2,3$。由乘法公式 $P\{X=i,Y=j\} = P\{X=i\}P\{Y=j \mid X=i\}$ ,其中

$$P\{Y=j \mid X=i\} = C_{3-i}^j \left(\frac{1}{2}\right)^j \left(\frac{1}{2}\right)^{3-i-j}$$

可以求得

$$P\{X=i,Y=j\} = C_3^i \left(\frac{1}{3}\right)^i \left(\frac{2}{3}\right)^{3-i} \cdot C_{3-i}^j \left(\frac{1}{2}\right)^j \left(\frac{1}{2}\right)^{3-i-j}$$

此时需要 $i+j<4$。

若 $i+j \geqslant 4$,则 $P\{X=i,Y=j\} = 0$。

(2)显然,随机变量 $X$ 和 $Y$ 的边缘分布为

$$P\{X=i\} = P\{Y=i\} = C_3^i \left(\frac{1}{3}\right)^i \left(\frac{2}{3}\right)^{3-i}, i=0,1,2,3$$

与(1)不同的是,这里的随机变量 $X$ 和 $Y$ 分别代表落入第 1 号盒子中的白球个数与落入第 2 号盒子中的红球个数,两者没有什么必然联系。二维离散型随机变量 $(X,Y)$ 的联合分布律

$$P\{X=i,Y=j\}=P\{X=i\}P\{Y=j\mid X=i\}$$
$$=C_3^i\left(\frac{1}{3}\right)^i\left(\frac{2}{3}\right)^{3-i}\cdot C_3^j\left(\frac{1}{3}\right)^j\left(\frac{2}{3}\right)^{3-j}=C_3^iC_3^j\left(\frac{1}{3}\right)^{i+j}\left(\frac{2}{3}\right)^{6-i-j},i,j=0,1,2,3$$

在这个例题中,(1)与(2)有完全相同的边缘分布,联合分布却是不相同的。由此可知,由边缘分布律并不能唯一地确定联合分布律。事实上,离散型随机变量 $(X,Y)$ 的联合分布律的确含有比边缘分布更多的内容,也就是随机变量 $X$ 与 $Y$ 之间的关系。因而对单个随机变量 $X$ 与 $Y$ 的研究并不能代替对二维随机变量 $(X,Y)$ 整体的研究。进一步地,已知随机变量 $X$ 与 $Y$ 的边缘分布之后,还必须清楚随机变量 $X$ 与 $Y$ 之间的关系,才能确定联合分布。

### 3.2.3　边缘概率密度函数

特别地,已知二维连续型随机变量 $(X,Y)$ 的联合概率密度函数 $f(x,y)$ 可以求得边缘分布函数 $F_X(x)=P\{X\leqslant x\}=P\{X\leqslant x,Y<+\infty\}=\int_{-\infty}^{x}\int_{-\infty}^{+\infty}f(s,t)\,\mathrm{d}s\mathrm{d}t=\int_{-\infty}^{x}\left[\int_{-\infty}^{+\infty}f(s,t)\,\mathrm{d}t\right]\mathrm{d}s$。这表明:随机变量 $X$ 是连续型随机变量,且其概率密度函数为

$$f_X(x)=F'_X(x)=\int_{-\infty}^{+\infty}f(x,y)\,\mathrm{d}y$$

同理,随机变量 $Y$ 也是连续型随机变量,且其概率密度函数为

$$f_Y(y)=F'_Y(y)=\int_{-\infty}^{+\infty}f(x,y)\,\mathrm{d}x$$

分别称 $f_X(x)$ 和 $f_Y(y)$ 为 $(X,Y)$ 关于 $X$ 和 $Y$ 的**边缘(概率)密度函数**。

**例 3.2.5**　求例 3.1.8 中定义的随机变量 $(X,Y)$ 的边缘概率密度函数 $f_X(x)$ 和 $f_Y(y)$。

**解**:由例 3.1.8 知, $(X,Y)$ 的概率密度函数为

$$f(x,y)=\begin{cases}3, & (x,y)\in D\\0, & \text{其他}\end{cases}$$

因而

$$f_X(x)=\int_{-\infty}^{+\infty}f(x,y)\,\mathrm{d}y=\begin{cases}\int_{x^2}^{\sqrt{x}}3\mathrm{d}y, & 0\leqslant x\leqslant 1\\0, & \text{其他}\end{cases}=\begin{cases}3(\sqrt{x}-x^2), & 0\leqslant x\leqslant 1\\0, & \text{其他}\end{cases}$$

由 $X$ 和 $Y$ 在问题中地位的对称性,将上式中的 $x$ 改成 $y$,即得到 $Y$ 的边缘概率密度函数

$$f_Y(y)=\begin{cases}3(\sqrt{y}-y^2), & 0\leqslant y\leqslant 1\\0, & \text{其他}\end{cases}$$

注意到,在例 3.2.5 中,二维均匀分布随机变量 $(X,Y)$ 的两个边缘分布都不再是均匀分布了。容易得到,服从矩形域 $a\leqslant x\leqslant b$,$c\leqslant y\leqslant d$ 上的均匀分布随机变量 $(X,Y)$ 的两个边缘分布仍为均匀分布,其边缘概率密度函数分别为

$$f_X(x)=\begin{cases}\dfrac{1}{b-a}, & a\leqslant x\leqslant b\\0, & \text{其他}\end{cases}\text{和}f_Y(x)=\begin{cases}\dfrac{1}{d-c}, & c\leqslant y\leqslant d\\0, & \text{其他}\end{cases}$$

**例 3.2.6** 设 $(X,Y) \sim N(\mu_1,\mu_2,\sigma_1^2,\sigma_2^2,\rho)$，试求二维正态分布的两个边缘概率密度 $f_X(x)$ 和 $f_Y(y)$。

**解**：由于 $(X,Y) \sim N(\mu_1,\mu_2,\sigma_1^2,\sigma_2^2,\rho)$，所以

$$f_X(x) = \int_{-\infty}^{+\infty} f(x,y)\,\mathrm{d}y = \int_{-\infty}^{+\infty} \frac{1}{2\pi\sigma_1\sigma_2\sqrt{1-\rho^2}} \mathrm{e}^{-\frac{1}{2(1-\rho^2)}\left[\frac{(x-\mu_1)^2}{\sigma_1^2}-2\rho\frac{(x-\mu_1)(y-\mu_2)}{\sigma_1\sigma_2}+\frac{(y-\mu_2)^2}{\sigma_2^2}\right]}\,\mathrm{d}y$$

通过配方可得

$$\frac{(x-\mu_1)^2}{\sigma_1^2} - 2\rho\frac{(x-\mu_1)(y-\mu_2)}{\sigma_1\sigma_2} + \frac{(y-\mu_2)^2}{\sigma_2^2} = \left(\frac{y-\mu_2}{\sigma_2} - \rho\frac{x-\mu_1}{\sigma_1}\right)^2 + (1-\rho^2)\frac{(x-\mu_1)^2}{\sigma_1^2}$$

于是

$$f_X(x) = \frac{1}{\sqrt{2\pi}\sigma_1}\mathrm{e}^{-\frac{(x-\mu_1)^2}{2\sigma_1^2}} \int_{-\infty}^{+\infty} \frac{1}{\sqrt{2\pi}\sigma_2\sqrt{1-\rho^2}} \mathrm{e}^{-\frac{1}{2(1-\rho^2)}\left(\frac{y-\mu_2}{\sigma_2}-\rho\frac{x-\mu_1}{\sigma_1}\right)^2}\mathrm{d}y$$

令 $t = \frac{1}{\sqrt{1-\rho^2}}\left(\frac{y-\mu_2}{\sigma_2} - \rho\frac{x-\mu_1}{\sigma_1}\right)$，则有

$$f_X(x) = \frac{1}{\sqrt{2\pi}\sigma_1}\mathrm{e}^{-\frac{(x-\mu_1)^2}{2\sigma_1^2}} \int_{-\infty}^{+\infty} \frac{1}{\sqrt{2\pi}}\mathrm{e}^{-\frac{t^2}{2}}\mathrm{d}t = \frac{1}{\sqrt{2\pi}\sigma_1}\mathrm{e}^{-\frac{(x-\mu_1)^2}{2\sigma_1^2}},\ -\infty < x < +\infty$$

同理可得

$$f_Y(y) = \frac{1}{\sqrt{2\pi}\sigma_2}\mathrm{e}^{-\frac{(y-\mu_2)^2}{2\sigma_2^2}},\ -\infty < y < +\infty$$

注：上述结果表明，二维正态随机变量的两个边缘分布都是一维正态分布，且都不依赖于参数 $\rho$，即对给定的 $\mu_1,\mu_2,\sigma_1^2,\sigma_2^2$，不同的 $\rho$ 对应不同的二维正态分布，但它们的边缘分布都是相同的。

**例 3.2.7** 设二维随机变量 $(X,Y)$ 的概率密度函数为 $f(x,y) = \frac{1}{2\pi}\mathrm{e}^{-\frac{1}{2}(x^2+y^2)}(1+x^3y)$，试求关于 $X$ 和关于 $Y$ 的边缘概率密度函数。

**解**：

$$f_X(x) = \int_{-\infty}^{+\infty} f(x,y)\,\mathrm{d}y = \frac{1}{\sqrt{2\pi}}\mathrm{e}^{-\frac{x^2}{2}}$$

$$f_Y(y) = \int_{-\infty}^{+\infty} f(x,y)\,\mathrm{d}x = \frac{1}{\sqrt{2\pi}}\mathrm{e}^{-\frac{y^2}{2}}$$

此例说明，边缘分布均为正态分布的二维随机变量，其联合分布不一定是二维正态分布。

### 3.2.4 随机变量的独立性

在多维随机变量中，各分量的概率分布之间可能会互相影响。之前我们在第 1 章讨论过事件的独立性，其本质在于两个事件发生的概率彼此没有影响。那么，随机变量 $(X_1,X_2,\cdots,X_n)$ 在何种情况下具有"独立性"，即随机变量 $X_1,X_2,\cdots,X_n$ 取值的概率彼此之间没有影响呢？

**定义 3.2.1** 设 $n$ 维随机变量 $(X_1,X_2,\cdots,X_n)$ 的联合分布函数为 $F(x_1,x_2,\cdots,x_n)$，$F_i(x_i)$ 为 $X_i$ 的边缘分布函数，若对于任意 $n$ 个实数 $x_1,x_2,\cdots,x_n$，有

$$F(x_1,x_2,\cdots,x_n)=\prod_{i=1}^{n}F_i(x_i)$$

此时称 $X_1,X_2,\cdots,X_n$ 是**相互独立**的。

对离散型随机变量,若对于任意 $n$ 个实数 $x_1,x_2,\cdots,x_n$ ,有

$$P\{X_1=x_1,X_2=x_2,\cdots,X_n=x_n\}=\prod_{i=1}^{n}P\{X_i=x_i\}$$

则称 $X_1,X_2,\cdots,X_n$ 相互独立。

对连续型随机变量,若对于任意 $n$ 个实数 $x_1,x_2,\cdots,x_n$ ,有

$$f(x_1,x_2,\cdots,x_n)=\prod_{i=1}^{n}f_i(x_i)$$

则称 $X_1,X_2,\cdots,X_n$ 相互独立。

**例 3.2.8**　设 $X$ , $Y$ 为离散型随机变量。它们的分布分别为

$$X\sim\begin{bmatrix}-1 & 0 & 1\\ \frac{1}{4} & \frac{1}{4} & \frac{1}{2}\end{bmatrix},\quad Y\sim\begin{bmatrix}-1 & 0 & 1\\ \frac{5}{12} & \frac{1}{4} & \frac{1}{3}\end{bmatrix}$$

已知 $P\{X<Y\}=0$, $P\{X>Y\}=\frac{1}{4}$ ,求 $(X,Y)$ 的联合分布律,并判断 $X$ , $Y$ 是否独立。

**解**:由 $P\{X<Y\}=0$ 知,

$$P\{X=-1,Y=0\}=P\{X=-1,Y=1\}=P\{X=0,Y=1\}=0$$

再结合边缘分布律及条件 $P\{X>Y\}=\frac{1}{4}$ ,解方程组得 $(X,Y)$ 的联合分布律如下:

| $Y$ \ $X$ | $-1$ | $0$ | $1$ | $p_{\cdot j}$ |
|---|---|---|---|---|
| $-1$ | $\frac{1}{4}$ | $\frac{1}{12}$ | $\frac{1}{12}$ | $\frac{5}{12}$ |
| $0$ | $0$ | $\frac{1}{6}$ | $\frac{1}{12}$ | $\frac{1}{4}$ |
| $1$ | $0$ | $0$ | $\frac{1}{3}$ | $\frac{1}{3}$ |
| $p_{i\cdot}$ | $\frac{1}{4}$ | $\frac{1}{4}$ | $\frac{1}{2}$ | $1$ |

由于 $\frac{1}{6}=P\{X=0,Y=0\}\neq P\{X=0\}\cdot P\{Y=0\}=\frac{1}{4}\times\frac{1}{4}$ ,显然 $X$ 与 $Y$ 不独立。

**例 3.2.9**　设二维随机变量 $(X,Y)$ 的概率密度函数

$$f(x,y)=\begin{cases}4\mathrm{e}^{-2(x+y)}, & 0<x<+\infty,0<y<+\infty\\ 0, & \text{其他}\end{cases}$$

请判断随机变量 $X,Y$ 是否独立。

**解**:容易求得 $X$ 与 $Y$ 的边缘密度分别为:

$$f_X(x)=\begin{cases}2\mathrm{e}^{-2x}, & x>0\\ 0, & \text{其他}\end{cases}\text{和}f_Y(y)=\begin{cases}2\mathrm{e}^{-2y}, & y>0\\ 0, & \text{其他}\end{cases}$$

从而, $f(x,y)=f_X(x)f_Y(y)$ 。因此,随机变量 $X,Y$ 是独立的。

上例中的变量 $X$ 与 $Y$ 称为可分离,它包含两方面的含义,一是指函数 $f(x,y)=f_X(x)f_Y(y)$ ,

二是指 $f(x,y)$ 的非零区域两变量互不影响，即这个非零区域可分解为两个一维区域的乘积。此时两变量是相互独立的。

**例 3.2.10** 设二维随机变量 $(X,Y)$ 的概率密度函数如下所示，判断 $X,Y$ 是否独立。

(1) $f(x,y)=\begin{cases}3x, & 0<x<1,0<y<x\\ 0, & \text{其他}\end{cases}$；

(2) $f(x,y)=\begin{cases}x^2+\dfrac{xy}{3}, & 0<x<1,0<y<2\\ 0, & \text{其他}\end{cases}$。

**解**：(1) 因为 $X$ 与 $Y$ 的取值相互影响，$f(x,y)$ 的非零区域不可分解，所以 $X,Y$ 不独立。

事实上，这里

$$f_X(x)=\begin{cases}3x^2, & 0<x<1\\ 0, & \text{其他}\end{cases},\qquad f_Y(y)=\begin{cases}\dfrac{3}{2}(1-y^2), & 0<y<1\\ 0, & \text{其他}\end{cases}$$

显然 $(x,y)\in\{(x,y)|0<x<1,0<y<x\}$ 时，$f(x,y)\neq f_X(x)\cdot f_Y(y)$。

(2) 由于 $x^2+\dfrac{xy}{3}$ 不能拆分为两个单变量函数的乘积，此时 $X,Y$ 不独立。

事实上，此时

$$f_X(x)=\begin{cases}2x^2+\dfrac{2x}{3}, & 0<x<1\\ 0, & \text{其他}\end{cases},\qquad f_Y(y)=\begin{cases}\dfrac{1}{3}+\dfrac{y}{2}, & 0<y<2\\ 0, & \text{其他}\end{cases}$$

显然 $f(x,y)\neq f_X(x)\cdot f_Y(y)$。

**例 3.2.11** 设二维正态变量 $(X,Y)\sim N(\mu_1,\mu_2,\sigma_1^2,\sigma_2^2,\rho)$，证明：$X$ 与 $Y$ 相互独立的充要条件是参数 $\rho=0$。

**证明**：充分性。若 $\rho=0$，则对任意实数 $x,y$，有

$$\begin{aligned}f(x,y)&=\frac{1}{2\pi\sigma_1\sigma_2}\exp\left\{-\frac{1}{2}\left[\left(\frac{x-\mu_1}{\sigma_1}\right)^2+\left(\frac{y-\mu_2}{\sigma_2}\right)^2\right]\right\}\\&=\frac{1}{\sqrt{2\pi}\sigma_1}\mathrm{e}^{-\frac{(x-\mu_1)^2}{2\sigma_1^2}}\cdot\frac{1}{\sqrt{2\pi}\sigma_2}\mathrm{e}^{-\frac{(y-\mu_2)^2}{2\sigma_2^2}}\\&=f_X(x)\cdot f_Y(y)\end{aligned}$$

故随机变量 $X$ 与 $Y$ 相互独立。

必要性。若随机变量 $X$ 与 $Y$ 相互独立，则对任意实数 $x,y$ 有 $f(x,y)=f_X(x)\cdot f_Y(y)$。特别地，令 $x=\mu_1,y=\mu_2$，得 $f(\mu_1,\mu_2)=f_X(\mu_1)\cdot f_Y(\mu_2)$，即

$$\frac{1}{2\pi\sigma_1\sigma_2\sqrt{1-\rho^2}}=\frac{1}{\sqrt{2\pi}\sigma_1}\cdot\frac{1}{\sqrt{2\pi}\sigma_2}$$

从而 $\sqrt{1-\rho^2}=1$，即 $\rho=0$。

**定理 3.2.1** 如果随机变量 $X$ 与 $Y$ 相互独立，又 $g_1(x)$、$g_2(y)$ 是两个连续或逐段连续的函数(这个条件可放宽到它们是两个博雷尔可测函数)，则 $g_1(X)$ 与 $g_2(Y)$ 亦相互独立。

这个结论在直觉上是显然的。因为随机变量 $X$ 与 $Y$ 的取值是相互独立的，即互相没有牵连，那么它们的函数 $g_1(X)$ 与 $g_2(Y)$ 的取值也是没有牵连的，这就是说它们是独立的。

独立性是随机变量之间的一个特殊性质，是事件之间独立性的推广与抽象。后面我们会

经常遇到相互独立的随机变量,并不断体会到这一性质带来的好处。

## 习题 3.2

1.设二维离散型随机变量 $(X,Y)$ 的可能值为 $(0,0)$,$(-1,1)$,$(-1,2)$ 和 $(1,0)$,且取这些值的概率依次为 $\frac{1}{6}$,$\frac{1}{3}$,$\frac{1}{12}$ 和 $\frac{5}{12}$,试求 $X$ 与 $Y$ 各自的边缘分布律。

2.设随机变量 $X$ 和 $Y$ 相互独立,其联合分布律为

| $X \backslash Y$ | $y_1$ | $y_2$ | $y_3$ |
|---|---|---|---|
| $x_1$ | $a$ | $\frac{1}{9}$ | $c$ |
| $x_2$ | $\frac{1}{9}$ | $b$ | $\frac{1}{3}$ |

试求联合分布律中的 $a,b,c$ 。

3.设随机变量 $X$ 和 $Y$ 独立同分布,且

$$P\{X=-1\}=P\{Y=-1\}=P\{X=1\}=P\{Y=1\}=\frac{1}{2}$$

试求 $P\{X=Y\}$ 。

4.甲、乙两人独立地各进行两次射击,假设甲的命中率为 0.2,乙的命中率为 0.5,以 $X$ 和 $Y$ 分别表示甲和乙的命中次数,试求 $P\{X \leqslant Y\}$ 。

5.设袋中有标记为 1 ~ 4 的四张卡片,从中不放回地抽取两张,$X$ 表示首次抽到的卡片上的数字,$Y$ 表示抽到的两张卡片上数字差的绝对值。求:

(1) $(X,Y)$ 的联合概率分布;

(2) $X$ 和 $Y$ 的边缘分布;

(3) $X$ 和 $Y$ 是否独立。

6.设 $(X,Y)$ 的概率密度函数是 $f(x,y)=\begin{cases} cy(2-x), & 0 \leqslant x \leqslant 1, 0 \leqslant y \leqslant x \\ 0, & \text{其他} \end{cases}$,求:

(1) $c$ 的值;

(2)两个边缘密度。

7.设二维随机变量 $(X,Y)$ 的概率密度函数为 $f(x,y)=\begin{cases} cx^2y, & x^2 \leqslant y \leqslant 1 \\ 0, & \text{其他} \end{cases}$ 。

(1)试确定常数 $c$ ;

(2)求边缘概率密度函数。

8. 设随机变量 $(X,Y)$ 的联合概率密度函数为 $f(x,y)=\begin{cases} 3x, & 0 < x < 1, 0 < y < x \\ 0, & \text{其他} \end{cases}$,试求:

(1)两个边缘概率密度函数;

(2) $X$ 与 $Y$ 是否独立。

9.设二维随机变量 $(X,Y)$ 的联合概率密度函数如下,试判断 $X$ 与 $Y$ 是否独立。

(1) $f(x,y)=\begin{cases} x\mathrm{e}^{-(x+y)}, & x>0,y>0 \\ 0, & \text{其他} \end{cases}$;

(2) $f(x,y)=\dfrac{1}{\pi^2(1+x^2)(1+y^2)}, \ -\infty<x,y<+\infty$;

(3) $f(x,y)=\begin{cases} 2, & 0<x<y<1 \\ 0, & \text{其他} \end{cases}$;

(4) $f(x,y)=\begin{cases} 12xy(1-x), & 0<x<1,0<y<1 \\ 0, & \text{其他} \end{cases}$;

(5) $f(x,y)=\begin{cases} \dfrac{21}{4}x^2y, & x^2<y<1 \\ 0, & \text{其他} \end{cases}$。

## 3.3 条件分布

条件分布是研究随机变量之间相依关系的有力工具。对二维随机变量 $(X,Y)$ 而言,我们可以考虑当变量 $Y$ 满足某种条件时,变量 $X$ 的概率分布。在这里,我们主要考虑在一个变量取某个值的条件下另一个变量的分布。

### 3.3.1 离散型随机变量的条件分布

借助随机事件条件概率的概念,我们引入离散型随机变量的条件分布律。

**例 3.3.1** 投掷一均匀硬币直至正面出现为止,引入随机变量 $X=\{$投掷总次数$\}$,随机变量

$$Y=\begin{cases} 1, & \text{若首次掷出正面} \\ 0, & \text{若首次掷出反面} \end{cases}$$

(1)求随机变量 $X$ 和 $Y$ 的联合分布律及边缘分布律;

(2)求条件概率 $P\{X=1\mid Y=1\}, P\{Y=1\mid X=2\}$。

**解**:(1) $Y$ 的可能取值是 0,1, $X$ 的可能取值是 1,2,3,…, 由题意知

$$P\{X=1,Y=1\}=P\{Y=1\mid X=1\}P\{X=1\}=1\times\frac{1}{2}=\frac{1}{2}$$

$$P\{X=1,Y=0\}=P\{Y=0\mid X=1\}P\{X=1\}=0\times\frac{1}{2}=0$$

若 $k>1$,则

$$P\{X=k,Y=1\}=P\{Y=1\mid X=k\}P\{X=k\}=0\times\frac{1}{2^k}=0$$

$$P\{X=k,Y=0\}=P\{Y=0\mid X=k\}P\{X=k\}=1\times\frac{1}{2^k}=\frac{1}{2^k}$$

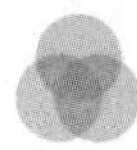

综上，得 $(X,Y)$ 的分布律及边缘分布律如下：

| Y \ X | 1 | 2 | 3 | 4 | … | $p_{\cdot j}$ |
|---|---|---|---|---|---|---|
| 0 | 0 | $\frac{1}{2^2}$ | $\frac{1}{2^3}$ | $\frac{1}{2^4}$ | … | $\frac{1}{2}$ |
| 1 | $\frac{1}{2}$ | 0 | 0 | 0 | … | $\frac{1}{2}$ |
| $p_{i\cdot}$ | $\frac{1}{2}$ | $\frac{1}{2^2}$ | $\frac{1}{2^3}$ | $\frac{1}{2^4}$ | … | |

(2)

$$P\{X=1\mid Y=1\}=\frac{P\{X=1,Y=1\}}{P\{Y=1\}}=\frac{\frac{1}{2}}{\frac{1}{2}}=1$$

$$P\{Y=1\mid X=2\}=\frac{P\{X=2,Y=1\}}{P\{X=2\}}=0$$

注意到，对于二维离散型随机变量 $(X,Y)$，已知随机变量 $(X,Y)$ 的概率分布为

$$P\{X=x_i,Y=y_j\}=p_{ij},i,j=1,2,\cdots$$

而随机变量 $Y$ 的边缘概率分布律为 $P\{Y=y_j\}=\sum_{i=1}^{\infty}p_{ij}=p_{\cdot j},j=1,2,\cdots$。若对某一个 $j,p_{\cdot j}>0$，那么对这个固定的 $j$，可以利用条件概率公式来计算条件概率

$$P\{X=x_i\mid Y=y_j\}=\frac{P\{X=x_i,Y=y_j\}}{P\{Y=y_j\}}=\frac{p_{ij}}{p_{\cdot j}}\triangleq p_{i|j},i=1,2,\cdots \tag{3.3.1}$$

这个概率式中，$j$ 是固定的，对 $i$ 取遍每一个可能的值，从而列出了在 $\{Y=y_j\}$ 的条件下，随机变量 $X$ 每一个(概率不为 0)取值对应的条件概率。易验证这时有：

(1) $p_{i|j}\geqslant 0,i=1,2,\cdots$；

(2) $\sum_{i=1}^{\infty}p_{i|j}=1$。

可见，数列 $\{p_{i|j},i=1,2,\cdots\}$ 具有分布律的性质。它描述了在 $\{Y=y_j\}$ 的条件下，随机变量 $X$ 的统计规律。一般来说，这个分布律与 $X$ 原来的分布律 $p_{i\cdot}$ 不同，因此，称式(3.3.1)为在 $Y=y_j$ 的条件下随机变量 $X$ 的**条件分布律**。

类似地，有在 $X=x_i$ 的条件下随机变量 $Y$ 的条件分布律

$$P\{Y=y_j\mid X=x_i\}=\frac{P\{X=x_i,Y=y_j\}}{P\{X=x_i\}}=\frac{p_{ij}}{p_{i\cdot}}\triangleq p_{j|i},j=1,2,\cdots$$

当离散型随机变量 $X$ 和 $Y$ 相互独立时，$P\{X=x_i,Y=y_j\}=P\{X=x_i\}\cdot P\{Y=y_j\}$，所以有 $p_{i|j}=p_{i\cdot}$，$p_{j|i}=p_{\cdot j}$。

**例 3.3.2**　一射手进行射击，击中目标的概率为 $p(0<p<1)$，射击进行到击中目标两次为止。以 $X$ 表示首次击中目标时所进行的射击次数，以 $Y$ 表示总共进行的射击次数。试求 $X$ 和 $Y$ 的联合分布及条件分布。

**解**：依题意，$\{Y=n\}$ 表示在第 $n$ 次射击时击中目标，且在前 $n-1$ 次射击中有一次击中目标。$\{X=m\}$ 表示首次击中目标时射击了 $m$ 次，不论 $m(m<n)$ 是多少，显然有

$$P\{X=m,Y=n\}=p^2(1-p)^{n-2},\ m=1,2,\cdots,n-1,\ n=2,3,\cdots$$

且 $X \sim Geo(p)$ , $Y \sim Nb(2,p)$ ,即

$$P\{X=m\}=p(1-p)^{m-1},\ m=1,2,\cdots$$

$$P\{Y=n\}=(n-1)p^2(1-p)^{n-2},\ n=2,3,\cdots$$

于是,当 $n=2,3,\cdots$ 时,有

$$P\{X=m \mid Y=n\}=\frac{P\{X=m,Y=n\}}{P\{Y=n\}}=\frac{1}{n-1},m=1,2,\cdots,n-1$$

类似地,当 $m=1,2,\cdots$ 时,可求得

$$P\{Y=n \mid X=m\}=p(1-p)^{n-m-1},\ n=m+1,m+2,\cdots$$

一般地,我们可以讨论对于随机变量 $Y$ 所生成的事件 $A=\{Y=y\}$ ,在 $A$ 发生的条件下随机变量 $X$ 的条件分布函数。在满足 $P\{Y=y\}>0$ 时,可以利用条件概率公式,定义

$$F_{X|Y}(x \mid y) \triangleq P\{X \leqslant x \mid Y=y\}=\frac{P\{X \leqslant x,Y=y\}}{P\{Y=y\}}=\frac{F(x,y)-F(x,y-0)}{F_Y(y)-F_Y(y-0)}$$

称 $F_{X|Y}(x \mid y)$ 为在 $\{Y=y\}$ 的条件下随机变量 $X$ 的**条件概率分布函数**。

同理, $P\{X=x\}>0$ 时,在 $\{X=x\}$ 的条件下随机变量 $Y$ 的**条件概率分布函数**为

$$F_{Y|X}(y \mid x) \triangleq P\{Y \leqslant y \mid X=x\}=\frac{P\{X=x,Y \leqslant y\}}{P\{X=x\}}=\frac{F(x,y)-F(x-0,y)}{F_X(x)-F_X(x-0)}$$

### 3.3.2 连续型随机变量的条件分布

在离散场合,在满足当 $P\{Y=y\}>0$ 时, $\{Y=y\}$ 发生的条件下随机变量 $X$ 的条件概率分布函数为 $P\{X \leqslant x \mid Y=y\}$ 。但是,因为连续型随机变量取某个值时的概率为零,即 $P\{Y=y\}=0$ ,因而无法用条件概率直接计算 $P\{X \leqslant x \mid Y=y\}$ 。很自然地,我们考虑将 $P\{X \leqslant x \mid Y=y\}$ 看作 $\Delta y \to 0$ 时 $P\{X \leqslant x \mid y-\Delta y<Y \leqslant y\}$ 的极限,即

$$\begin{aligned}F_{X|Y}(x \mid y) \triangleq P\{X \leqslant x \mid Y=y\} &= \lim_{\Delta y\to 0}P\{X \leqslant x \mid y-\Delta y<Y \leqslant y\} \\ &= \lim_{\Delta y\to 0}\frac{P\{X \leqslant x,y-\Delta y<Y \leqslant y\}}{P\{y-\Delta y<Y \leqslant y\}} \\ &= \lim_{\Delta y\to 0}\frac{F(x,y)-F(x,y-\Delta y)}{F(+\infty,y)-F(+\infty,y-\Delta y)}\end{aligned}$$

若二维连续型随机变量 $(X,Y)$ 的联合概率密度函数记为 $f(x,y)$ ,边缘概率密度函数分别为 $f_X(x)$ , $f_Y(y)$ ,则上式可以写成

$$F_{X|Y}(x \mid y)=\lim_{\Delta y\to 0}\frac{\int_{y-\Delta y}^{y}\left(\int_{-\infty}^{x}f(u,v)\,\mathrm{d}u\right)\mathrm{d}v}{\int_{y-\Delta y}^{y}\left(\int_{-\infty}^{+\infty}f(u,v)\,\mathrm{d}u\right)\mathrm{d}v}=\lim_{\Delta y\to 0}\frac{\left(\int_{y-\Delta y}^{y}\int_{-\infty}^{x}f(u,v)\,\mathrm{d}u\right)\mathrm{d}v}{\int_{y-\Delta y}^{y}f_Y(v)\,\mathrm{d}v}$$

当 $f_Y(y)$ 在 $y$ 处连续,且 $f_Y(y)\neq 0$ 时,有

$$F_{X|Y}(x \mid y)=\frac{\lim\limits_{\Delta y\to 0}\left[\int_{y-\Delta y}^{y}\left(\int_{-\infty}^{x}f(u,v)\,\mathrm{d}u\right)\mathrm{d}v\cdot\frac{1}{\Delta y}\right]}{\lim\limits_{\Delta y\to 0}\left[\int_{y-\Delta y}^{y}f_Y(v)\,\mathrm{d}v\cdot\frac{1}{\Delta y}\right]}=\frac{\int_{-\infty}^{x}f(u,y)\,\mathrm{d}u}{f_Y(y)}=\int_{-\infty}^{x}\frac{f(u,y)}{f_Y(y)}\mathrm{d}u$$

显然,这时 $F_{X|Y}(x \mid y)$ 关于 $x$ 的导数存在,且有

$$F'_{X|Y}(x \mid y)=\frac{f(x,y)}{f_Y(y)} \triangleq f_{X|Y}(x \mid y)$$

称 $f_{X|Y}(x \mid y)$ 为二维连续型随机变量 $(X,Y)$ 在已知 $\{Y=y\}$ 发生的条件下随机变量 $X$ 的**条件概率密度函数**。

类似地，当 $f_X(x)$ 在 $x$ 处连续，且 $f_X(x) \neq 0$ 时，可以定义二维连续型随机变量 $(X,Y)$ 在已知 $\{X=x\}$ 发生的条件下随机变量 $Y$ 的条件概率分布函数 $F_{Y|X}(y \mid x)$ 及条件概率密度函数 $f_{Y|X}(y \mid x)$

$$F_{Y|X}(y \mid x)=\int_{-\infty}^{y} \frac{f(x,v)}{f_X(x)}\mathrm{d}v$$

$$f_{Y|X}(y \mid x)=\frac{f(x,y)}{f_X(x)}$$

**例 3.3.3**　设二维正态变量 $(X,Y) \sim N(\mu_1,\mu_2,\sigma_1^2,\sigma_2^2,\rho)$，求条件概率密度函数 $f_{X|Y}(x \mid y)$ 和 $f_{Y|X}(y \mid x)$。

**解**：由例 3.2.6 知 $X \sim N(\mu_1,\sigma_1^2)$，$Y \sim N(\mu_2,\sigma_2^2)$。按照条件概率密度函数的定义，有

$$f_{X|Y}(x \mid y)=\frac{f(x,y)}{f_Y(y)}$$

$$=\frac{\dfrac{1}{2\pi\sigma_1\sigma_2\sqrt{1-\rho^2}}\exp\left\{-\dfrac{1}{2(1-\rho^2)}\left[\dfrac{(x-\mu_1)^2}{\sigma_1^2}-2\rho\dfrac{(x-\mu_1)(y-\mu_2)}{\sigma_1\sigma_2}+\dfrac{(y-\mu_2)^2}{\sigma_2^2}\right]\right\}}{\dfrac{1}{\sqrt{2\pi}\sigma_2}\exp\left\{-\dfrac{(y-\mu_2)^2}{2\sigma_2^2}\right\}}$$

$$=\frac{1}{\sqrt{2\pi}\sigma_1\sqrt{1-\rho^2}}\exp\left[-\frac{1}{2(1-\rho^2)}\left(\frac{x-\mu_1}{\sigma_1}-\rho\frac{y-\mu_2}{\sigma_2}\right)^2\right]$$

$$=\frac{1}{\sqrt{2\pi}\sigma_1\sqrt{1-\rho^2}}\exp\left\{-\frac{1}{2\sigma_1^2(1-\rho^2)}\left[x-\left(\mu_1+\frac{\sigma_1}{\sigma_2}\rho(y-\mu_2)\right)\right]^2\right\}$$

也就是说，在 $\{Y=y\}$ 的条件下，随机变量 $X \sim N\left(\mu_1+\dfrac{\sigma_1}{\sigma_2}\rho(y-\mu_2),\sigma_1^2(1-\rho^2)\right)$。对称地，在 $\{X=x\}$ 的条件下，随机变量 $Y \sim N\left(\mu_2+\dfrac{\sigma_2}{\sigma_1}\rho(x-\mu_1),\sigma_2^2(1-\rho^2)\right)$。由此可知二维正态分布的两个条件分布也都是正态分布。

在第 1 章里，我们由事件的条件概率公式可以得到积事件概率的乘法公式、全概率公式和贝叶斯公式。类似地，由连续型随机变量的条件概率密度函数公式，我们可以得到**连续型随机变量的乘法公式、全概率公式和贝叶斯公式**。设连续型随机变量 $X$ 的概率密度函数为 $f_X(x)$，在 $\{X=x\}$ 的条件下连续型随机变量 $Y$ 的条件概率密度函数为 $f_{Y|X}(y \mid x)$，则：

(1) 二维连续型随机变量 $(X,Y)$ 的联合概率密度函数 $f(x,y)=f_X(x)\cdot f_{Y|X}(y \mid x)$；

(2) 连续型随机变量 $Y$ 的概率密度函数为 $f_Y(y)=\int_{-\infty}^{+\infty} f_X(x)\cdot f_{Y|X}(y \mid x)\mathrm{d}x$；

(3) 在 $Y=y$ 的条件下 $X$ 的条件概率密度函数为 $f_{X|Y}(x \mid y)=\dfrac{f_X(x)\cdot f_{Y|X}(y \mid x)}{\int_{-\infty}^{+\infty} f_X(x)\cdot f_{Y|X}(y \mid x)\mathrm{d}x}$。

**例 3.3.4** 在实数区间(0,1)中随机取一个数,记为随机变量 $X$;当 $X$ 取 $x(0 < x < 1)$ 时,随机变量 $Y$ 等可能地在实数区间 $(x,1)$ 中取值。求:(1)$(X,Y)$ 的概率密度函数 $f(x,y)$ ;(2)$Y$ 的概率密度函数。

**解**:(1)由题意,$X\sim U(0,1)$,具有概率密度函数 $f_X(x)=\begin{cases}1,0<x<1\\0,其他\end{cases}$。

对于任意给定的值 $x(0 < x < 1)$,随机变量 $Y\sim U(x,1)$,则在 $X=x(0<x<1)$ 的条件下,$Y$ 的条件概率密度函数为

$$f_{Y|X}(y\mid x)=\begin{cases}\dfrac{1}{1-x}, & x<y<1\\0, & 其他\end{cases}$$

因而随机变量 $X$ 和 $Y$ 的联合密度函数为

$$f(x,y)=f_X(x)f_{Y|X}(y\mid x)=\begin{cases}\dfrac{1}{1-x}, & 0<x<y<1\\0, & 其他\end{cases}$$

(2)$Y$ 的概率密度函数为

$$f_Y(y)=\int_{-\infty}^{+\infty}f(x,y)\,\mathrm{d}x=\begin{cases}\displaystyle\int_0^y\frac{1}{1-x}\mathrm{d}x, & 0<y<1\\0, & 其他\end{cases}=\begin{cases}-\ln(1-y), & 0<y<1\\0, & 其他\end{cases}$$

## 习题 3.3

1.设 $X$ 与 $Y$ 的联合概率分布为:

| $X$ \ $Y$ | $-1$ | 0 | 2 |
|---|---|---|---|
| 0 | 0.1 | 0.2 | 0 |
| 1 | 0.3 | 0.05 | 0.1 |
| 2 | 0.15 | 0 | 0.1 |

(1)求 $Y=0$ 时,$X$ 的条件分布律;

(2)判断 $X$ 与 $Y$ 是否相互独立。

2.已知$(X,Y)$的联合分布律如下:

$$P\{X=1,Y=1\}=P\{X=2,Y=1\}=\frac{1}{8},P\{X=1,Y=2\}=\frac{1}{4},P\{X=2,Y=2\}=\frac{1}{2}$$

试求:

(1)已知 $Y=i\ (i=1,2)$ 的条件下,$X$ 的条件分布律;

(2) $X$ 与 $Y$ 是否独立。

3.设二维连续型随机变量$(X,Y)$的联合概率密度函数为

$$f(x,y)=\begin{cases}3x, & 0<x<1,0<y<x\\ 0, & \text{其他}\end{cases}$$

试求条件概率密度函数$f_{Y|X}(y|x)$。

4.设二维连续型随机变量$(X,Y)$的联合概率密度函数为

$$f(x,y)=\begin{cases}1, & |y|<x,0<x<1\\ 0, & \text{其他}\end{cases}$$

求条件概率密度函数$f_{X|Y}(x|y)$。

5.设二维连续型随机变量$(X,Y)$的联合概率密度函数为

$$f(x,y)=\begin{cases}\dfrac{21}{4}x^2y, & x^2\leqslant y\leqslant 1\\ 0, & \text{其他}\end{cases}$$

求条件概率$P\{Y\geqslant 0.75|X=0.5\}$。

6.已知随机变量$Y$的概率密度函数为$f_Y(y)=\begin{cases}5y^4, & 0<y<1\\ 0, & \text{其他}\end{cases}$,在给定$Y=y$的条件下,随机变量$X$的条件概率密度函数为$f_{X|Y}(x|y)=\begin{cases}\dfrac{3x^2}{y^3}, & 0<x<y<1\\ 0, & \text{其他}\end{cases}$,求概率$P\{X>\dfrac{1}{2}\}$。

## 3.4　多维随机变量函数的分布

在实际应用中,有些随机变量往往是由两个或两个以上随机变量的函数来表示的。设$(X_1,X_2,\cdots,X_n)$为$n$维随机变量,则$(X_1,X_2,\cdots,X_n)$的函数$Y=g(X_1,X_2,\cdots,X_n)$是一维随机变量。如何由已知的$(X_1,X_2,\cdots,X_n)$的联合分布,得出$Y$的分布？这是一类比较常见的问题,处理起来需要一定的技巧。下面我们举例讲述这些方法。

### 3.4.1　多维离散型随机变量函数的分布

设$(X_1,X_2,\cdots,X_n)$是$n$维离散型随机变量,则$Y=g(X_1,X_2,\cdots,X_n)$是一维离散型随机变量,则对$(X_1,X_2,\cdots,X_n)$联合分布律中的每一组取值,都可以计算出$Y$的一个数值,从而合并整理可得$Y$的分布。

**例 3.4.1**　设随机变量$(X,Y)$的概率分布如下:

| $X$ \ $Y$ | −1 | 0 | 1 | 2 |
|---|---|---|---|---|
| −1 | 0.2 | 0.15 | 0.1 | 0.3 |
| 2 | 0.1 | 0 | 0.1 | 0.05 |

求二维随机变量的函数$Z$的分布:(1) $Z=X+Y$;(2) $Z=XY$。

**解**:由$(X,Y)$的概率分布可得:

| $p_{ij}$ | 0.2 | 0.15 | 0.1 | 0.3 | 0.1 | 0.1 | 0.05 |
|---|---|---|---|---|---|---|---|
| $(X,Y)$ | $(-1,-1)$ | $(-1,0)$ | $(-1,1)$ | $(-1,2)$ | $(2,-1)$ | $(2,1)$ | $(2,2)$ |
| $Z=X+Y$ | $-2$ | $-1$ | 0 | 1 | 1 | 3 | 4 |
| $Z=XY$ | 1 | 0 | $-1$ | $-2$ | $-2$ | 2 | 4 |

与一维离散型随机变量函数的分布的求法相同,把 $Z$ 值相同项对应的概率值合并可得:

(1) $Z=X+Y$ 的概率分布为:

| $Z$ | $-2$ | $-1$ | 0 | 1 | 3 | 4 |
|---|---|---|---|---|---|---|
| $p_i$ | 0.2 | 0.15 | 0.1 | 0.4 | 0.1 | 0.05 |

(2) $Z=XY$ 的概率分布为:

| $Z$ | $-2$ | $-1$ | 0 | 1 | 2 | 4 |
|---|---|---|---|---|---|---|
| $p_i$ | 0.4 | 0.1 | 0.15 | 0.2 | 0.1 | 0.05 |

**例 3.4.2(泊松分布的可加性)** 设 $X\sim\pi(\lambda_1)$, $Y\sim\pi(\lambda_2)$,且 $X$ 与 $Y$ 独立,证明 $Z=X+Y\sim\pi(\lambda_1+\lambda_2)$。

**证明**:根据题意,$Z=X+Y$ 的取值为0, 1, 2, …。对于非负整数 $i$,$\{Z=i\}=\{X+Y=i\}$ 可按下列方式将其分解为若干个两两互不相容的事件之和,即

$$\{Z=i\}=\{X+Y=i\}=\bigcup_{k=0}^{i}\{X=k,Y=i-k\}$$

由 $X$ 与 $Y$ 独立得

$$\begin{aligned}P\{Z=i\}&=P\left\{\bigcup_{k=0}^{i}\{X=k,Y=i-k\}\right\}\\&=\sum_{k=0}^{i}P\{X=k,Y=i-k\}\\&=\sum_{k=0}^{i}P\{X=k\}\cdot P\{Y=i-k\}\\&=\sum_{k=0}^{i}\frac{\lambda_1^k e^{-\lambda_1}}{k!}\cdot\frac{\lambda_2^{i-k}e^{-\lambda_2}}{(i-k)!}=\frac{e^{-(\lambda_1+\lambda_2)}}{i!}\sum_{k=0}^{i}\frac{i!}{k!(i-k)!}\lambda_1^k\cdot\lambda_2^{i-k}\\&=\frac{e^{-(\lambda_1+\lambda_2)}}{i!}(\lambda_1+\lambda_2)^i,i=0,1,2,\cdots\end{aligned}$$

即证明了 $Z=X+Y\sim\pi(\lambda_1+\lambda_2)$。

泊松分布的这个性质也可描述为:泊松分布的卷积仍是泊松分布,并记为:

$$\pi(\lambda_1)*\pi(\lambda_2)=\pi(\lambda_1+\lambda_2)$$

这里的卷积可理解为“两个独立随机变量和的分布的运算”。显然这个性质可推广到有限多个独立泊松变量情形,即有

$$\pi(\lambda_1)*\pi(\lambda_2)*\cdots*\pi(\lambda_n)=\pi(\lambda_1+\lambda_2+\cdots+\lambda_n)$$

以后我们称性质“同一分布的独立变量之和的分布仍服从此种分布”为此类分布具有**可加性**。

**例 3.4.3(二项分布的可加性)** 设 $X\sim b(n,p)$, $Y\sim b(m,p)$,且 $X$ 与 $Y$ 独立,证明:$Z=X+Y\sim b(n+m,p)$。

**证明**:根据题意,$Z=X+Y$ 的取值为0, 1, 2, …, $n+m$。对于非负整数 $i$,有

$$P\{Z=i\}=\sum_{k=0}^{i}P\{X=k,Y=i-k\}$$

上式中的部分事件是不可能事件,记

$$s=\max\{0,i-m\}\ ,\ t=\min\{n,i\}$$

由 $X$ 与 $Y$ 独立得

$$\begin{aligned}P\{Z=i\} &= \sum_{k=s}^{t}P\{X=k\}\cdot P\{Y=i-k\}\\ &= \sum_{k=s}^{t}\binom{n}{k}p^{k}(1-p)^{n-k}\cdot\binom{m}{i-k}p^{i-k}(1-p)^{m-(i-k)}\\ &= p^{i}(1-p)^{n+m-i}\sum_{k=s}^{t}\binom{n}{k}\binom{m}{i-k}\\ &= \binom{n+m}{i}p^{i}(1-p)^{n+m-i},\quad i=0,1,2,\cdots,n+m\end{aligned}$$

即证明了 $Z=X+Y\sim b(n+m,p)$ 。

在参数 $p$ 相同的条件下,二项分布满足可加性。这个性质同样可以推广到有限个独立变量和的情形,即

$$b(n_1,p)*b(n_2,p)*\cdots*b(n_k,p)=b(n_1+n_2+\cdots+n_k,p)$$

特别地,当 $n_1=n_2=\cdots=n_k=1$ 时,有

$$b(1,p)*b(1,p)*\cdots*b(1,p)=b(k,p)$$

这表明,服从二项分布 $b(k,p)$ 的随机变量可以分解为 $k$ 个独立 0 - 1 分布随机变量之和。

**例 3.4.4**　设 $X,Y$ 是相互独立的泊松随机变量,参数分别为 $\lambda_1$, $\lambda_2$,求在 $X+Y=n$ 的条件下 $X$ 的条件分布。

**解:**

$$\begin{aligned}P\{X=k\mid X+Y=n\} &= \frac{P\{X=k,X+Y=n\}}{P\{X+Y=n\}}\\ &= \frac{P\{X=k,Y=n-k\}}{P\{X+Y=n\}}\xlongequal{\text{独立性}}\frac{P\{X=k\}P\{Y=n-k\}}{P\{X+Y=n\}}\\ &= \frac{\lambda_1^{k}e^{-\lambda_1}}{k!}\cdot\frac{\lambda_2^{n-k}e^{-\lambda_2}}{(n-k)!}\left[\frac{(\lambda_1+\lambda_2)^{n}e^{-(\lambda_1+\lambda_2)}}{n!}\right]^{-1}\\ &= \frac{n!}{(n-k)!\ k!}\frac{\lambda_1^{k}\lambda_2^{n-k}}{(\lambda_1+\lambda_2)^{n}}\\ &= C_n^k\left(\frac{\lambda_1}{\lambda_1+\lambda_2}\right)^{k}\left(\frac{\lambda_2}{\lambda_1+\lambda_2}\right)^{n-k}\end{aligned}$$

这就是说,在 $X+Y=n$ 的条件下, $X$ 的条件分布是以 $\left(n,\ \dfrac{\lambda_1}{\lambda_1+\lambda_2}\right)$ 为参数的二项分布。这是泊松分布与二项分布的又一个有趣的关联。

**例 3.4.5(负二项分布的可加性)**　设随机变量 $X$ 和 $Y$ 相互独立,并且都服从负二项分布 $X\sim Nb(r_1,p)$ , $Y\sim Nb(r_2,p)$ ,求 $Z=X+Y$ 的分布。

**解:**

$$P\{X=k\}=C_{k-1}^{r_1-1}p^{r_1}(1-p)^{k-r_1},\ k=r_1,\ r_1+1,\ r_1+2,\ \cdots$$

$$P\{Y=k\}=C_{k-1}^{r_2-1}p^{r_2}(1-p)^{k-r_2},\ k=r_2,\ r_2+1,\ r_2+2,\ \cdots$$

考虑到 $Z=X+Y$,且 $X$ 和 $Y$ 相互独立,所以对于 $k=r_1+r_2,\ r_1+r_2+1,\ r_1+r_2+2,\ \cdots$ 有

$$P\{Z=k\}=\sum_{i=r_1}^{k-r_2}P\{X=i\}P\{Y=k-i\}$$

从而

$$\begin{aligned}P\{Z=k\}&=\sum_{i=r_1}^{k-r_2}C_{i-1}^{r_1-1}p^{r_1}(1-p)^{i-r_1}C_{k-i-1}^{r_2-1}p^{r_2}(1-p)^{k-i-r_2}\\&=p^{r_1+r_2}(1-p)^{k-r_1-r_2}\sum_{i=r_1}^{k-r_2}C_{i-1}^{r_1-1}C_{k-i-1}^{r_2-1}\end{aligned}$$

其中

$$\sum_{i=r_1}^{k-r_2}C_{i-1}^{r_1-1}C_{k-i-1}^{r_2-1}=C_{k-1}^{r_1+r_2-1}$$

因此

$$P\{Z=k\}=C_{k-1}^{r_1+r_2-1}p^{r_1+r_2}(1-p)^{k-r_1-r_2},\ k=r_1+r_2,\ r_1+r_2+1,\ r_1+r_2+2,\ \cdots$$

因而 $Z=X+Y\sim Nb(r_1+r_2,p)$ 。

在参数 $p$ 相同的条件下,负二项分布满足可加性。这个性质同样也可以推广到有限个独立变量和的情形,即

$$Nb(r_1,p)*Nb(r_2,p)*\cdots*Nb(r_k,p)=Nb(r_1+r_2+\cdots+r_k,p)$$

特别地,当 $r_1=r_2=\cdots=r_k=1$ 时

$$Nb(1,p)*Nb(1,p)*\cdots*Nb(1,p)=Nb(k,p)$$

这表明,服从负二项分布 $Nb(k,p)$ 的随机变量可以分解为 $k$ 个独立几何分布随机变量之和。

### 3.4.2 最值函数的分布

若二维随机变量 $(X,Y)$ 的联合分布函数 $F(x,y)$ 已知,考虑随机变量的函数 $M=\max(X,Y)$ 和 $N=\min(X,Y)$ 。

由于 $\{M=\max(X,Y)\leqslant z\}$ 等价于 $\{X\leqslant z$ 且 $Y\leqslant z\}$ ,故有 $M$ 的分布函数为

$$F_M(z)=P\{M\leqslant z\}=P\{X\leqslant z,Y\leqslant z\}=F(z,z)$$

类似地,随机变量 $N=\min(X,Y)$ 的分布函数

$$\begin{aligned}F_N(z)&=P\{N\leqslant z\}\\&=P(\{X\leqslant z\}\cup\{Y\leqslant z\})\\&=P\{X\leqslant z\}+P\{Y\leqslant z\}-P\{X\leqslant z,Y\leqslant z\}\\&=F_X(z)+F_Y(z)-F(z,z)\end{aligned}$$

如果随机变量 $X$ 和 $Y$ 相互独立,分布函数分别为 $F_X(x)$ 和 $F_Y(y)$,则 $M=\max(X,Y)$ 和 $N=\min(X,Y)$ 的分布函数

$$F_M(z)=P\{M\leqslant z\}=P\{X\leqslant z\}\cdot P\{Y\leqslant z\}=F_X(z)\cdot F_Y(z)$$

$$F_N(z)=F_X(z)+F_Y(z)-F(z,z)=F_X(z)+F_Y(z)-F_X(z)\cdot F_Y(z)$$

在此条件下, $N=\min(X,Y)$ 的分布函数还可以有另一种解法

$$\begin{aligned}F_N(z)&=P\{N\leqslant z\}=1-P\{N>z\}\\&=1-P\{X>z,Y>z\}\end{aligned}$$

$$= 1 - P\{X > z\} \cdot P\{Y > z\}$$
$$= 1 - [1 - F_X(z)][1 - F_Y(z)]$$

对于 $n$ 个相互独立的随机变量 $X_1, X_2, \cdots, X_n$，也有类似的结论：设 $X_1, X_2, \cdots, X_n$ 的边缘分布函数分别为 $F_{X_1}(x_1)$，$F_{X_2}(x_2)$，$\cdots$，$F_{X_n}(x_n)$，对于 $M = \max\limits_i\{X_i\}$，相应的分布函数 $F_M(z) = \prod\limits_{i=1}^{n} F_{X_i}(z)$；$N = \min\limits_i\{X_i\}$ 的分布函数 $F_N(z) = 1 - \prod\limits_{i=1}^{n}[1 - F_{X_i}(z)]$。

**例 3.4.6**　一电子仪器由 4 个相同的部件连接而成，以 $X_i(i=1, 2, 3, 4)$ 分别表示 4 个部件的失效时间（单位：h），已知 $X_i(i=1, 2, 3, 4)$ 服从指数分布 $Exp(0.0015)$，则

(1)若 4 个部件是串联而成的，求该电子仪器失效时间的分布；

(2)若 4 个部件是并联而成的，求该电子仪器失效时间的分布。

**解**：$X_i(i=1, 2, 3, 4)$ 的分布函数为

$$F_{X_i}(x) = \begin{cases} 1 - e^{-0.0015x}, & x > 0 \\ 0, & x \leqslant 0 \end{cases}$$

(1)由于当 4 个部件中有一个失效时，该电子仪器便失效，所以该电子仪器的失效时间为 $Y = \min\{X_1, X_2, X_3, X_4\}$。$Y$ 的分布函数为

$$F_Y(y) = 1 - \prod_{i=1}^{4}[1 - F_{X_i}(y)] = \begin{cases} 1 - e^{-0.006y}, & y > 0 \\ 0, & y \leqslant 0 \end{cases}$$

即 $Y \sim Exp(0.006)$。

(2)由于当且仅当 4 个部件都失效时，该电子仪器才失效，所以该电子仪器的失效时间为 $Z = \max\{X_1, X_2, X_3, X_4\}$，$Z$ 的分布函数为

$$F_Z(z) = \prod_{i=1}^{4} F_{X_i}(z) = \begin{cases} \prod\limits_{i=1}^{4}(1 - e^{-0.0015z}), & z > 0 \\ 0, & z \leqslant 0 \end{cases}$$

由例 3.4.6 可以看出，若 $X_1, X_2, \cdots, X_n$ 独立，且分别服从参数为 $\lambda_i$ 的指数分布，则 $\max\{X_i\}$ 不再服从指数分布，而 $\min\{X_i\}$ 仍服从指数分布，其参数为 $\sum\limits_{i=1}^{n}\lambda_i$。

## 3.4.3　多维连续型随机变量函数的分布

一般地，连续型随机变量的函数不一定是连续型随机变量，但本节主要讨论连续型随机变量的函数还是连续型随机变量的情形，此时我们不仅希望求出随机变量函数的分布函数，还希望求出其概率密度函数。

### 3.4.3.1　分布函数法

如果已知 $(X,Y)$ 的联合概率密度函数为 $f(x,y)$，则 $Z = g(X,Y)$ 的分布函数

$$F_Z(z) = P\{Z \leqslant z\} = P\{g(X,Y) \leqslant z\} = \iint\limits_{g(x,y) \leqslant z} f(x,y)\,dx\,dy$$

再对 $F_Z(z)$ 求导，就可以得到随机变量 $Z$ 的概率密度函数 $f_Z(z)$。

**例 3.4.7**　设随机变量 $X$ 与 $Y$ 相互独立，且都服从 $(0,1)$ 上的均匀分布，试求 $Z = |X - Y|$ 的分布函数与概率密度函数。

**解**:先求 $Z$ 的分布函数,如图 3.4.1 所示。

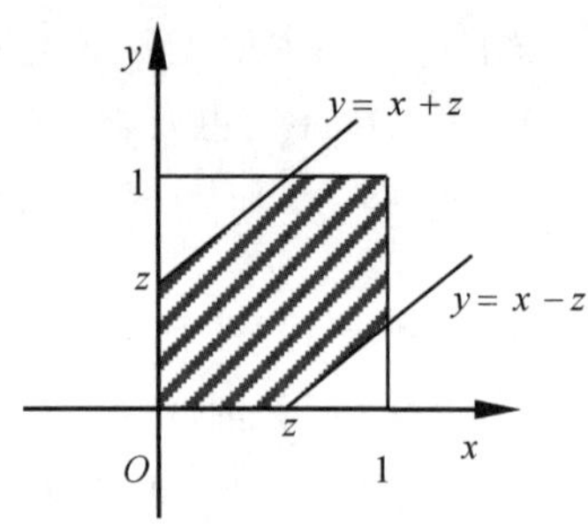


图 3.4.1　例 3.4.7 中区域示意图

$$F_Z(x) = P\{|X - Y| \leqslant z\} = \begin{cases} 0, & z \leqslant 0 \\ P\{-z \leqslant X - Y \leqslant z\}, & 0 < z < 1 \\ 1, & z \geqslant 1 \end{cases}$$

$$= \begin{cases} 0, & z \leqslant 0 \\ 1 - (1 - z)^2, & 0 < z < 1 \\ 1, & z \geqslant 1 \end{cases}$$

于是, $Z =| X - Y|$ 的概率密度函数为

$$f_Z(z) = F'_Z(z) = \begin{cases} 2(1 - z), & 0 < z < 1 \\ 0, & 其他 \end{cases}$$

**例 3.4.8**　设 $(X,Y)$ 是一个二维连续型随机变量,联合概率密度函数为 $f(x,y)$ ,求 $Z = X + Y$ 的概率密度函数 $f_Z(z)$ 。

**解**:先求 $Z$ 的分布函数

$$F_Z(z) = P\{Z \leqslant z\} = P\{X + Y \leqslant z\} = \iint\limits_{x+y\leqslant z} f(x,y)\,\mathrm{d}x\mathrm{d}y = \int_{-\infty}^{+\infty}\left(\int_{-\infty}^{z-x} f(x,y)\,\mathrm{d}y\right)\mathrm{d}x$$

对积分做变量代换 $y = u - x$ ,则 $\int_{-\infty}^{z-x} f(x,y)\,\mathrm{d}y = \int_{-\infty}^{z} f(x,u - x)\,\mathrm{d}u$ 。所以

$$F_Z(z) = \int_{-\infty}^{+\infty}\left(\int_{-\infty}^{z} f(x,u - x)\,\mathrm{d}u\right)\mathrm{d}x = \int_{-\infty}^{z}\left(\int_{-\infty}^{+\infty} f(x,u - x)\,\mathrm{d}x\right)\mathrm{d}u$$

于是,概率密度函数为

$$f_Z(z) = F'_Z(z) = \int_{-\infty}^{+\infty} f(x,z - x)\,\mathrm{d}x$$

如果换一种积分方式和变量代换方式,也可以得到

$$f_Z(z) = \int_{-\infty}^{+\infty} f(z - y,y)\,\mathrm{d}y$$

即

$$f_{X+Y}(z) = \int_{-\infty}^{+\infty} f(x,z - x)\,\mathrm{d}x = \int_{-\infty}^{+\infty} f(z - y,y)\,\mathrm{d}y$$

#### 3.4.3.2　卷积公式法

由例 3.4.8,设二维随机变量 $(X,Y)$ 的概率密度函数为 $f(x,y)$ ，关于 $X,Y$ 的边缘密度分别为 $f_X(x)$ ,$f_Y(y)$ 。当随机变量 $X$ 和 $Y$ 独立时, $Z = X + Y$ 的概率密度函数

$$f_{X+Y}(z) = \int_{-\infty}^{\infty} f_X(z - y)f_Y(y)\,\mathrm{d}y = \int_{-\infty}^{\infty} f_X(x)f_Y(z - x)\,\mathrm{d}x \triangleq f_X(x) * f_Y(y)$$

**例 3.4.9**　设 $X$ 和 $Y$ 是两个相互独立的随机变量，其概率密度函数分别为 $f_X(x)=\begin{cases}1, 0\leqslant x\leqslant 1\\0, 其他\end{cases}$ 和 $f_Y(y)=\begin{cases}e^{-y}, & y>0\\0, & y\leqslant 0\end{cases}$。求 $Z=X+Y$ 的概率密度函数。

**解**：由卷积公式，$Z$ 的概率密度函数为

$$f_Z(z)=\int_{-\infty}^{+\infty}f_X(x)f_Y(z-x)\,\mathrm{d}x$$

另知，仅当 $\begin{cases}0\leqslant x\leqslant 1\\z-x>0\end{cases}$，即$\begin{cases}0\leqslant x\leqslant 1\\x<z\end{cases}$ 时，$f_X(x)f_Y(z-x)>0$。将上述 $x$ 与 $z$ 的关系描绘在 $xOz$ 平面上便是如图 3.4.2 所示的阴影部分。

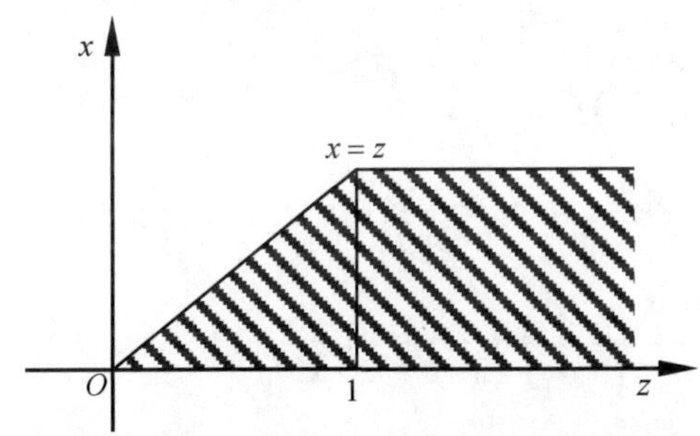


图 3.4.2　例 3.4.9 中变量的取值区域

(1) $z<0$ 时，$f_Z(z)=0$；

(2) $0\leqslant z<1$ 时，$f_Z(z)=\int_0^z e^{-(z-x)}\mathrm{d}x=1-e^{-z}$；

(3) $z\geqslant 1$ 时，$f_Z(z)=\int_0^1 e^{-(z-x)}\mathrm{d}x=(e-1)e^{-z}$。

综上所述，得

$$f_Z(z)=\begin{cases}0, & z<0\\1-e^{-z}, & 0\leqslant z<1\\(e-1)e^{-z}, & z\geqslant 1\end{cases}$$

**例 3.4.10(正态分布的可加性)**　设 $X$ 和 $Y$ 是两个相互独立的随机变量，它们都服从 $N(0,1)$ 分布，求 $Z=X+Y$ 的概率密度函数。

**解**：结合 $X$ 和 $Y$ 的独立性，由卷积公式得

$$\begin{aligned}f_Z(z)&=\int_{-\infty}^{+\infty}f_X(x)f_Y(z-x)\,\mathrm{d}x\\&=\frac{1}{2\pi}\int_{-\infty}^{+\infty}e^{-\frac{x^2}{2}}\cdot e^{-\frac{(z-x)^2}{2}}\mathrm{d}x=\frac{1}{2\pi}e^{-\frac{z^2}{4}}\int_{-\infty}^{+\infty}e^{-(x-\frac{z}{2})^2}\mathrm{d}x\\&\xlongequal{t=x-z/2}\frac{1}{2\pi}e^{-\frac{z^2}{4}}\int_{-\infty}^{+\infty}e^{-t^2}\mathrm{d}t=\frac{1}{2\sqrt{\pi}}e^{-\frac{z^2}{4}}\end{aligned}$$

即 $Z\sim N(0,2)$。

进一步可以证明，若随机变量 $X\sim N(\mu_1,\sigma_1^2)$，$Y\sim N(\mu_2,\sigma_2^2)$，且 $X$ 和 $Y$ 相互独立，则 $Z=X+Y\sim N(\mu_1+\mu_2,\sigma_1^2+\sigma_2^2)$。更一般地，有限个相互独立的正态随机变量的线性组合仍然服从正态分布：$X_i\sim N(\mu_i,\sigma_i^2)(i=1, 2, \cdots, n)$ 且它们相互独立，则对任意不全为零的常数 $a_1, a_2, \cdots, a_n$，有

$$\sum_{i=1}^{n} a_i X_i \sim N\left(\sum_{i=1}^{n} a_i \mu_i, \sum_{i=1}^{n} a_i^2 \sigma_i^2\right)$$

**例 3.4.11(伽马分布的可加性)** 设随机变量 $X_1, X_2$ 相互独立,且 $X_1 \sim Ga(\alpha_1, \beta)$ , $X_2 \sim Ga(\alpha_2, \beta)$ , $X_1$、$X_2$ 的概率密度函数分别为

$$f_{X_1}(x) = \begin{cases} \dfrac{\beta^{\alpha_1}}{\Gamma(\alpha_1)} x^{\alpha_1 - 1} \mathrm{e}^{-\beta x}, & x > 0 \\ 0, & \text{其他} \end{cases} \text{和} f_{X_2}(y) = \begin{cases} \dfrac{\beta^{\alpha_2}}{\Gamma(\alpha_2)} y^{\alpha_2 - 1} \mathrm{e}^{-\beta y}, & y > 0 \\ 0, & \text{其他} \end{cases}$$

试证明 $X_1 + X_2 \sim Ga(\alpha_1 + \alpha_2, \beta)$ 。

**证明**:由卷积公式知,当 $z \leqslant 0$ 时, $Z = X_1 + X_2$ 的概率密度函数 $f_Z(z) = 0$。当 $z > 0$ 时, $Z = X_1 + X_2$ 的概率密度函数

$$\begin{aligned} f_Z(z) &= \int_{-\infty}^{+\infty} f_{X_1}(x) f_{X_2}(z - x) \mathrm{d}x \\ &= \int_0^z \frac{\beta^{\alpha_1}}{\Gamma(\alpha_1)} x^{\alpha_1 - 1} \mathrm{e}^{-\beta x} \frac{\beta^{\alpha_2}}{\Gamma(\alpha_2)} \cdot (z - x)^{\alpha_2 - 1} \mathrm{e}^{-\beta(z - x)} \mathrm{d}x \\ &= \frac{\beta^{\alpha_1 + \alpha_2} \mathrm{e}^{-\beta z}}{\Gamma(\alpha_1)\Gamma(\alpha_2)} \int_0^z x^{\alpha_1 - 1} \cdot (z - x)^{\alpha_2 - 1} \mathrm{d}x \\ &\xlongequal{x = zt} \frac{\beta^{\alpha_1 + \alpha_2} \mathrm{e}^{-\beta z} z^{\alpha_1 + \alpha_2 - 1}}{\Gamma(\alpha_1)\Gamma(\alpha_2)} \int_0^1 t^{\alpha_1 - 1} (1 - t)^{\alpha_2 - 1} \mathrm{d}t \\ &\triangleq A \mathrm{e}^{-\beta z} z^{\alpha_1 + \alpha_2 - 1} \end{aligned}$$

其中 $A = \dfrac{\beta^{\alpha_1 + \alpha_2}}{\Gamma(\alpha_1)\Gamma(\alpha_2)} \displaystyle\int_0^1 t^{\alpha_1 - 1} (1 - t)^{\alpha_2 - 1} \mathrm{d}t$ ,再来计算 $A$ 。

由概率密度函数性质和伽马函数的定义,有

$$1 = \int_0^{+\infty} f_Z(z) \mathrm{d}z = \frac{A}{\beta^{\alpha_1 + \alpha_2}} \int_0^{+\infty} (\beta z)^{\alpha_1 + \alpha_2 - 1} \mathrm{e}^{-\beta z} \mathrm{d}(\beta z) = \frac{A}{\beta^{\alpha_1 + \alpha_2}} \Gamma(\alpha_1 + \alpha_2)$$

即有 $A = \dfrac{\beta^{\alpha_1 + \alpha_2}}{\Gamma(\alpha_1 + \alpha_2)}$ 。于是

$$f_Z(z) = \begin{cases} \dfrac{\beta^{\alpha_1 + \alpha_2}}{\Gamma(\alpha_1 + \alpha_2)} z^{\alpha_1 + \alpha_2 - 1} \mathrm{e}^{-\beta z}, & z > 0 \\ 0, & \text{其他} \end{cases}$$

亦即 $Z = X_1 + X_2 \sim Ga(\alpha_1 + \alpha_2, \beta)$ 。

这个例子可以被很容易地推广,得到 $n$ 个独立的伽马分布随机变量关于第一个参数 $\alpha$ 的参数可加性。又因为指数分布是伽马分布中 $\alpha = 1$ 的一个特例,从而保证了 $n$ 个独立同分布的指数分布随机变量的和服从伽马分布。也就是说, $\alpha$ 为正整数时,参数为 $(\alpha, \beta)$ 的伽马分布即等价于 $\alpha$ 个独立同分布的指数分布随机变量和的分布。所以服从 $Ga(\alpha, \beta)$ 的随机变量可以刻画频率固定的独立事件发生 $\alpha$ 次需要的等待时间,参数 $\beta$ 就对应着独立事件发生的时间频率:这使得伽马分布成为概率论与数理统计学中应用广泛的连续概率分布。

$\chi^2$ 分布作为伽马分布的特例,也具有可加性。一般地,如果 $X_1, X_2, \cdots, X_n$ 是 $n$ 个相互独立的随机变量,且都服从 $N(0,1)$ ,则每个 $X_i^2 (1 \leqslant i \leqslant n)$ 都服从 $\chi^2(1)$ 分布,并且它们仍然是相互独立的。这时

$$Y = \sum_{i=1}^{n} X_i^2 \sim \chi^2(n)$$

也就是说，$n$ 个相互独立的标准正态分布随机变量的平方和是一个参数为 $n$ 的 $\chi^2$ 分布的随机变量：从这个角度来理解 $\chi^2$ 分布的话，参数 $n$ 就代表平方和中独立的标准正态分布随机变量的个数。所以，参数 $n$ 也叫作 $\chi^2(n)$ 分布的**自由度**。

### 3.4.3.3　变量变换法

**定理 3.4.1**　设函数 $y_1 = g_1(x_1,x_2)$，$y_2 = g_2(x_1,x_2)$ 同时满足下列四个条件：

(1) $y_1 = g_1(x_1,x_2)$，$y_2 = g_2(x_1,x_2)$ 是 $\mathbb{R}^2$ 到 $\mathbb{R}^2$ 的一一映射，即存在定义在该变换的值域上的逆变换：$x_1 = h_1(y_1,y_2)$，$x_2 = h_2(y_1,y_2)$；

(2) 变换和它们的逆都是连续的；

(3) 偏导数 $\dfrac{\partial h_i}{\partial y_j}(i = 1,2,j = 1,2)$ 存在且连续；

(4) 逆变换的雅可比行列式 $J(y_1,y_2) = \begin{vmatrix} \dfrac{\partial h_1}{\partial y_1} & \dfrac{\partial h_1}{\partial y_2} \\ \dfrac{\partial h_2}{\partial y_1} & \dfrac{\partial h_2}{\partial y_2} \end{vmatrix} \neq 0$。

那么，对于具有概率密度函数 $f(x_1,x_2)$ 的连续型随机向量 $(X_1,X_2)$，由函数关系 $Y_1 = g_1(X_1,X_2)$，$Y_2 = g_2(X_1,X_2)$ 定义的随机向量 $(Y_1,Y_2)$ 也是连续型的随机向量，且具有联合密度函数

$$w(y_1,y_2) = |J|\, f(h_1(y_1,y_2),h_2(y_1,y_2))$$

**例 3.4.12**　设 $(X_1,X_2)$ 的概率密度函数为 $f(x_1,x_2)$。令 $Y_1 = X_1 + X_2$，$Y_2 = X_1 - X_2$，试求 $Y_1$ 和 $Y_2$ 的联合概率密度函数。

**解**：令 $y_1 = x_1 + x_2$，$y_2 = x_1 - x_2$，则逆变换为 $x_1 = \dfrac{y_1 + y_2}{2}$，$x_2 = \dfrac{y_1 - y_2}{2}$，有

$$J(y_1,y_2) = \begin{vmatrix} \dfrac{1}{2} & \dfrac{1}{2} \\ \dfrac{1}{2} & -\dfrac{1}{2} \end{vmatrix} = -\frac{1}{2} \neq 0$$

由定理 3.4.1，$Y_1$ 和 $Y_2$ 的联合概率密度函数为

$$w(y_1,y_2) = \frac{1}{2} f\left(\frac{y_1 + y_2}{2},\frac{y_1 - y_2}{2}\right)$$

有时候，为了求二维连续型随机变量 $(X_1,X_2)$ 的函数 $Y_1 = g(X_1,X_2)$ 的概率密度函数，可以增补一个新的随机变量 $Y_2 = h(X_1,X_2)$，一般令 $Y_2 = X_1$ 或 $Y_2 = X_2$，先用变量变换法求出 $(Y_1,Y_2)$ 的联合概率密度函数，再由联合概率密度函数求 $Y_1$ 的边缘概率密度函数。

**例 3.4.13**　设 $X$ 和 $Y$ 的联合概率密度函数为 $f(x,y) = \begin{cases} e^{-(x+y)}, & x > 0,y > 0 \\ 0, & \text{其他} \end{cases}$，利用变量变换法求随机变量 $Z = Y - X$ 的概率密度函数。

**解**：补充变量 $V = y$，可得 $\begin{cases} z = y - x \\ v = y \end{cases}$ 有反函数 $\begin{cases} x = v - z \\ y = v \end{cases}$，且

$$J = \begin{vmatrix} x'_z & x'_v \\ y'_z & y'_v \end{vmatrix} = \begin{vmatrix} -1 & 1 \\ 0 & 1 \end{vmatrix} = -1$$

由定理 3.4.1 知，$(Z,V)$ 的联合概率密度函数 $g(z,v)$ 为

$$g(z,v)=|J|f(v-z,v)=\begin{cases}e^{-(v-z+v)}, & v-z>0,v>0\\0, & \text{其他}\end{cases}$$

从而 $Z$ 的边缘密度函数为

$$f_Z(z)=\int_{-\infty}^{+\infty}g(z,v)\,dv=\begin{cases}\int_0^{+\infty}e^{-2v+z}dv, & z\leqslant 0\\\int_z^{+\infty}e^{-2v+z}dv, & z>0\end{cases}=\begin{cases}\frac{1}{2}e^{z}, & z\leqslant 0\\\frac{1}{2}e^{-z}, & z>0\end{cases}$$

## 习题 3.4

1.设二维随机变量 $(X,Y)$ 的联合分布律为

| X \ Y | 1 | 2 | 3 |
|---|---|---|---|
| 0 | 0.05 | 0.15 | 0.20 |
| 1 | 0.07 | 0.11 | 0.22 |
| 2 | 0.01 | 0.07 | 0.09 |

分别求 $U=\max\{X,Y\}$ 和 $V=\min\{X,Y\}$ 的分布律。

2. 设 $X$ 和 $Y$ 是相互独立的随机变量，且 $X\sim Exp(\lambda)$，$Y\sim Exp(\mu)$。如果定义随机变量 $Z$ 如下

$$Z=\begin{cases}1, & X\leqslant Y\\0, & X>Y\end{cases}$$

求 $Z$ 的分布律。

3.设随机变量 $X$ 和 $Y$ 的分布律分别为

| $X$ | $-1$ | $0$ | $1$ |
|---|---|---|---|
| $P$ | $\frac{1}{4}$ | $\frac{1}{2}$ | $\frac{1}{4}$ |

| $Y$ | $0$ | $1$ |
|---|---|---|
| $P$ | $\frac{1}{2}$ | $\frac{1}{2}$ |

已知 $P\{XY=0\}=1$，试求 $Z=\max\{X,Y\}$ 的分布律。

4.设 $X$ 和 $Y$ 为两个随机变量，且 $P\{X\geqslant 0,Y\geqslant 0\}=\frac{3}{7}$，$P\{X\geqslant 0\}=P\{Y\geqslant 0\}=\frac{4}{7}$，试求：$P\{\max\{X,Y\}\geqslant 0\}$。

5.设 $X$ 与 $Y$ 的联合概率密度函数为

$$f(x,y)=\begin{cases}e^{-(x+y)}, & x>0,y>0\\0, & \text{其他}\end{cases}$$

试求以下随机变量的概率密度函数：(1) $Z=(X+Y)/2$；(2) $Z=Y-X$。

6.设 $(X,Y)$ 的联合概率密度函数为

$$f(x,y)=\begin{cases}3x, & 0<x<1,0<y<x\\0, & 其他\end{cases}$$

试求：$Z=X-Y$ 的概率密度函数。

7.设随机变量 $X$ 与 $Y$ 相互独立，试在以下情况下求 $Z=X+Y$ 的概率密度函数：

(1) $X\sim U(0,1)$，$Y\sim U(0,1)$；

(2) $X\sim U(0,1)$，$Y\sim Exp(1)$。

8.设某一个设备装有 3 个同类的电气元件，各元件工作相互独立，且工作时间都服从参数为 $\lambda$ 的指数分布。当 3 个元件都正常工作时，设备才正常工作。试求设备正常工作时间 $T$ 的概率分布。

9.设二维随机变量 $(X,Y)$ 在矩形区域 $G=\{(x,y)\mid 0\leqslant x\leqslant 2,0\leqslant y\leqslant 1\}$ 上服从均匀分布，试求边长分别为 $X$ 和 $Y$ 的矩形面积 $Z$ 的概率密度函数。

10.设随机变量 $X$ 与 $Y$ 独立同分布，其概率密度函数为

$$f(x)=\begin{cases}e^{-x}, & x>0\\0, & x\leqslant 0\end{cases}$$

(1)求 $U=X+Y$ 与 $V=\dfrac{X}{X+Y}$ 的联合概率密度函数 $f_{UV}(u,v)$。

(2)以上的 $U$ 与 $V$ 独立吗？

# 第4章 随机变量的数字特征

前面我们讨论了随机变量的概率分布,通过分布函数可以完整地描述随机变量的统计规律。然而在很多实际的随机试验问题中,随机变量的概率分布是很难精确求出的;另外,在一些应用场景中,人们有时并不需要全面地了解随机变量的每个变化情况或者全部的概率性质,而只需要掌握分布的整体性质或者整体概率统计特征就足够了。例如,一批棉花中棉纤维的长度、强度都有客观存在的概率分布,但是有意义的并不是每一根棉纤维的数据细节,而是这批棉纤维整体的平均长度和强度,以及纤维长度、强度与纤维的平均长度、平均强度之间的普遍偏离程度——平均长度和强度较大,与平均值之间的偏离程度小,棉花的质量就较好,只需要掌握这些参数就可以大致确定棉花的质量情况了。再如,在评价某地区粮食产量的水平时,通常只要知道该地区粮食的平均产量以及整体的波动情况即可。

像"平均值""偏离程度"这一类表示随机变量概率分布的某种概率统计特征的数值,就是随机变量的数字特征。实际上,随机变量的数字特征是概率论的核心内容之一,在理论和实践中都具有重要的意义:它们更集中地反映了概率分布在某方面的性质,能更直接、更简洁地反映出随机变量的本质特征。故而在一定的场合,利用随机变量的数字特征能够更方便地解决理论与实际问题。不仅如此,在常见的概率分布中,其分布的参数往往与该分布的数字特征有关系。对于这类概率分布,在已知其数字特征之后,就可以完全确定该随机变量的分布了。

本章将要讨论的随机变量的常用数字特征包括数学期望、方差、协方差、相关系数等。本书只对离散型和连续型两种特殊的随机变量,研究其相应数字特征的具体计算以及对相关性质进行证明。对于其他类型的随机变量,当然也可以计算数字特征,其也具有类似的性质,感兴趣的读者可以根据自己的兴趣进行探究。

## 4.1 数学期望

数学期望是随机变量最基本的数字特征,是随机变量的可能取值关于概率的加权平均。

### 4.1.1　离散型随机变量的数学期望

我们先来看一个关于数学期望的引例,并从中领会数学期望的内涵与意义。

**例 4.1.1**　甲、乙、丙三人进行打靶,所得分数是三个随机变量,分别记为 $X_1,X_2,X_3$。它们的分布律分别为:

| $X_1$ | 0 | 1 | 2 |
|---|---|---|---|
| $p_i$ | 0 | 0.5 | 0.5 |

| $X_2$ | 0 | 1 | 2 |
|---|---|---|---|
| $p_i$ | 0.6 | 0.3 | 0.1 |

| $X_3$ | 0 | 1 | 2 |
|---|---|---|---|
| $p_i$ | 0.2 | 0.2 | 0.6 |

得分越高说明打靶成绩越好。从上述分布可以看出,甲打靶所得的分数为 2 的概率为 0.5,而乙打靶所得的分数为 0 的概率有 0.6,直观感觉是甲、乙两人相比,甲的打靶成绩更好;类似地,乙、丙二人中,丙的打靶表现更好。但是甲与丙相比较,谁的打靶成绩更好呢?

因为每次打靶所得分数可能取 0,1,2,用一次打靶的得分进行比较明显是不合理的,应该考察两人多次打靶的总得分或者多次打靶所得分数的算术平均值。

基于频率与概率的关系,如果甲进行很多次的射击,那么,所得分数的算术平均值就应该接近 $0\times0+1\times0.5+2\times0.5=1.5$(分);如果丙进行很多次的射击,那么,所得分数的算术平均值就应该接近 $0\times0.2+1\times0.2+2\times0.6=1.4$(分)。可见,甲与丙两人打靶表现相近,但是甲略胜一筹。

类似地,根据乙打靶分数的概率分布来看,乙进行多次射击所得分数的算术平均值约为 $0\times0.6+1\times0.3+2\times0.1=0.5$(分),这个成绩与甲和丙的成绩差距十分明显,说明乙的打靶分数远远不如他们。这与我们的直观感受也是一致的。

引例中计算的“进行很多次的打靶所得分数的算术平均值”,其实就是打靶分数这个随机变量的数学期望。

**定义 4.1.1**　若 $X$ 是一个离散型随机变量,分布律为 $P\{X=x_i\}=p_i, i=1,2,\cdots$,则当 $\sum\limits_{i=1}^{\infty}|x_i|p_i<+\infty$时,称随机变量 $X$ 具有**数学期望**,简称**期望**,又称**均值**,记作 $E(X)$;此时,随机变量 $X$ 的数学期望为 $E(X)=\sum\limits_{i=1}^{\infty}x_ip_i$。否则,则称随机变量 $X$ 的数学期望不存在。

换句话说,数学期望的实际意义是随机试验在同样的条件下重复足够多次时,所有可能出现的结果的平均。理论计算中,数学期望体现了在数学上“期望”该随机变量在一次随机试验中取得的数值,是随机变量输出值在概率意义下的平均。

需要注意的是,数学期望值并不一定等同于常识中的“期望”——随机变量的数学期望可以与每一次随机试验的每一个可能结果都不相等。也就是说,随机变量的期望值并不一定属于随机变量的取值集合。

在求离散型随机变量的数学期望时应先掌握该随机变量的分布律。当随机变量的可能取值是有限个时,随机变量的数学期望是一定存在的。当离散型随机变量 $X$ 有可列无限个概率不为零的取值时,如果 $\sum\limits_{i=1}^{\infty}x_ip_i$ 是绝对收敛的,则期望存在;否则,期望不存在。这里的 $\sum\limits_{i=1}^{\infty}|x_i|p_i<\infty$是保证加权平均时不受元素次序变动的影响。

**例 4.1.2**　在某地区进行某种疾病(不是传染病或遗传病)的筛查工作,为此要检验每一个人的血样是否为阳性。假设在接受检验的人群中,各个人的检验结果是阳性还是阴性是独立同分布的,如果当地有 $N$ 个人,若逐个检验就需要检验 $N$ 次。现在进行分组检验:

(1)如果混合血样检验的结果为阴性,那就说明这 $k$ 个人的血样都是阴性的,总共只要检验一次就够了,检验的工作量显著减少;

(2)如果混合血样检验的结果为阳性,为了明确本组 $k$ 个人中究竟哪几个人为阳性,就要再对 $k$ 个人逐个进行检验,这时 $k$ 个人需要检验的总次数为 $k+1$ 次,检验的工作量反而有所增加。

假设该疾病发病率(血样是阳性的概率)为 $p$,上述分组检验法是否可以减少检验的工作量呢?请用数据说明你的观点。

**解**:现令随机变量 $X$ 为 $k$ 个人一组混合检验时每个人所需的检验次数。因为在接受检验的人群中,各个人的检验结果是阳性还是阴性是独立同分布的,这时 $k$ 个人一组的混合血液呈阴性结果的概率为 $(1-p)^k$,呈阳性结果的概率则为 $1-(1-p)^k$,即 $X$ 的分布律为

$$\begin{pmatrix} \dfrac{1}{k} & 1+\dfrac{1}{k} \\ (1-p)^k & 1-(1-p)^k \end{pmatrix}$$

因此每个人所需的平均检验次数为

$$E(X)=\frac{1}{k}(1-p)^k+\left(1+\frac{1}{k}\right)[1-(1-p)^k]=1-(1-p)^k+\frac{1}{k}$$

而按原来的老办法每人应该检验 1 次,所以当 $1-(1-p)^k+\dfrac{1}{k}<1$,即 $p<1-\dfrac{1}{\sqrt[k]{k}}$ 时,用分组法($k$ 个人一组)就能减少检验的次数。$E(X)$ 不仅与 $p$ 的数值有关,也与每组人数 $k$ 有关。如果 $p$ 是已知的先验信息,还可以从中选取最合适的整数 $k_0$,使得平均检验次数最少。

从表 4.1.1 可以看出,发病率越小,分组检验的效率越高。当 $p=0.01$ 时,若按照 11 人为一组进行检验,可减少约 80% 的工作量。

**表 4.1.1 不同发病率 $p$ 时的最佳分组人数 $k_0$ 及其 $E(X)$**

| $p$ | 0.14 | 0.10 | 0.08 | 0.06 | 0.04 | 0.02 | 0.01 |
|---|---|---|---|---|---|---|---|
| $k_0$ | 3 | 4 | 4 | 5 | 6 | 8 | 11 |
| $E(X)$ | 0.697 | 0.594 | 0.534 | 0.466 | 0.384 | 0.274 | 0.205 |

### 4.1.2 连续型随机变量的数学期望

连续型随机变量的数学期望应该如何计算呢?设 $X$ 是一个连续型随机变量,概率密度函数为 $f(x)$。在实数轴上取划分点 $x_0<x_1<\cdots<x_{n+1}$,使得 $f(x)$ 在每个 $\Delta x_i=(x_i,x_{i+1})$ 区间内连续,当区间 $\Delta x_i$ 相当小时,有

$$P\{X\in\Delta x_i\}=\int_{x_i}^{x_{i+1}}f(x)\,\mathrm{d}x\approx f(x_i)(x_{i+1}-x_i),\quad i=0,1,\cdots,n$$

这时,如果定义一个离散型随机变量,分布律为

$$\begin{pmatrix} x_0 & x_1 & \cdots & x_n \\ f(x_0)(x_1-x_0) & f(x_1)(x_2-x_1) & \cdots & f(x_n)(x_{n+1}-x_n) \end{pmatrix}$$

则这个离散型随机变量可以看作连续型随机变量 $X$ 的一种近似分布。而这个离散型随机变量的数学期望为 $\sum_{i=0}^{n} x_i f(x_i)(x_{i+1}-x_i)$，这个数学期望值可以近似地表达连续型随机变量 $X$ 的平均值；并且对实数轴的划分愈密时，这种近似的效果就愈好。由式 $\sum_{i=0}^{n} x_i f(x_i)(x_{i+1}-x_i)$ 的极限是 $\int_{-\infty}^{\infty} xf(x)\mathrm{d}x$，可得连续型随机变量数学期望的定义。

**定义 4.1.2**　设 $X$ 是一个连续型随机变量，概率密度函数为 $f(x)$，当 $\int_{-\infty}^{\infty}|x|f(x)\mathrm{d}x<\infty$ 时，称 $X$ 的**数学期望**（又称**期望**或**均值**）存在，且 $E(X)=\int_{-\infty}^{\infty}xf(x)\mathrm{d}x$。反之，若 $\int_{-\infty}^{\infty}|x|f(x)\mathrm{d}x$ 不收敛，则相应的连续型随机变量 $X$ 不具有数学期望。

例如，若随机变量 $X$ 的概率密度函数为 $f(x)=\frac{1}{\pi}\cdot\frac{1}{1+x^2}$，则称随机变量 $X$ 服从**柯西（Cauchy）分布**，因为 $\int_{-\infty}^{\infty}|x|\cdot\frac{1}{\pi}\cdot\frac{1}{1+x^2}\mathrm{d}x$ 不收敛，所以柯西分布的数学期望不存在。

**例 4.1.3**　已知随机变量 $X$ 的分布函数为

$$F(x)=\begin{cases}0, & x<0\\ \frac{3}{4}x, & 0\leqslant x<1\\ \frac{1}{2}+\frac{x}{4}, & 1\leqslant x<2\\ 1, & x\geqslant 2\end{cases}$$

求随机变量 $X$ 的数学期望。

**解**：这个分布函数是纯连续函数，所以随机变量 $X$ 是连续型随机变量。先对分布函数求导，得到随机变量 $X$ 相应的概率密度函数为

$$f(x)=F'(x)=\begin{cases}\frac{3}{4}, & 0\leqslant x<1\\ \frac{1}{4}, & 1\leqslant x<2\\ 0, & \text{其他}\end{cases}$$

所以

$$E(X)=\int_{-\infty}^{\infty}xf(x)\mathrm{d}x=\int_0^1\frac{3}{4}x\mathrm{d}x+\int_1^2\frac{x}{4}\mathrm{d}x=\frac{3}{4}$$

如果把连续型随机变量的概率分布类比于物体的密度分布，那么它的数学期望就相当于物体的重心所在。物理学的知识告诉我们，重心的位置可能在物体内部，也可能在物体外部；数学期望也是类似的，其可能是随机变量的真实观察值之一，也可能是随机变量不可能取到的值。

### 4.1.3　随机变量函数的数学期望

设 $X$ 是一个随机变量，$g(x)$ 是一个单值实值函数，要确定随机变量函数 $Y=g(X)$ 的数学

期望。虽然理论上,可以先通过 $X$ 的分布求出 $Y$ 的分布,再按数学期望定义计算出 $Y$ 的数学期望 $E(Y)$,但是这种求法一般是比较复杂烦琐的。下面介绍计算随机变量函数数学期望的有关定理。

**定理 4.1.1** 若 $X$ 是一个离散型随机变量,分布律为 $P\{X=x_i\}=p_i, i=1,2,\cdots$,又因为 $g(x)$ 是实变量 $x$ 的单值函数,定义 $Y=g(X)$。如果 $\sum_{i=1}^{\infty}|g(x_i)|p_i<\infty$,则有

$$E(Y)=E[g(X)]=\sum_{i=1}^{\infty}g(x_i)p_i$$

**证明**:在定理的条件下,$Y=g(X)$ 仍是一个离散型随机变量,设其可能取的值为 $y_j(j=1,2,\cdots)$,于是 $P\{Y=y_j\}=\sum_{g(x_i)=y_j}P\{X=x_i\}$。由离散型随机变量数学期望的定义,有

$$\begin{aligned}E(Y)=E[g(X)]&=\sum_{j=1}^{\infty}y_j\cdot P\{Y=y_j\}\\&=\sum_{j=1}^{\infty}y_j\cdot\sum_{g(x_i)=y_j}P\{X=x_i\}\\&=\sum_{j=1}^{\infty}\sum_{g(x_i)=y_j}g(x_i)P\{X=x_i\}\\&=\sum_{i=1}^{\infty}g(x_i)p_i\end{aligned}$$

事实上,$E(Y)=E[g(X)]$ 可以看作随机变量函数 $g(X)$ 的加权平均,相应的权重就是 $X=x$ 的概率。类似地,我们有:

**定理 4.1.2** 若 $X$ 为连续型随机变量,其概率密度函数为 $f(x)$。又 $g(x)$ 是实变量 $x$ 的单值函数,定义随机变量 $Y=g(X)$。如果 $\int_{-\infty}^{\infty}|g(x)|f(x)\mathrm{d}x<\infty$,则有

$$E(Y)=E[g(X)]=\int_{-\infty}^{\infty}g(x)f(x)\mathrm{d}x$$

**例 4.1.4** 设随机变量 $X$ 在 $[0,\pi]$ 上服从均匀分布,求 $E(X)$ 和 $E(\sin X)$。

**解**:根据随机变量函数数学期望的计算公式,有

$$E(X)=\int_{-\infty}^{+\infty}xf(x)\mathrm{d}x=\int_0^{\pi}x\cdot\frac{1}{\pi}\mathrm{d}x=\frac{\pi}{2}$$

$$E(\sin X)=\int_{-\infty}^{+\infty}\sin x\cdot f(x)\mathrm{d}x=\int_0^{\pi}\sin x\cdot\frac{1}{\pi}\mathrm{d}x=\frac{1}{\pi}(-\cos x)\Big|_0^{\pi}=\frac{2}{\pi}$$

对一般的 $n$ 维随机变量 $(X_1,X_2,\cdots,X_n)$ 的函数 $Z=g(X_1,X_2,\cdots,X_n)$ 的数学期望的计算,也有相应的定理和结论成立。

**定理 4.1.3** 设 $Z=g(X,Y)$ 是二维随机变量 $(X,Y)$ 的函数,且 $E(Z)$ 存在。

(1)若 $(X,Y)$ 为离散型随机变量,其分布律为

$$P\{X=x_i,Y=y_j\}=p_{ij}, i,j=1,2,\cdots$$

则有

$$E(Z)=E[g(X,Y)]=\sum_{i=1}^{\infty}\sum_{j=1}^{\infty}g(x_i,\ y_j)\cdot p_{ij}$$

特别地,有

$$E(X)=\sum_{i=1}^{\infty}\sum_{j=1}^{\infty}x_i\cdot p_{ij}=\sum_{i=1}^{\infty}x_i\cdot p_{i\cdot}$$

$$E(Y)=\sum_{i=1}^{\infty}\sum_{j=1}^{\infty}y_j\cdot p_{ij}=\sum_{j=1}^{\infty}y_j\cdot p_{\cdot j}$$

(2)若 $(X,Y)$ 为连续型随机变量,其概率密度函数为 $f(x,y)$ ,则有

$$E(Z)=E[g(X,Y)]=\int_{-\infty}^{+\infty}\int_{-\infty}^{+\infty}g(x,y)\cdot f(x,y)\mathrm{d}x\mathrm{d}y$$

特别地,

$$E(X)=\int_{-\infty}^{+\infty}\int_{-\infty}^{+\infty}x\cdot f(x,y)\mathrm{d}x\mathrm{d}y=\int_{-\infty}^{+\infty}x\cdot f_X(x)\mathrm{d}x$$

$$E(Y)=\int_{-\infty}^{+\infty}\int_{-\infty}^{+\infty}y\cdot f(x,y)\mathrm{d}x\mathrm{d}y=\int_{-\infty}^{+\infty}y\cdot f_Y(y)\mathrm{d}y$$

其中 $f_X(x)$ 与 $f_Y(y)$ 分别是随机变量 $X$ 与 $Y$ 的边缘概率密度函数。

这些定理和结论给求随机变量函数的数学期望带来了很大的便利,依据这些定理和结论,可以直接利用原来随机变量的概率分布来求随机变量函数的数学期望,而不必先求随机变量函数的概率分布。

**例 4.1.5**　设随机变量 $(X,Y)$ 的概率密度函数(其区域如图 4.1.1 所示)

$$f(x,y)=\begin{cases}\dfrac{3}{2x^3y^2}, & \dfrac{1}{x}<y<x,x>1\\ 0, & 其他\end{cases}$$

求数学期望 $E(Y)$ 和 $E\left(\dfrac{1}{XY}\right)$ 。

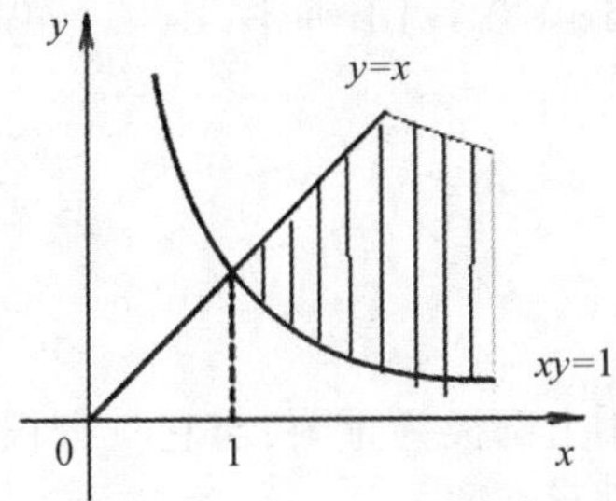


**图 4.1.1　例 4.1.5 中的区域**

**解:**

$$\begin{aligned}E(Y)&=\int_{-\infty}^{+\infty}\left(\int_{-\infty}^{+\infty}yf(x,y)\mathrm{d}y\right)\mathrm{d}x\\&=\int_{1}^{+\infty}\mathrm{d}x\int_{\frac{1}{x}}^{x}\frac{3}{2x^3y}\mathrm{d}y\\&=\frac{3}{2}\int_{1}^{+\infty}\frac{1}{x^3}[\ln y]\Big|_{\frac{1}{x}}^{x}\mathrm{d}x\\&=3\int_{1}^{+\infty}\frac{\ln x}{x^3}\mathrm{d}x\\&=\left(-\frac{3}{2}\frac{\ln x}{x^2}\right)\Big|_{1}^{+\infty}+\frac{3}{2}\int_{1}^{+\infty}\frac{1}{x^3}\mathrm{d}x=\frac{3}{4}\end{aligned}$$

$$E\left(\frac{1}{XY}\right)=\int_{-\infty}^{+\infty}\left(\int_{-\infty}^{+\infty}\frac{1}{xy}f(x,y)\,\mathrm{d}y\right)\mathrm{d}x$$
$$=\int_{1}^{+\infty}\mathrm{d}x\int_{\frac{1}{x}}^{x}\frac{3}{2x^4y^3}\mathrm{d}y=\frac{3}{5}$$

**例 4.1.6** 一商店经销某种商品,每周供货量 $X$ 与顾客对该种商品的需求量 $Y$ 是相互独立的随机变量,且都服从区间 $(100,200)$ 上的均匀分布。商店每售出一单位商品可得利润 10000 元;若需求量超过了供货量,则可从其他商店调剂供应,这时每单位商品获得的利润为 5000 元。试求此商店经销该种商品每周的平均利润。

**解**:因为每周进货量 $X$ 与顾客对该种商品的需求量 $Y$ 是相互独立的随机变量,所以二维随机变量 $(X,Y)$ 具有联合概率密度函数

$$f(x,y)=\begin{cases}\dfrac{1}{10000}, & 100<x<200,100<y<200\\ 0, & \text{其他}\end{cases}$$

设随机变量 $Z$ 表示经销该种商品每周所得利润。由题意,

$$Z=g(X,Y)=\begin{cases}5000X+5000Y, & X\leqslant Y\\ 10000Y, & X>Y\end{cases}$$

记 $D_1=\{X\leqslant Y\}$ , $D_2=\{X>Y\}$ ,故而

$$E(Z)=\int_{-\infty}^{+\infty}\int_{-\infty}^{+\infty}g(x,y)f(x,y)\,\mathrm{d}x\mathrm{d}y$$
$$=\iint_{D_1}5000(x+y)\cdot\frac{1}{10000}\mathrm{d}x\mathrm{d}y+\iint_{D_2}10000y\cdot\frac{1}{10000}\mathrm{d}x\mathrm{d}y$$
$$=\int_{100}^{200}\mathrm{d}x\int_{x}^{200}(0.5x+0.5y)\,\mathrm{d}y+\int_{100}^{200}\mathrm{d}x\int_{100}^{x}y\,\mathrm{d}y$$
$$=4250000/3$$

### 4.1.4 数学期望的性质

数学期望之所以在理论和应用上都极为重要,与它具有很好的数学性质有关。以下均假定所涉及的随机变量的数学期望都存在。

**性质 4.1.1** 若 $a\leqslant X\leqslant b$ ,则 $a\leqslant E(X)\leqslant b$。

**性质 4.1.2** 退化分布随机变量 $C$,即分布律为 $P\{C=c\}=1$,其中 $c$ 为常数,则 $E(C)=c$。

**性质 4.1.3** $c$ 为常数,则 $E(cX)=cE(X)$。

**性质 4.1.4** 对二维随机变量 $(X,Y)$ ,则 $E(X+Y)=E(X)+E(Y)$;特别地,设 $c$ 为常数,有 $E(X+c)=E(X)+c$。

**性质 4.1.5** 对相互独立的随机变量 $X,Y$ ,有 $E(XY)=E(X)E(Y)$。

**性质 4.1.6** 对于两个随机变量 $X,Y$ ,若 $P\{Y=X\}=1$,则 $E(X)=E(Y)$ 。

性质 4.1.1 和性质 4.1.2 是显然成立的。下面我们以离散型随机变量为例,简要展示其余性质是如何证明的。设 $(X,Y)$ 的联合分布和边缘分布为

$$P\{X=a_i,Y=b_j\}=p_{ij},\quad i,j=1,2,\cdots$$
$$P\{X=a_i\}=p_{i\cdot},\quad i=1,2,\cdots$$
$$P\{Y=b_j\}=p_{\cdot j},\quad j=1,2,\cdots$$

若 $E(X)$ 和 $E(Y)$ 存在,则级数 $\sum_{i=1}^{\infty}\sum_{j=1}^{\infty}(a_i+b_j)p_{ij}$ 明显绝对收敛,所以 $E(X+Y)$ 存在,且

$$\begin{aligned}E(X+Y)&=\sum_{i=1}^{\infty}\sum_{j=1}^{\infty}(a_i+b_j)p_{ij}\\&=\sum_{j=1}^{\infty}\sum_{i=1}^{\infty}a_ip_{ij}+\sum_{i=1}^{\infty}\sum_{j=1}^{\infty}b_jp_{ij}\\&=\sum_{i=1}^{\infty}a_ip_{i\cdot}+\sum_{j=1}^{\infty}b_jp_{\cdot j}\\&=E(X)+E(Y)\end{aligned}$$

再若 $X,Y$ 相互独立,从而 $p_{ij}=p_{i\cdot}\cdot p_{\cdot j}$ ,于是

$$\begin{aligned}E(XY)&=\sum_{i=1}^{\infty}\sum_{j=1}^{\infty}(a_ib_j)p_{ij}\\&=\sum_{j=1}^{\infty}\sum_{i=1}^{\infty}a_ip_{i\cdot}b_jp_{\cdot j}\\&=\sum_{i=1}^{\infty}a_ip_{i\cdot}\cdot\sum_{j=1}^{\infty}b_jp_{\cdot j}\\&=E(X)\cdot E(Y)\end{aligned}$$

其中级数 $\sum_{i=1}^{\infty}\sum_{j=1}^{\infty}a_ib_jp_{ij}$ 的绝对收敛也是明显的。

若随机变量 $X,Y$ 满足 $P\{Y=X\}=1$,可以定义随机变量 $Z=Y-X$ ,则 $P\{Z=0\}=1$。于是,$E(Z)=E(X-Y)=E(X)-E(Y)=0$,即 $E(X)=E(Y)$ 。

这些性质可以推广到有限个随机变量之和的情形,例如, $c_i(i=1,2,\cdots,n)$ 为常数,则 $E(\sum_{i=1}^{n}c_iX_i)=\sum_{i=1}^{n}c_iE(X_i)$ 。这些性质使得随机变量的数学期望可以非常便利地计算、处理和应用。

**例 4.1.7**　设袋中有 $r$ 只白球、$N-r$ 只黑球。在袋中取球 $n(n\leqslant r)$ 次,每次任取一只做不放回抽样,以 $Y$ 表示取到的白球数,求 $E(Y)$ 。

**解:**

**第一种方法:**引入随机变量 $X_i$

$$X_i=\begin{cases}1, & \text{若第 } i \text{ 次取到白球}\\0, & \text{其他}\end{cases},i=1,2,\cdots,n$$

则 $n$ 次取球得到的白球数 $Y=X_1+X_2+\cdots+X_n$ 。

$P\{X_i=1\}=\dfrac{r}{N}$ ,则 $X_i$ 的数学期望为 $E(X_i)=\dfrac{r}{N}$ 。于是

$$E(Y)=E\left(\sum_{i=1}^{n}X_i\right)=\sum_{i=1}^{n}E(X_i)=n\times\frac{r}{N}=\frac{nr}{N}$$

**第二种方法:**将白球编号,引入随机变量 $X_i$

$$X_i=\begin{cases}1, & \text{若第 } i \text{ 号白球被取到}\\0, & \text{若第 } i \text{ 号白球未被取到}\end{cases},i=1,2,\cdots,r$$

则 $Y=X_1+X_2+\cdots+X_r$ 。事件 $\{X_i=1\}$ 发生,表示在袋中取球 $n$ 次,每次任取一只不放回抽样时,第 $i$ 号白球被取到。因为事件 $\{X_i=1\}$ 可以在第 1 次、第 2 次、…、第 $n$ 次这 $n$ 种两两互不

相容的情况下发生,且每次取到第 $i$ 号白球的概率都是 $\frac{1}{N}$。因此

$$P\{X_i = 1\} = \frac{1}{N} + \frac{1}{N} + \cdots + \frac{1}{N} = \frac{n}{N}, i = 1,2,\cdots,r$$

这样 $E(X_i) = \frac{n}{N}$,从而 $E(Y) = \sum_{i=1}^{r} E(X_i) = \frac{nr}{N}$。

**例 4.1.8** 设随机变量 $X \sim f(x) = \begin{cases} ax + b, & 0 \leqslant x \leqslant 1 \\ 0, & 其他 \end{cases}$,且 $E(X) = \frac{7}{12}$。求:(1)未知常数 $a$ 与 $b$ 的值;(2)随机变量 $Y = aX + b$ 的数学期望。

**解**:(1)根据概率密度函数的性质,有 $\int_{-\infty}^{+\infty} f(x)\,dx = \int_0^1 (ax + b)\,dx = \frac{a}{2} + b = 1$,同时

$$E(X) = \int_{-\infty}^{+\infty} xf(x)\,dx = \int_0^1 x(ax + b)\,dx = \frac{a}{3} + \frac{b}{2} = \frac{7}{12}$$

联立两个方程,解得 $a = 1$, $b = \frac{1}{2}$。

(2) $E(Y) = E(aX + b) = aE(X) + b = \frac{7}{12} + \frac{1}{2} = \frac{13}{12}$。

需要强调的是,$E(XY) = E(X)E(Y)$ 不是随机变量 $X,Y$ 相互独立的充要条件;或者说,由 $E(XY) = E(X)E(Y)$ 不一定能推出随机变量 $X,Y$ 相互独立。对于这个事实,下面我们举个例子进行说明。

**例 4.1.9** 设二维离散型随机变量 $(X,Y)$ 的联合概率分布为:

| X \ Y | 0 | 1 | 2 | 3 |
|---|---|---|---|---|
| 1 | 0 | $\frac{3}{8}$ | $\frac{3}{8}$ | 0 |
| 2 | $\frac{1}{8}$ | 0 | 0 | $\frac{1}{8}$ |

求 $E(X)$, $E(Y)$ 和 $E(XY)$。

**解**:首先求出随机变量 $X$ 和 $Y$ 的边缘分布:

| $X$ | 1 | 2 |
|---|---|---|
| $p$ | $\frac{3}{4}$ | $\frac{1}{4}$ |

| $Y$ | 0 | 1 | 2 | 3 |
|---|---|---|---|---|
| $p$ | $\frac{1}{8}$ | $\frac{3}{8}$ | $\frac{3}{8}$ | $\frac{1}{8}$ |

则

$$E(X) = 1 \times \frac{3}{4} + 2 \times \frac{1}{4} = \frac{5}{4}$$

$$E(Y) = 0 \times \frac{1}{8} + 1 \times \frac{3}{8} + 2 \times \frac{3}{8} + 3 \times \frac{1}{8} = \frac{3}{2}$$

$$E(XY) = (1 \times 1) \times \frac{3}{8} + (1 \times 2) \times \frac{3}{8} + (2 \times 0) \times \frac{1}{8} + (2 \times 3) \times \frac{1}{8} = \frac{15}{8}$$

从而 $E(XY) = E(X)E(Y)$。

但 $X$ 与 $Y$ 不独立。由分布律可知

$$P\{X=1,Y=0\}=0,\ P\{X=1\}=\frac{3}{4},\ P\{Y=0\}=\frac{1}{8}$$

显然，$P\{X=1,Y=0\}\neq P\{X=1\}\cdot P\{Y=0\}$ 。这个例子说明 $E(XY)=E(X)E(Y)$ 并不是随机变量 $X,Y$ 相互独立的充要条件。

## 习题 4.1

1.用天平称某种物品的质量(砝码仅允许放在一个盘中)。现有三组砝码：(甲) 1, 2, 2, 5, 10(g)；(乙) 1, 2, 3, 4, 10(g)；(丙) 1, 1, 2, 5, 10(g)。称重时只能使用一组砝码。若物品的质量为 1 g,2 g,…,10 g 的概率是相同的,用哪一组砝码称重所用的平均砝码数最少？

2.设随机变量 $X$ 的分布函数 $F(x)=\begin{cases}\dfrac{e^x}{2}, & x<0\\ \dfrac{1}{2}, & 0\leqslant x<1\\ 1-\dfrac{e^{-\frac{1}{2}(x-1)}}{2}, & x\geqslant 1\end{cases}$,试求 $E(X)$ 。

3.设随机变量 $X$ 的概率密度函数为 $p(x)=\begin{cases}a+bx^2, & 0\leqslant x\leqslant 1\\ 0, & \text{其他}\end{cases}$,若 $E(X)=\dfrac{2}{3}$, 求 $a$ 和 $b$ 。

4.设国际市场上对我国某种出口商品的每年需求量是随机变量 $X$ (单位:吨),它服从区间 $[2000,4000]$ 上的均匀分布,每销售出 1 吨商品,可为国家赚取外汇 3 万元;若未销售出,则每吨商品需消耗贮存费 1 万元,应预先组织多少货源,才能合理地最大化国家的收益?

5.设某种商品的每周需求量 $X\sim U[10,30]$ ,而经销商店进货数量为区间 $[10,30]$ 中的某一个数,商店每销售一个单位的商品可获利 500 元,若供大于求,则削价处理,每处理一个单位的商品亏损 100 元,若供不应求,则可从外部调剂供应,此时每销售一个单位的商品可获利 300 元,为使商店所获利润期望值不小于 9280 元,试确定进货量的最小值。

6.设随机变量 $(X,Y)$ 的联合分布律为：

| $X$ \ $Y$ | 0 | 1 |
|---|---|---|
| 0 | 0.1 | 0.15 |
| 1 | 0.25 | 0.2 |
| 2 | 0.15 | 0.15 |

试求 $Z=\sin\left[\dfrac{\pi}{2}(X+Y)\right]$ 的数学期望。

7.设随机变量 $(X,Y)$ 的联合概率密度函数为

$$f(x,y)=\begin{cases}\dfrac{x(1+3y^2)}{4}, & 0<x<2,0<y<1\\ 0, & \text{其他}\end{cases}$$

试求 $E(Y/X)$ 。

8.设 $(X,Y) \sim f(x,y)=\begin{cases}\frac{1}{2}xy, & 0<x\leqslant y<2\\ 0, & \text{其他}\end{cases}$,求 $E(X)$ 和 $E(XY)$ 。

9.某工程队完成某项工程的时间 $X$(单位:月)是一个随机变量,它的分布律为:

| $X$ | 10 | 11 | 12 | 13 |
|---|---|---|---|---|
| $P$ | 0.4 | 0.3 | 0.2 | 0.1 |

(1)试求该工程队完成此项工程的平均月数。

(2)设该工程队所获利润为 $Y=50(13-X)$(单位:万元),试求工程队的平均利润。

(3)若该工程队调整安排,完成该项工程的时间 $X$(单位:月)的分布律为:

| $X$ | 10 | 11 | 12 |
|---|---|---|---|
| $P$ | 0.5 | 0.4 | 0.1 |

则其平均利润可增加多少?

10.设 $X$ 为仅取非负整数的离散型随机变量,若其数学期望存在,证明:$E(X)=\sum\limits_{k=1}^{+\infty}P\{X\geqslant k\}$。

11.设离散型随机变量 $X$ 的分布律为:

| $X$ | -2 | 0 | 2 |
|---|---|---|---|
| $P$ | 0.4 | 0.3 | 0.3 |

试求 $E(X)$ 和 $E(3X+5)$ 。

12.设随机变量 $X$ 的概率密度函数为 $f(x)=\begin{cases}e^{-x}, & x>0\\ 0, & x\leqslant 0\end{cases}$,试求 $E(2X+5)$ 。

13.设 $X$ 的概率密度函数为 $f(x)=\begin{cases}0, & x<\beta\\ (\alpha-1)\beta^{\alpha-1}x^{-\alpha}, & x\geqslant\beta\end{cases}$,其中 $\alpha>3$。求 $E(X)$ 和 $E(X^2)$ 。

14.设 $X_1,X_2,\cdots,X_n$ 是独立同分布的正值随机变量。证明:

$$E\left(\frac{X_1+\cdots+X_k}{X_1+\cdots+X_n}\right)=\frac{k}{n},k\leqslant n$$

15.设随机变量 $X$ 的分布函数为 $F(x)=A-B\arctan x,\ -\infty<x<+\infty$,

(1)求系数 $A$、$B$ 的值;

(2)设 $Y=\begin{cases}1, & |X|<\frac{\sqrt{3}}{3}\\ 0, & \text{其他}\end{cases}$,求 $E(Y)$ 与 $E(Y^2)$ 。

16.设随机变量 $X$ 与 $Y$ 独立同分布,期望值为 $\frac{1}{\lambda}$ 的指数分布,令

$$Z=\begin{cases}3X+1, & X\geqslant Y\\ 6Y, & X<Y\end{cases}$$

求 $E(Z)$ 。

## 4.2　方差

随机变量的数学期望是随机变量分布的一种位置数字特征，而随机变量取值的稳定性是判断随机现象概率性质的另一个十分重要的指标。

### 4.2.1　方差与标准差定义

设 $X$ 是一个随机变量，数学期望 $E(X)$ 存在，则随机变量函数 $[X-E(X)]^2$ 度量了随机变量 $X$ 的取值与均值 $E(X)$ 之间的距离，对 $[X-E(X)]^2$ 求数学期望可以刻画随机变量 $X$ 的取值与数学期望 $E(X)$ 之间的平均偏离程度，或者说是随机变量 $X$ 的散布程度。

**定义 4.2.1**　若随机变量 $X^2$ 的数学期望 $E(X^2)$ 存在，称 $E[X-E(X)]^2$ 为随机变量 $X$ 的方差，记作 $D(X)$ 或 $\mathrm{Var}(X)$，即

$$D(X)=E[X-E(X)]^2=\begin{cases}\sum\limits_i [x_i-E(X)]^2 p_i, & X\text{是离散型随机变量}\\ \int_{-\infty}^{\infty}[x-E(X)]^2 f(x)\,\mathrm{d}x, & X\text{是连续型随机变量}\end{cases}$$

方差的大小可以衡量随机变量取值的稳定性：若 $X$ 的取值比较集中，则方差较小；若 $X$ 的取值比较分散，则方差较大。

进一步地，方差的算术平方根 $\sqrt{D(X)}$ 称为**标准差**或**均方差**、**根方差**，记为 $\sigma(X)$。在实际问题中标准差应用得十分广泛，因为它与随机变量 $X$ 具有相同的量纲（度量单位）。

由于

$$E[X-E(X)]^2=E[X^2-2E(X)X+E^2(X)]=E(X^2)-E^2(X)$$

因而

$$D(X)=E(X^2)-E^2(X)$$

一般情况下，实践中用这个公式计算方差比较简单方便。

**例 4.2.1**　在例 4.1.1 中，就一次打靶的分数来看，甲与丙两人打靶表现相近，甲略胜一筹，而乙远远不如他们。从成绩的稳定性上来看，三者的表现如何呢？

**解**：打靶成绩的稳定性可以由方差来体现。

前面已经计算过 $E(X_1)=1.5$，$E(X_2)=0.5$，$E(X_3)=1.4$；又因为 $E(X_1^2)=2.5$，从而

$$D(X_1)=E(X_1^2)-E^2(X_1)=0.25$$

同理可以得到，$D(X_2)=0.45$；$D(X_3)=0.64$。可见，甲的发挥最为稳定，丙的表现最不稳定。如果再结合三人打靶分数的数学期望来看，甲应当是三人中打靶实力最强的那个。

### 4.2.2　马尔可夫不等式与切比雪夫不等式

如果知道随机变量的具体分布，我们可以精确地计算概率。在完全不知道随机变量具体概率分布的情况下，马尔可夫（Markov）不等式和切比雪夫（Chebyshev）不等式可以只凭随机变量的数字特征给出概率上界的估计。

**马尔可夫不等式** 设 $X$ 是一个只取非负值的随机变量,数学期望 $E(X)$ 存在,则对于任意给定的常数 $a > 0$,有 $P\{X \geqslant a\} \leqslant \dfrac{E(X)}{a}$。

**证明**:因为随机变量 $X$ 只取非负值,并且常数 $a > 0$,定义随机变量 $X$ 的函数 $Y$

$$Y = \begin{cases} 1, & \dfrac{X}{a} \geqslant 1 \\ 0, & 0 < \dfrac{X}{a} < 1 \end{cases}$$

从而有 $Y \leqslant \dfrac{X}{a}$,即 $E(Y) \leqslant \dfrac{E(X)}{a}$。又因为 $P\{X \geqslant a\} = P\{Y = 1\} = E(Y)$,所以

$$P\{X \geqslant a\} \leqslant \frac{E(X)}{a}$$

**例 4.2.2** 水稻的单株产量是一个随机变量。假定某品种的杂交水稻单株产量 $X$ 的数学期望为 30 克。请估计,单株该种杂交水稻的产量超过 35 克的概率。

**解**:单株产量 $X$ 是一个只取非负值的随机变量,且 $E(X) = 30$。利用马尔可夫不等式,得

$$P\{X \geqslant 35\} \leqslant \frac{E(X)}{35} = \frac{6}{7}$$

在完全不知道随机变量具体概率分布的情况下,马尔可夫不等式可以只凭随机变量的数学期望给出概率上界的估计,这是它的重要意义和价值。当然,这个估计是十分粗糙的。另外,利用马尔可夫不等式,可以证明切比雪夫不等式。

**切比雪夫不等式** 对任意的随机变量 $X$,若 $D(X)$ 存在,则对任意的正常数 $\varepsilon$,有

$$P\{|X - E(X)| \geqslant \varepsilon\} \leqslant \frac{D(X)}{\varepsilon^2}$$

**证明**:因为 $[X - E(X)]^2$ 是一个取值非负的随机变量,对任意的正常数 $\varepsilon$, $\varepsilon^2 > 0$,由马尔可夫不等式知

$$P\{[X - E(X)]^2 \geqslant \varepsilon^2\} \leqslant \frac{E[X - E(X)]^2}{\varepsilon^2} = \frac{D(X)}{\varepsilon^2}$$

又有 $P\{[X - E(X)]^2 \geqslant \varepsilon^2\} = P\{|X - E(X)| \geqslant \varepsilon\}$,故

$$P\{|X - E(X)| \geqslant \varepsilon\} \leqslant \frac{D(X)}{\varepsilon^2}$$

方差刻画了随机变量取值的离散程度,当方差已知时,切比雪夫不等式给出了 $X$ 与它的期望 $E(X)$ 的偏差不小于 $\varepsilon$ 的概率的估计式。此外,由切比雪夫不等式和概率的性质,还可以很容易得到

$$P\{|X - E(X)| < \varepsilon\} \geqslant 1 - \frac{\sigma^2}{\varepsilon^2}$$

也就是说,对于方差越小的随机变量 $X$, $X$ 集中在期望附近的可能性越大。在切比雪夫不等式给出的估计中,只需要知道方差 $D(X)$ 及数学期望 $E(X)$ 两个数字特征就够了,不需要已知随机变量的概率分布,因而使用起来比较方便,在理论研究及实际应用中都很有价值。例如,对任给的分布,只要方差 $\sigma^2$ 存在,取 $\varepsilon = 3\sigma$, 则有

$$P\{|X - E(X)| \geqslant 3\sigma\} \leqslant \frac{\sigma^2}{9\sigma^2} \approx 0.111$$

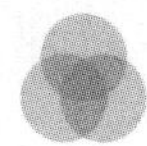

即随机变量 $X$ 取值偏离 $E(X)$ 超过 $3\sigma$ 的概率小于 0.111。

**例 4.2.3**　假定某品种的杂交水稻单株产量 $X$ 的数学期望为 30 克,标准差为 $\sqrt{5}$ 克。请估计,单株该种杂交水稻的产量在 25 ~ 35 克的概率。

**解**:所求概率为

$$\begin{aligned}P\{25 \leqslant X \leqslant 35\} &= P\{25 - 30 \leqslant X - 30 \leqslant 35 - 30\} \\ &= P\{-5 \leqslant X - E(X) \leqslant 5\} \\ &= P\{|X - E(X)| \leqslant 5\}\end{aligned}$$

由切比雪夫不等式,得

$$\begin{aligned}P\{|X - E(X)| \leqslant 5\} &\geqslant P\{|X - E(X)| < 5\} \\ &\geqslant 1 - \frac{D(X)}{25} = \frac{4}{5}\end{aligned}$$

即单株该种杂交水稻的产量在 25 ~ 35 克的概率不小于 0.8。

需要注意的是,马尔可夫不等式或者切比雪夫不等式给出的估计是比较粗糙的:只能估计概率的界,不能估计概率的值,也不能指望估计出的概率的界会很接近概率的真实值,这是因为这两个不等式没有用到随机变量的完整统计规律。

**例 4.2.4**　设随机变量 $X$ 在 $[0,\pi]$ 上服从均匀分布,分别用马尔可夫不等式和切比雪夫不等式估算 $\left\{X \geqslant \frac{3\pi}{4}\right\}$ 与 $\left\{\frac{\pi}{4} \leqslant X \leqslant \frac{3\pi}{4}\right\}$ 的概率。

**解**:由于 $E(X) = \int_0^\pi x \cdot \frac{1}{\pi}\mathrm{d}x = \frac{\pi}{2}, D(X) = E(X^2) - E^2(X) = \int_0^\pi x^2 \cdot \frac{1}{\pi}\mathrm{d}x - \left(\frac{\pi}{2}\right)^2 = \frac{\pi^2}{12}$。

利用马尔可夫不等式

$$P\left\{X \geqslant \frac{3\pi}{4}\right\} \leqslant \frac{\frac{\pi}{2}}{\frac{3\pi}{4}} = \frac{2}{3}$$

利用切比雪夫不等式

$$P\left\{\frac{\pi}{4} \leqslant X \leqslant \frac{3\pi}{4}\right\} = P\left\{|X - E(X)| \leqslant \frac{\pi}{4}\right\} \geqslant 1 - \frac{\frac{\pi^2}{12}}{\left(\frac{\pi}{4}\right)^2} = -\frac{1}{3}$$

而事实上,

$$P\left\{X \geqslant \frac{3\pi}{4}\right\} = \int_{\frac{3\pi}{4}}^{+\infty} f(x)\,\mathrm{d}x = \int_{\frac{3\pi}{4}}^{\pi} \frac{1}{\pi}\mathrm{d}x = \frac{1}{4}$$

$$P\left\{\frac{\pi}{4} \leqslant X \leqslant \frac{3\pi}{4}\right\} = \int_{\frac{\pi}{4}}^{\frac{3\pi}{4}} f(x)\,\mathrm{d}x = \int_{\frac{\pi}{4}}^{\frac{3\pi}{4}} \frac{1}{\pi}\mathrm{d}x = \frac{1}{2}$$

可见对于这个例题,马尔可夫不等式估计出的概率的界与概率的真实值有很大的偏差;切比雪夫不等式则根本没能给出对概率有意义的估计。

### 4.2.3　方差的性质

作为随机变量的一个重要数字特征,方差也具有一些很好的性质。

**性质 4.2.1** 随机变量 $X$ 的方差 $D(X)=0$ 的充要条件是 $X$ 取某个常数值的概率为 1。

这个性质的充分性是显然的,现在来证明必要性。设随机变量 $X$ 的方差 $D(X)=0$,则数学期望 $E(X)$ 存在,利用切比雪夫不等式,有

$$0\leqslant P\{|X-E(X)|>0\}=P\left\{\bigcup_{n=1}^{\infty}\left(|X-E(X)|\geqslant\frac{1}{n}\right)\right\}$$
$$\leqslant\sum_{n=1}^{\infty}P\left\{|X-E(X)|\geqslant\frac{1}{n}\right\}\leqslant\sum_{n=1}^{\infty}\frac{D(X)}{\left(\frac{1}{n}\right)^2}=0$$

由此知 $P\{|X-E(X)|>0\}=0$,从而 $P\{|X-E(X)|=0\}=1$。

所以,取 $a=E(X)$,则 $P\{X=a\}=1$。也就是说 $X$ 取 $E(X)$ 的概率为 1。

**性质 4.2.2** 对任意的常数 $c$,有 $D(X)\leqslant E(X-c)^2$,当且仅当 $c=E(X)$ 时等号成立。

**证明**:对任意的常数 $c$,有

$$\begin{aligned}E(X-c)^2&=E[X-E(X)+E(X)-c]^2\\&=E[X-E(X)]^2+2[E(X)-c]\cdot E[X-E(X)]+[E(X)-c]^2\\&=E[X-E(X)]^2+[E(X)-c]^2\end{aligned}$$

由此即得 $D(X)=E[X-E(X)]^2\leqslant E(X-c)^2$。当且仅当 $c=E(X)$ 时,等号成立。

**性质 4.2.3** 对随机变量 $X$,若 $c$ 是常数,则 $D(cX)=c^2D(X)$。

**性质 4.2.4** 设 $X,Y$ 是两个随机变量,且 $D(X),D(Y)$ 存在,则有

$$\begin{aligned}D(X\pm Y)&=D(X)+D(Y)\pm 2E\{[X-E(X)][Y-E(Y)]\}\\&=D(X)+D(Y)\pm 2[E(XY)-E(X)\cdot E(Y)]\end{aligned}$$

特别地,当 $X,Y$ 相互独立时,有 $D(X\pm Y)=D(X)+D(Y)$。

**证明**:由方差的常用计算公式可得

$$\begin{aligned}D(X\pm Y)&=E[(X\pm Y)-E(X\pm Y)]^2\\&=E\{[X-E(X)]\pm[Y-E(Y)]\}^2\\&=E[X-E(X)]^2+E[Y-E(Y)]^2\pm 2E\{[X-E(X)][Y-E(Y)]\}\\&=D(X)+D(Y)\pm 2[E(XY)-E(X)\cdot E(Y)]\end{aligned}$$

其中

$$\begin{aligned}E\{[X-E(X)][Y-E(Y)]\}&=E(XY)-E(X)E(Y)-E(Y)E(X)+E(X)E(Y)\\&=E(XY)-E(X)E(Y)\end{aligned}$$

特别地,若 $X,Y$ 是两个相互独立的随机变量,此时有 $E(XY)=E(X)\cdot E(Y)$,则

$$D(X\pm Y)=D(X)+D(Y)$$

独立随机变量和差的方差的性质可以推广到 $n$ 维随机变量的情形,如果 $X_1,X_2,\cdots,X_n$ 是 $n$ 个相互独立的随机变量,设 $c_i$ 为常数,$D(X_i)$ $(1\leqslant i\leqslant n)$ 都存在,则有

$$D\left(\sum_{i=1}^{n}c_iX_i\right)=\sum_{i=1}^{n}c_i^2D(X_i)$$

**例 4.2.5** 设随机变量 $X$ 和 $Y$ 相互独立,试证

$$D(XY)=D(X)D(Y)+[E(X)]^2D(Y)+[E(Y)]^2D(X)$$

**证明**:因为随机变量 $X$ 与 $Y$ 独立,所以 $X^2$ 和 $Y^2$ 也相互独立,利用数学期望的性质,得

$$E(XY)=E(X)E(Y),E(X^2Y^2)=E(X^2)E(Y^2)$$

于是,再利用方差的重要计算公式,有

$$D(XY)=E(X^2Y^2)-[E(XY)]^2=E(X^2)E(Y^2)-[E(X)]^2[E(Y)]^2$$

又 $E(X^2)=D(X)+[E(X)]^2$，$E(Y^2)=D(Y)+[E(Y)]^2$。故而

$$\begin{aligned}D(XY)&=\{D(X)+[E(X)]^2\}E(Y^2)-[E(X)]^2[E(Y)]^2\\&=D(X)E(Y^2)+[E(X)]^2\{E(Y^2)-[E(Y)]^2\}\\&=D(X)\{D(Y)+[E(Y)]^2\}+[E(X)]^2D(Y)\\&=D(X)D(Y)+[E(X)]^2D(Y)+[E(Y)]^2D(X)\end{aligned}$$

**例 4.2.6**　设随机变量 $X$ 具有数学期望 $E(X)=\mu$，方差 $D(X)=\sigma^2\neq 0$。记 $X^*=\dfrac{X-\mu}{\sigma}$，则

$$E(X^*)=\frac{1}{\sigma}E(X-\mu)=\frac{1}{\sigma}[E(X)-\mu]=0$$

$$D(X^*)=E(X^{*2})-[E(X^*)]^2=E\left[\left(\frac{X-\mu}{\sigma}\right)^2\right]=\frac{1}{\sigma^2}E[(X-\mu)^2]=\frac{\sigma^2}{\sigma^2}=1$$

即 $X^*$ 的数学期望为 0，方差为 1。$X^*=\dfrac{X-\mu}{\sigma}$ 称为随机变量 $X$ 的**标准化变量**。

### 4.2.4　常见分布的数学期望与方差

**例 4.2.7(0-1 分布)**　设随机变量 $X\sim b(1,p)$，求 $E(X)$ 与 $D(X)$。

**解**：$X$ 的分布律为

$$P\{X=1\}=p,P\{X=0\}=1-p$$

则

$$E(X)=1\times p+0\times(1-p)=p$$

且

$$E(X^2)=1^2\times p+0^2\times(1-p)=p$$

因而

$$D(X)=E(X^2)-[E(X)]^2=p-p^2=p(1-p)$$

**例 4.2.8(二项分布)**　若随机变量 $X\sim b(n,p)$，求 $E(X)$ 与 $D(X)$。

**解**：

**第一种方法**：$X$ 的分布律为

$$P\{X=k\}=C_n^kp^kq^{n-k},\ k=0,1,2,\cdots,n$$

所以

$$\begin{aligned}E(X)&=\sum_{k=0}^{n}k\cdot C_n^kp^kq^{n-k}\\&=np\sum_{k=1}^{n}C_{n-1}^{k-1}p^{k-1}q^{n-1-(k-1)}\\&=np(p+q)^{n-1}=np\end{aligned}$$

由于

$$\begin{aligned}E[X(X-1)]&=\sum_{k=0}^{n}k(k-1)C_n^kp^kq^{n-k}\\&=n(n-1)p^2\sum_{k=2}^{n}C_{n-2}^{k-2}p^{k-2}q^{n-2-(k-2)}\end{aligned}$$

$$= n(n-1)p^2(p+q)^{n-2}$$
$$= n(n-1)p^2$$

且

$$E(X^2) = E[X(X-1)] + E(X) = n(n-1)p^2 + np$$

因而

$$\begin{aligned} D(X) &= E(X^2) - [E(X)]^2 \\ &= n(n-1)p^2 + np - n^2p^2 \\ &= np(1-p) \end{aligned}$$

**第二种方法**：因 $X$ 表示 $n$ 重独立伯努利试验中事件 $A$ 出现的次数，其中 $A$ 在每次试验中出现的概率为 $p$ 。若设

$$X_i = \begin{cases} 1, 第\ i\ 次试验成功 \\ 0, 第\ i\ 次试验失败 \end{cases}, i = 1,2,\cdots,n$$

则 $X = X_1 + X_2 + \cdots + X_n$ ，且 $X_1, X_2, \cdots, X_n$ 相互独立，因而

$$E(X) = \sum_{i=1}^{n} E(X_i) = np$$

$$D(X) = \sum_{i=1}^{n} D(X_i) = np(1-p)$$

**例 4.2.9（泊松分布）** 设随机变量 $X \sim \pi(\lambda)$ ，求 $E(X)$ 与 $D(X)$ 。

**解**：$X$ 的分布律为

$$P\{X = k\} = \frac{\lambda^k e^{-\lambda}}{k!}, k = 0, 1, 2, \cdots, \lambda > 0$$

则

$$E(X) = \sum_{k=0}^{\infty} k \cdot \frac{\lambda^k e^{-\lambda}}{k!} = \lambda e^{-\lambda} \sum_{k=1}^{\infty} \frac{\lambda^{k-1}}{(k-1)!} = \lambda e^{-\lambda} \cdot e^{\lambda} = \lambda$$

而

$$\begin{aligned} E(X^2) &= E[X(X-1)] + E(X) \\ &= \sum_{k=0}^{\infty} k(k-1) \frac{\lambda^k e^{-\lambda}}{k!} + \lambda \\ &= \lambda^2 e^{-\lambda} \sum_{k=2}^{\infty} \frac{\lambda^{k-2}}{(k-2)!} + \lambda \\ &= \lambda^2 + \lambda \end{aligned}$$

因而

$$D(X) = E(X^2) - [E(X)]^2 = \lambda$$

**例 4.2.10（几何分布）** 设随机变量 $X \sim Ge(p)$ ，$0 < p < 1$，求 $E(X)$ 与 $D(X)$ 。

**解**：$X$ 的分布律为

$$P\{X = k\} = p(1-p)^{k-1}, \ k = 1,2,\cdots$$

记 $q = 1 - p$ ，则

$$\begin{aligned} E(X) &= \sum_{k=1}^{\infty} kpq^{k-1} \\ &= p\sum_{k=1}^{\infty} (q^k)' = p\left(\sum_{k=1}^{\infty} q^k\right)' \end{aligned}$$

$$= p\left(\frac{q}{1-q}\right)' = \frac{1}{p}$$

$$E(X^2) = \sum_{k=1}^{\infty} k^2 pq^{k-1}$$

$$= p\sum_{k=1}^{\infty} k(k-1)q^{k-1} + \sum_{k=1}^{\infty} kpq^{k-1}$$

$$= qp\left(\sum_{k=1}^{\infty} q^k\right)'' + E(X)$$

$$= qp\left(\frac{q}{1-q}\right)'' + \frac{1}{p} = \frac{2-p}{p^2}$$

故

$$D(X) = E(X^2) - [E(X)]^2 = \frac{1-p}{p^2}$$

**例 4.2.11(负二项分布)**　若随机变量 $X \sim Nb(r,p)$ ,求 $E(X)$ 与 $D(X)$ 。

**解**: $X$ 可以表示在独立重复的伯努利试验序列中事件 $A$ 第 $r$ 次发生时的试验总次数,其中 $A$ 在每次试验中出现的概率为 $p$ 。记随机变量 $X_i(i=1,2,\cdots,r)$ 表示事件 $A$ 在独立重复的伯努利试验序列中,从第 $i-1$ 次到第 $i$ 次发生时经过的试验次数,则 $X = X_1 + X_2 + \cdots + X_r$, $X_i \sim Ge(p)$ $(i=1,2,\cdots,r)$ ,且它们是独立的。由于

$$E(X_i) = \frac{1}{p}$$

$$D(X_i) = \frac{1-p}{p^2}$$

则

$$E(X) = \sum_{i=1}^{r} E(X_i) = \frac{r}{p}$$

$$D(X) = \sum_{i=1}^{r} D(X_i) = \frac{r(1-p)}{p^2}$$

**例 4.2.12 (超几何分布)**　设随机变量 $X \sim h(n,N,M)$ ,求 $E(X)$ 与 $D(X)$ 。

**解**: $X$ 的分布律为 $P\{X=k\} = \dfrac{C_M^k \cdot C_{N-M}^{n-k}}{C_N^n}$, $k=0,1,2,\cdots,r$ ,其中 $r=\min\{M,n\}$ ,则

$$E(X) = \sum_{k=0}^{r} kP\{X=k\}$$

$$= \sum_{k=1}^{r} \frac{k \cdot C_M^k \cdot C_{N-M}^{n-k}}{C_N^n}$$

$$= n\frac{M}{N}\sum_{k=1}^{r} \frac{C_{M-1}^{k-1} \cdot C_{N-M}^{n-k}}{C_{N-1}^{n-1}} = n\frac{M}{N}$$

$$E(X^2) = \sum_{k=0}^{r} k^2 P\{X=k\}$$

$$= \sum_{k=0}^{r} k(k-1)P\{X=k\} + \sum_{k=0}^{r} kP\{X=k\}$$

其中

$$\sum_{k=0}^{r} k(k-1)P\{X=k\} = \sum_{k=2}^{r} \frac{k(k-1)\cdot C_M^k \cdot C_{N-M}^{n-k}}{C_N^n}$$
$$= \frac{M(M-1)}{C_N^n}\sum_{k=2}^{r} C_{M-2}^{k-2}\cdot C_{N-M}^{n-k}$$
$$= \frac{M(M-1)}{C_N^n}\cdot C_{N-2}^{n-2}$$
$$= \frac{M(M-1)n(n-1)}{N(N-1)}$$

于是

$$D(X) = E(X^2) - [E(X)]^2 = \frac{nM(N-M)(N-n)}{N^2(N-1)}$$

**例 4.2.13（均匀分布）** 设随机变量 $X \sim U(a,b)$，求 $E(X)$ 与 $D(X)$。

**解**：$X$ 的概率密度函数为 $f(x)=\begin{cases}\dfrac{1}{b-a}, & a<x<b\\ 0, & 其他\end{cases}$，则

$$E(X) = \int_{-\infty}^{+\infty} xf(x)\,\mathrm{d}x = \int_a^b \frac{x}{b-a}\mathrm{d}x = \frac{a+b}{2}$$

$$D(X) = E(X^2) - [E(X)]^2 = \int_a^b x^2\frac{1}{b-a}\mathrm{d}x - \left(\frac{a+b}{2}\right)^2 = \frac{(b-a)^2}{12}$$

**例 4.2.14（指数分布）** 设随机变量 $X \sim f(x) = \begin{cases}\lambda \mathrm{e}^{-\lambda x}, & x \geqslant 0\\ 0, & x<0\end{cases}$，$\lambda > 0$，求 $E(X)$ 与 $D(X)$。

**解**：

$$E(X) = \int_{-\infty}^{+\infty} xf(x)\,\mathrm{d}x = \int_0^{+\infty} x\lambda \mathrm{e}^{-\lambda x}\mathrm{d}x = -x\mathrm{e}^{-\lambda x}\Big|_0^{+\infty} + \int_0^{+\infty}\mathrm{e}^{-\lambda x}\mathrm{d}x = \frac{1}{\lambda}$$

$$E(X^2) = \int_{-\infty}^{+\infty} x^2f(x)\,\mathrm{d}x = \int_0^{+\infty} x^2\lambda \mathrm{e}^{-\lambda x}\mathrm{d}x = -x^2\mathrm{e}^{-\lambda x}\Big|_0^{+\infty} + \int_0^{+\infty}2x\mathrm{e}^{-\lambda x}\mathrm{d}x = \frac{2}{\lambda^2}$$

于是

$$D(X) = E(X^2) - [E(X)]^2 = \frac{2}{\lambda^2} - \frac{1}{\lambda^2} = \frac{1}{\lambda^2}$$

**例 4.2.15（正态分布）** 设 $X \sim N(\mu,\sigma^2)$，求 $E(X)$ 与 $D(X)$。

**解**：$X$ 的概率密度为 $f(x) = \dfrac{1}{\sqrt{2\pi}\sigma}\mathrm{e}^{-\frac{(x-\mu)^2}{2\sigma^2}}$，$-\infty < x < +\infty$，因而

$$E(X) = \int_{-\infty}^{+\infty} xf(x)\,\mathrm{d}x = \int_{-\infty}^{+\infty} x\cdot\frac{1}{\sqrt{2\pi}\sigma}\mathrm{e}^{-\frac{(x-\mu)^2}{2\sigma^2}}\mathrm{d}x$$

令 $\dfrac{x-\mu}{\sigma} = t$，则

$$E(X) = \mu\int_{-\infty}^{+\infty}\frac{1}{\sqrt{2\pi}}\mathrm{e}^{-\frac{t^2}{2}}\mathrm{d}t + \sigma\int_{-\infty}^{+\infty}\frac{t}{\sqrt{2\pi}}\mathrm{e}^{-\frac{t^2}{2}}\mathrm{d}t = \mu$$

$$D(X)=E\{[X-E(X)]^2\}=\int_{-\infty}^{+\infty}(x-\mu)^2\cdot\frac{1}{\sqrt{2\pi}\sigma}e^{-\frac{(x-\mu)^2}{2\sigma^2}}dx$$

$$=\frac{\sigma^2}{\sqrt{2\pi}}\int_{-\infty}^{+\infty}t^2e^{-\frac{t^2}{2}}dt\quad(令\ t=\frac{x-\mu}{\sigma})$$

$$=\frac{\sigma^2}{\sqrt{2\pi}}\left[t\left(-e^{-\frac{t^2}{2}}\right)\Big|_{-\infty}^{+\infty}+\int_{-\infty}^{+\infty}e^{-\frac{t^2}{2}}dt\right]$$

$$=\frac{\sigma^2}{\sqrt{2\pi}}\cdot\sqrt{2\pi}=\sigma^2$$

**例 4.2.16（伽马分布）**　设 $X\sim\Gamma(\alpha,\beta)$，求 $E(X)$ 与 $D(X)$。

**解**：$X$ 的概率密度函数 $f(x)=\begin{cases}\dfrac{\beta^\alpha}{\Gamma(\alpha)}x^{\alpha-1}e^{-\beta x}, & x>0\\ 0, & 其他\end{cases}$，则有

$$E(X)=\int_0^{+\infty}x\cdot\frac{\beta^\alpha}{\Gamma(\alpha)}x^{\alpha-1}e^{-\beta x}dx=\frac{1}{\beta\Gamma(\alpha)}\int_0^{+\infty}(\beta x)^\alpha e^{-\beta x}d(\beta x)=\frac{\Gamma(\alpha+1)}{\beta\Gamma(\alpha)}$$

$$\Gamma(\alpha+1)=\int_0^{+\infty}x^\alpha e^{-x}dx=-x^\alpha e^{-x}\Big|_0^{+\infty}+\int_0^{+\infty}e^{-x}dx^\alpha=\alpha\int_0^{+\infty}x^{\alpha-1}e^{-x}dx=\alpha\Gamma(\alpha)$$

从而得到

$$E(X)=\frac{\alpha}{\beta}$$

而

$$E(X^2)=\int_0^{+\infty}x^2\cdot\frac{\beta^\alpha}{\Gamma(\alpha)}x^{\alpha-1}e^{-\beta x}dx=\frac{\int_0^{+\infty}(\beta x)^{\alpha+1}e^{-\beta x}d(\beta x)}{\beta^2\Gamma(\alpha)}$$

$$=\frac{\Gamma(\alpha+2)}{\beta^2\Gamma(\alpha)}=\frac{(\alpha+1)\alpha}{\beta^2}$$

因而有

$$D(X)=E(X^2)-[E(X)]^2=\frac{(\alpha+1)\alpha}{\beta^2}-\frac{\alpha^2}{\beta^2}=\frac{\alpha}{\beta^2}$$

**例 4.2.17（贝塔分布）**　设 $X\sim B(a,b)$，求 $E(X)$ 与 $D(X)$。

**解**：$X$ 的概率密度函数

$$f(x)=\begin{cases}\dfrac{1}{B(a,b)}x^{a-1}(1-x)^{b-1}, & 0<x<1\\ 0, & 其他\end{cases}$$

则

$$E(X)=\frac{1}{B(a,b)}\int_0^1x^a(1-x)^{b-1}dx$$

$$=\frac{\Gamma(a+b)}{\Gamma(a)\Gamma(b)}\cdot\frac{\Gamma(a+1)\Gamma(b)}{\Gamma(a+b+1)}$$

$$=\frac{a}{a+b}$$

由于

$$E(X^2)=\frac{1}{B(a,b)}\int_0^1 x^{a+1}(1-x)^{b-1}dx$$
$$=\frac{\Gamma(a+b)}{\Gamma(a)\Gamma(b)}\cdot\frac{\Gamma(a+2)\Gamma(b)}{\Gamma(a+b+2)}$$
$$=\frac{a(a+1)}{(a+b)(a+b+1)}$$

因而方差为

$$D(X)=\frac{a(a+1)}{(a+b)(a+b+1)}-\left(\frac{a}{a+b}\right)^2=\frac{ab}{(a+b)^2(a+b+1)}$$

## 习题 4.2

1.设随机变量 $X$ 满足 $E(X)=D(X)=\lambda$，已知 $E[(X-1)(X-2)]=1$，试求 $\lambda$。

2.假设有 10 只同种电气元件，其中有 2 只不合格品。装配仪器时，从这批元件中任取一只，如是不合格品，则扔掉重新任取一只；如仍是不合格品，则扔掉再取一只。试求在取到合格品之前，已取出的不合格品数的方差。

3.已知 $E(X)=-2$，$E(X^2)=5$，求 $D(1-3X)$。

4.设随机变量 $X$ 的概率分布为 $P\{X=-2\}=\frac{1}{2}$，$P\{X=1\}=a$，$P\{X=3\}=b$，若 $E(X)=0$，求 $D(X)$。

5.设 $P\{X=0\}=1-P\{X=1\}$，如果 $E(X)=3D(X)$，求 $P\{X=0\}$。

6.设随机变量 $X$ 的分布函数为 $F(x)=\begin{cases}\frac{e^x}{2}, & x<0\\ \frac{1}{2}, & 0\leqslant x<1\\ 1-\frac{1}{2}e^{-\frac{1}{2}(x-1)}, & x\geqslant 1\end{cases}$，试求 $D(X)$。

7.设 $(X,Y)\sim f(x,y)=\begin{cases}\frac{1}{2}xy, & 0<x\leqslant y<2\\ 0, & \text{其他}\end{cases}$，求 $D(X)$。

8.设随机变量 $X$ 的概率密度函数为 $f(x)=\begin{cases}1+x, & -1<x\leqslant 0\\ 1-x, & 0<x\leqslant 1\\ 0, & \text{其他}\end{cases}$，试求 $D(3X+2)$。

9.设随机变量 $X$ 的概率密度函数为 $f(x)=\begin{cases}ax+bx^2, & 0\leqslant x\leqslant 1\\ 0, & \text{其他}\end{cases}$，如果已知 $E(X)=0.5$，试计算 $D(X)$。

10.设随机变量 $X$ 的分布函数为 $F(x)=\begin{cases}1-e^{-x^2}, & x>0\\ 0, & \text{其他}\end{cases}$。试求 $E(X)$ 和 $D(X)$。

11.已知正常成年男性每升血液中的白细胞数平均是 $7.3\times10^9$,标准差是 $0.7\times10^9$。试利用切比雪夫不等式估计每升血液中的白细胞数在 $5.2\times10^9\sim9.4\times10^9$ 的概率的下界。

12.在每次试验中,事件 $A$ 发生的概率为 0.75,利用切比雪夫不等式求独立重复试验的次数 $n$ ,使得事件 $A$ 在 $n$ 次独立重复试验中出现的频率在 $0.74\sim0.76$ 的概率至少为 0.90。

13.设连续型随机变量 $X_1,X_2$ 相互独立,且方差均存在, $X_1,X_2$ 的概率密度函数分别为 $f_1(x),f_2(x)$ ,随机变量 $Y_1$ 的概率密度函数为 $f_{Y_1}(y)=\dfrac{1}{2}\left[f_1(y)+f_2(y)\right]$ ,随机变量 $Y_2=\dfrac{1}{2}(X_1+X_2)$ ,求证: $E(Y_1)=E(Y_2)$ , $D(Y_1)>D(Y_2)$ 。

14.随机变量 $X_1,X_2,\cdots,X_5$ 独立同分布,其概率密度函数为 $f(x)=\begin{cases}2x, & 0<x<1\\0, & 其他\end{cases}$ ,试求 $Y=\max\{X_1,X_2,\cdots,X_5\}$ 的概率密度函数、数学期望和方差。

15.设随机变量 $U\sim U(-2,2)$ ,定义随机变量 $X$ 和 $Y$ 如下

$$X=\begin{cases}-1, & U<-1\\1, & U\geqslant-1\end{cases},\quad Y=\begin{cases}-1, & U<1\\1, & U\geqslant1\end{cases}$$

试求 $D(X+Y)$ 。

16.已知 $(X,Y)$ 在区域 $D=\{(x,y)\mid0\leqslant x\leqslant3,0\leqslant y\leqslant3\}$ 中服从均匀分布,计算 $E(X-Y)$ 和 $D(2X+3Y+2)$ 。

## 4.3　二元数字特征

### 4.3.1　协方差

对于多维随机变量,单个随机变量的数学期望和方差只反映每个随机变量各自的平均值与偏离程度,因而需要提出新的数字特征来量化随机变量之间的关系。虽然 $E\{[X-E(X)][Y-E(Y)]\}=0$ 只是随机变量 $X,Y$ 相互独立的必要条件,但这仍然说明了 $E\{[X-E(X)][Y-E(Y)]\}$ 的数值在一定程度上反映了 $X$ 与 $Y$ 相互间的某种联系。从这个角度出发,赋予这种联系一个专门的名字——协方差,将其作为一个能刻画多维随机变量的各个分量间依赖关系的数字特征。

**定义 4.3.1**　二维随机变量 $(X,Y)$ ,若 $E\{[X-E(X)][Y-E(Y)]\}$ 存在 ,则称其为 $X$ 与 $Y$ 的**协方差**,记作 $\mathrm{Cov}(X,Y)$ ,即

$$\mathrm{Cov}(X,Y)=E\{[X-E(X)][Y-E(Y)]\}=E(XY)-E(X)E(Y)$$

特别地, $\mathrm{Cov}(X,X)=D(X)$ 。

(1)若 $(X,Y)$ 为离散型随机向量,其分布律为 $P\{X=x_i,Y=y_j\}=p_{ij}(i,j=1,2,\cdots)$ ,则

$$\mathrm{Cov}(X,Y)=\sum_{ij}[x_i-E(X)][y_j-E(Y)]p_{ij}$$

(2)若 $(X,Y)$ 为连续型随机向量,其概率分布为 $f(x,y)$ , 则

$$\mathrm{Cov}(X,Y)=\int_{-\infty}^{+\infty}\int_{-\infty}^{+\infty}[x-E(X)][y-E(Y)]f(x,y)\,\mathrm{d}x\mathrm{d}y$$

定义了协方差 $\mathrm{Cov}(X,Y)$ 之后,随机变量 $X$ 与 $Y$ 和差的方差与协方差的关系式可以写作

$$D(X \pm Y)=D(X)+D(Y) \pm 2\mathrm{Cov}(X,Y)$$

按照定义,协方差是 $X$ 的偏差 $[X-E(X)]$ 与 $Y$ 的偏差 $[Y-E(Y)]$ 乘积的数学期望,其值可正可负,也可以为零:

当 $\mathrm{Cov}(X,Y)>0$ 时,两个偏差 $[X-E(X)]$ 与 $[Y-E(Y)]$ 有同时增大或者同时减小的倾向。由于 $E(X)$ 与 $E(Y)$ 都是常数,这等价于 $X$ 与 $Y$ 有同时增大或者同时减小的倾向,此时称 $X$ 与 $Y$ **正(线性)相关**。

当 $\mathrm{Cov}(X,Y)<0$ 时,有 $X$ 增大而 $Y$ 减小的倾向,或者 $Y$ 增大而 $X$ 减小的倾向,此时称 $X$ 与 $Y$ **负(线性)相关**。

当 $\mathrm{Cov}(X,Y)=0$ 时,$X$ 与 $Y$ 的取值或者是没有任何关联,或者是两者存在某种非线性关系,此时称 $X$ 与 $Y$ **(线性)不相关**。

**例 4.3.1** 已知二维随机变量 $(X,Y)$ 的分布律为:

| $X$ \ $Y$ | $-1$ | 0 | 2 |
|---|---|---|---|
| 0 | 0.15 | 0.25 | 0 |
| 1 | 0.15 | 0.05 | 0.05 |
| 2 | 0.2 | 0 | 0.15 |

求 $\mathrm{Cov}(X,Y)$。

**解**:易知

$$E(X)=0\times 0.4+1\times 0.25+2\times 0.35=0.95$$

$$E(Y)=(-1)\times 0.5+0\times 0.3+2\times 0.2=-0.1$$

$$E(XY)=0\times(-1)\times 0.15+0\times 0\times 0.25+0\times 2\times 0+1\times(-1)\times 0.15+1\times 0\times 0.05+1\times 2\times 0.05+2\times(-1)\times 0.2+2\times 0\times 0+2\times 2\times 0.15=0.15$$

于是

$$\mathrm{Cov}(X,Y)=E(XY)-E(X)E(Y)=0.15-0.95\times(-0.1)=0.245$$

**例 4.3.2** 设连续型随机变量 $(X,Y)$ 的概率密度函数为

$$f(x,y)=\begin{cases}8xy, & 0\leqslant x\leqslant y\leqslant 1\\ 0, & \text{其他}\end{cases}$$

求 $\mathrm{Cov}(X,Y)$ 和 $D(X-Y)$。

**解**:由 $(X,Y)$ 的概率密度函数可求得其边缘概率密度函数分别为:

$$f_X(x)=\begin{cases}4x(1-x^2), & 0\leqslant x\leqslant 1\\ 0, & \text{其他}\end{cases} \quad \text{和} \quad f_Y(y)=\begin{cases}4y^3, & 0\leqslant y\leqslant 1\\ 0, & \text{其他}\end{cases}$$

于是

$$E(X)=\int_{-\infty}^{+\infty} xf_X(x)\,\mathrm{d}x=\int_0^1 x\cdot 4x(1-x^2)\,\mathrm{d}x=\frac{8}{15}$$

$$E(Y)=\int_{-\infty}^{+\infty} yf_Y(y)\,\mathrm{d}y=\int_0^1 y\cdot 4y^3\,\mathrm{d}y=\frac{4}{5}$$

$$E(XY)=\int_{-\infty}^{+\infty}\int_{-\infty}^{+\infty} xyf(x,y)\,\mathrm{d}x\mathrm{d}y=\int_0^1\mathrm{d}x\int_x^1 xy\cdot 8xy\,\mathrm{d}y=\frac{4}{9}$$

从而

$$\mathrm{Cov}(X,Y)=E(XY)-E(X)E(Y)=\frac{4}{225}$$

又

$$E(X^2)=\int_{-\infty}^{+\infty}x^2f_X(x)\,\mathrm{d}x=\int_0^1 x^2\cdot 4x(1-x^2)\,\mathrm{d}x=\frac{1}{3}$$

$$E(Y^2)=\int_{-\infty}^{+\infty}y^2f_Y(y)\,\mathrm{d}y=\int_0^1 y^2\cdot 4y^3\,\mathrm{d}y=\frac{2}{3}$$

所以

$$D(X)=E(X^2)-[E(X)]^2=\frac{11}{225}$$

$$D(Y)=E(Y^2)-[E(Y)]^2=\frac{2}{75}$$

故

$$D(X-Y)=D(X)+D(Y)-2\mathrm{Cov}(X,Y)=\frac{9}{225}=\frac{1}{25}$$

由协方差的定义可知它具有下述性质：

**性质 4.3.1**　$\mathrm{Cov}(X,Y)=\mathrm{Cov}(Y,X)$。

**性质 4.3.2**　$\mathrm{Cov}(aX,bY)=ab\mathrm{Cov}(X,Y)$，其中 $a,b$ 是常数。

**性质 4.3.3**　$\mathrm{Cov}(c,X)=0$，$c$ 为任意常数。

**性质 4.3.4**　$\mathrm{Cov}(X_1+X_2,Y)=\mathrm{Cov}(X_1,Y)+\mathrm{Cov}(X_2,Y)$。

**性质 4.3.5**　若 $X$ 与 $Y$ 相互独立，则 $\mathrm{Cov}(X,Y)=0$；反之不然。

这些性质留给感兴趣的读者自己来验证。

**例 4.3.3**　设 $\theta\sim U[-\pi,\pi]$，定义 $X=\sin\theta$，$Y=\cos\theta$，则 $X$ 与 $Y$ 不相关，但不相互独立。

**解**：由题意得

$$E(X)=\frac{1}{2\pi}\int_{-\pi}^{\pi}\sin x\,\mathrm{d}x=0$$

$$E(Y)=\frac{1}{2\pi}\int_{-\pi}^{\pi}\cos x\,\mathrm{d}x=0$$

$$E(X^2)=\frac{1}{2\pi}\int_{-\pi}^{\pi}\sin^2 x\,\mathrm{d}x=\frac{1}{2}$$

$$E(Y^2)=\frac{1}{2\pi}\int_{-\pi}^{\pi}\cos^2 x\,\mathrm{d}x=\frac{1}{2}$$

$$E(XY)=\frac{1}{2\pi}\int_{-\pi}^{\pi}\sin x\cos x\,\mathrm{d}x=0$$

这时

$$\mathrm{Cov}(X,Y)=E(XY)-E(X)\cdot E(Y)=0$$

因而 $X$ 与 $Y$ 是不相关的，但显然有 $X^2+Y^2=1$，虽然 $X$ 与 $Y$ 间没有线性关系，却有另外一种函数关系，从而 $X$ 与 $Y$ 是不独立的。

结合上面的例题，“独立”必导致“不相关”，但“不相关”不一定推出“独立”，独立是一个更强的条件。我们前面介绍的期望性质 4.1.5 和方差性质 4.2.4，都可以将条件“独立”降弱为“不相关”。即 $X$ **与** $Y$ **不相关与** $E(XY)=E(X)E(Y)$ **及** $D(X\pm Y)=D(X)+D(Y)$ **互为充要**

条件。

### 4.3.2 相关系数

协方差的数值虽然在一定程度上能够反映随机变量 $X$ 与 $Y$ 的联系,但它受 $X$ 与 $Y$ 本身量纲的影响。譬如,令随机变量 $X$ 与 $Y$ 各自增大至 $k$ 倍,即 $X_1 = kX$, $Y_1 = kY$,这时随机变量 $X_1$ 与 $Y_1$ 间的相互联系和 $X$ 与 $Y$ 间的相互联系应该是一样的,可是 $\mathrm{Cov}(X_1, Y_1) = k^2\mathrm{Cov}(X,Y)$。试想,仅仅改变了随机变量 $X$ 与 $Y$ 的量纲,即使改变前后的两个随机变量并没有实质的区别,但协方差的数值大小就会发生巨大的变化。可见,用协方差来定量描述随机变量关系是有一定的不足之处的。

为了克服这个缺陷,我们将协方差"标准化"。设 $(X,Y)$ 为二维随机变量, $D(X) > 0$, $D(Y) > 0$,令 $X_1 = \dfrac{X - E(X)}{\sqrt{D(X)}}, Y_1 = \dfrac{Y - E(Y)}{\sqrt{D(Y)}}$,则

$$\begin{aligned}\mathrm{Cov}(X_1,Y_1) &= E\left\{[X_1 - E(X_1)][Y_1 - E(Y_1)]\right\} = E(X_1Y_1)\\ &= \frac{1}{\sqrt{D(X)D(Y)}}E\left\{[X - E(X)]\cdot[Y - E(Y)]\right\}\\ &= \frac{\mathrm{Cov}(X,Y)}{\sqrt{D(X)D(Y)}}\end{aligned}$$

只要随机变量 $X$ 与 $Y$ 可以被标准化,那么我们就可以用这个标准化了的协方差来量化随机变量 $X$ 与 $Y$ 之间的联系,不受量纲的影响。

**定义 4.3.2** 设二维随机变量 $(X,Y)$, $D(X) > 0$, $D(Y) > 0$,则称

$$\rho_{XY} = \frac{\mathrm{Cov}(X,Y)}{\sqrt{D(X)D(Y)}}$$

为 $X$ 和 $Y$ 的(线性)**相关系数**,也记为 $\mathrm{corr}(X,Y)$。

由定义知,协方差 $\mathrm{Cov}(X,Y)$ 与相关系数 $\rho_{XY}$ 是同符号的,因而从相关系数的取值也可以评估随机变量间的正相关、负相关与不相关性。

**例 4.3.4** 设随机变量 $(X,Y) \sim N(\mu_1,\mu_2,\sigma_1^2,\sigma_2^2,\rho)$,求 $X$ 与 $Y$ 的相关系数 $\rho_{XY}$。

**解**:根据二维正态分布 $N(\mu_1,\mu_2,\sigma_1^2,\sigma_2^2,\rho)$ 的边缘概率密度函数可知 $E(X) = \mu_1$, $E(Y) = \mu_2$, $D(X) = \sigma_1^2$, $D(Y) = \sigma_2^2$,而

$$\begin{aligned}\mathrm{Cov}(X,Y) &= \int_{-\infty}^{+\infty}\int_{-\infty}^{+\infty}(x - \mu_1)(y - \mu_2)f(x,y)\,\mathrm{d}x\mathrm{d}y\\ &= \int_{-\infty}^{+\infty}\int_{-\infty}^{+\infty}\frac{(x - \mu_1)(y - \mu_2)}{2\pi\sigma_1\sigma_2\sqrt{1-\rho^2}}\exp\left[\frac{-1}{2(1-\rho^2)}\left(\frac{y-\mu_2}{\sigma_2} - \rho\frac{x-\mu_1}{\sigma_1}\right)^2 - \frac{(x-\mu_1)^2}{2\sigma_1^2}\right]\mathrm{d}x\mathrm{d}y\end{aligned}$$

令 $t = \dfrac{1}{\sqrt{1-\rho^2}}\left(\dfrac{y-\mu_2}{\sigma_2} - \rho\dfrac{x-\mu_1}{\sigma_1}\right)$, $s = \dfrac{x-\mu_1}{\sigma_1}$,则有

$$\begin{aligned}\mathrm{Cov}(X,Y) &= \frac{1}{2\pi}\int_{-\infty}^{+\infty}\int_{-\infty}^{+\infty}(\sigma_1\sigma_2\sqrt{1-\rho^2}\,ts + \rho\sigma_1\sigma_2 s^2)\mathrm{e}^{-(s^2+t^2)/2}\mathrm{d}t\mathrm{d}s\\ &= \frac{\rho\sigma_1\sigma_2}{2\pi}\left(\int_{-\infty}^{+\infty}s^2\mathrm{e}^{-\frac{s^2}{2}}\mathrm{d}s\right)\left(\int_{-\infty}^{+\infty}\mathrm{e}^{-\frac{t^2}{2}}\mathrm{d}t\right) + \frac{\sigma_1\sigma_2\sqrt{1-\rho^2}}{2\pi}\left(\int_{-\infty}^{+\infty}s\mathrm{e}^{-\frac{s^2}{2}}\mathrm{d}s\right)\left(\int_{-\infty}^{+\infty}t\mathrm{e}^{-\frac{t^2}{2}}\mathrm{d}t\right)\end{aligned}$$

$$= \frac{\rho\sigma_1\sigma_2}{2\pi}\sqrt{2\pi} \cdot \sqrt{2\pi}$$

即有 $\mathrm{Cov}(X,Y) = \rho\sigma_1\sigma_2$，于是

$$\rho_{XY} = \frac{\mathrm{Cov}(X,Y)}{\sqrt{D(X)}\sqrt{D(Y)}} = \rho$$

即当 $(X,Y) \sim N(\mu_1,\mu_2,\sigma_1^2,\sigma_2^2,\rho)$ 时，$X$ 与 $Y$ 的相关系数是参数 $\rho$。

相关系数描述了两个随机变量之间的关系，相关系数已知，有利于确定随机变量的其他数字特征，甚至是联合分布。

**例 4.3.5**　已知随机变量 $X$ 与 $Y$ 的相关系数 $\rho_{XY} = -\frac{1}{2}$，且 $D(X) = 3^2$，$D(Y) = 4^2$，设 $Z = \frac{X}{3} - \frac{Y}{2}$，求 $D(Z)$ 及 $\rho_{XZ}$。

**解**：因为

$$\mathrm{Cov}(X,\ Y) = \sqrt{D(X)} \cdot \sqrt{D(Y)} \cdot \rho_{XY} = 3 \times 4 \times \left(-\frac{1}{2}\right) = -6$$

所以

$$D(Z) = D\left(\frac{X}{3} - \frac{Y}{2}\right) = \frac{1}{9}D(X) + \frac{1}{4}D(Y) - 2 \times \frac{1}{3} \times \frac{1}{2}\mathrm{Cov}(X,Y) = 7$$

又因为

$$\mathrm{Cov}(X,\ Z) = \mathrm{Cov}\left(X,\ \frac{X}{3} - \frac{Y}{2}\right) = \frac{1}{3}\mathrm{Cov}(X,X) - \frac{1}{2}\mathrm{Cov}(X,Y) = 6$$

故

$$\rho_{XZ} = \frac{\mathrm{Cov}(X,Z)}{\sqrt{D(X)}\sqrt{D(Z)}} = \frac{6}{3 \times \sqrt{7}} = \frac{2\sqrt{7}}{7}$$

**例 4.3.6**　设离散型随机变量 $X$ 与 $Y$ 的概率分布相同，$X$ 的概率分布为：$P\{X = 0\} = \frac{2}{3}$，$P\{X = 1\} = \frac{1}{3}$；且 $X$ 与 $Y$ 的相关系数 $\rho_{XY} = \frac{1}{4}$。求 $(X,Y)$ 的联合分布律。

**解**：随机变量 $X$ 与 $Y$ 的概率分布相同，可得 $E(X) = E(Y) = \frac{1}{3}$；$D(X) = D(Y) = \frac{2}{9}$。又因为

$$\rho_{XY} = \frac{E(XY) - E(X)E(Y)}{\sqrt{D(X)D(Y)}} = \frac{1}{4}$$

所以

$$E(XY) = \frac{1}{6}$$

由于

$$E(XY) = P\{XY = 1\} = P\{X = 1, Y = 1\}$$

因而 $(X,Y)$ 的联合分布律为：

| X \ Y | 0 | 1 | |
|---|---|---|---|
| 0 | $\frac{1}{2}$ | $\frac{1}{6}$ | $\frac{2}{3}$ |
| 1 | $\frac{1}{6}$ | $\frac{1}{6}$ | $\frac{1}{3}$ |
| | $\frac{2}{3}$ | $\frac{1}{3}$ | 1 |

为了研究相关系数的性质,需要下面的引理。

**引理 4.3.1[柯西-施瓦茨(Cauchy-Schwarz)不等式]** 若 $(X,Y)$ 是一个二维随机变量,又因为 $E(X^2)<\infty, E(Y^2)<\infty$,则有 $|E(XY)|^2 \leqslant E(X^2)\cdot E(Y^2)$。该不等式取等号的充要条件是存在常数 $t$,使得 $P\{tX-Y=0\}=1$。

**证明**:先证明柯西-施瓦茨不等式。构造关于实变量 $t$ 的二次函数

$$g(t)=E(tX-Y)^2=t^2\cdot E(X^2)-2t\cdot E(XY)+E(Y^2)$$

因为对一切 $t$,有 $(tX-Y)^2\geqslant 0$,所以 $g(t)\geqslant 0$,从而关于 $t$ 的一元二次方程 $g(t)=0$ 要么没有实根,要么只有一个重根。由此知一元二次方程 $g(t)=0$ 的判别式

$$4[E(XY)]^2-4E(X^2)\cdot E(Y^2)\leqslant 0$$

即

$$|E(XY)|^2\leqslant E(X^2)\cdot E(Y^2)$$

下面证明柯西-施瓦茨不等式取等号的充要条件。通过上面的讨论可知,对于不等式 $|E(XY)|^2\leqslant E(X^2)\cdot E(Y^2)$,等号成立等价于二次方程 $g(t)=0$ 有一个重根 $t_0$,即

$$E(t_0X-Y)^2=0$$

所以有

$$D(t_0X-Y)=E(t_0X-Y)^2-[E(t_0X-Y)]^2=-[E(t_0X-Y)]^2\leqslant 0$$

又因为方差具有非负性,从而只能是

$$D(t_0X-Y)=0$$

再由方差的性质即知,此式成立的充要条件是

$$P\{t_0X-Y=0\}=1$$

二维随机变量 $(X,Y)$ 的两个分量 $X$ 与 $Y$ 的相关系数 $\rho_{XY}$ 具有下列性质。

**性质 4.3.6** $|\rho_{XY}|\leqslant 1$。

**证明**:令 $X_1=X-E(X)$,$Y_1=Y-E(Y)$,则由柯西-施瓦茨不等式,得

$$\rho_{XY}{}^2=\frac{\left(E\{[X-E(X)]\cdot[Y-E(Y)]\}\right)^2}{D(X)\cdot D(Y)}=\frac{[E(X_1Y_1)]^2}{E(X_1^2)\cdot E(Y_1^2)}\leqslant 1$$

即

$$|\rho_{XY}|\leqslant 1$$

**性质 4.3.7** $|\rho_{XY}|=1$ 等价于存在常数 $a$, $b$ $(a\neq 0)$,使 $P\{Y=aX+b\}=1$。且当 $a>0$ 时,$\rho_{XY}=1$;当 $a<0$ 时,$\rho_{XY}=-1$。

**证明**:由性质 4.3.6 的证明知,$|\rho_{XY}|=1$ 的充分必要条件是

$$[E(X_1Y_1)]^2-E(X_1^2)\cdot E(Y_1^2)=0$$

而这个式子成立的充要条件是,存在 $t_0$,使得

$$P\{t_0X_1-Y_1=0\}=1$$

这等价于存在常数 $a = t_0$, $b = E(Y) - t_0 \cdot E(X)$ ,使得 $P\{Y = aX + b\} = 1$。

具体地,如果存在常数 $a$, $b$ ,使 $P\{Y = aX + b\} = 1$,则有

$$\rho_{XY} = \frac{\mathrm{Cov}(X,Y)}{\sqrt{D(X)}\ \sqrt{D(Y)}} = \frac{\mathrm{Cov}(X,aX+b)}{\sqrt{D(X)}\ \sqrt{D(aX+b)}} = \frac{aD(X)}{|a|\ D(X)} = \frac{a}{|a|}$$

因而,当 $a > 0$ 时, $\rho_{XY} = 1$;当 $a < 0$ 时, $\rho_{XY} = -1$。

相关系数 $\rho_{XY}$ 刻画了随机变量 $X$ 与 $Y$ 之间的"线性相关"程度:

(1)如果 $|\rho_{XY}|$ 的值越接近 0,那么随机变量 $X$ 与 $Y$ 的线性相关程度越低。

(2)如果 $|\rho_{XY}|$ 的值越接近 1,那么随机变量 $X$ 与 $Y$ 的线性相关程度越高。

(3)当 $\rho_{XY} = 0$ 时, $X$ 与 $Y$ 之间没有线性关系,即 $X$ 与 $Y$ 是不(线性)相关的。

(4)当 $|\rho_{XY}| = 1$ 时,随机变量 $X$ 与 $Y$ 的线性关系以概率 1 成立。当 $\rho_{XY} = 1$ 时,存在常数 $a$, $b$ $(a > 0)$ ,使 $P\{Y = aX + b\} = 1$,此时 $X$ 与 $Y$ 为**完全正相关**;当 $\rho_{XY} = -1$ 时,存在常数 $a$, $b$ $(a < 0)$ ,使 $P\{Y = aX + b\} = 1$,此时 $X$ 与 $Y$ 为**完全负相关**。

对于随机变量 $X$ 与 $Y$ ,独立是不相关的充分非必要条件,即当随机变量 $X$ 与 $Y$ 独立时,两者一定是不相关的;反之, $X$ 与 $Y$ 不相关时,随机变量 $X$ 与 $Y$ 可能独立,也可能不独立。但下面的性质是个例外。

**性质 4.3.8**　若 $(X,Y) \sim N(\mu_1,\mu_2,\sigma_1^2,\sigma_2^2,\rho)$ ,则 $X$ 与 $Y$ 不相关与独立是等价的。

**证明**:结合例 3.2.11 和例 4.3.4 可得结论。

## 习题 4.3

1.掷一颗骰子两次,求其点数之和与点数之差的协方差。

2.某箱装有 100 个产品,其中一、二、三等品分别为 60 件、20 件、20 件。现在从中随机抽取一件,记 $X_i = \begin{cases} 1, & \text{抽到 } i \text{ 等品} \\ 0, & \text{其他} \end{cases}$ ,$i = 1,2,3$。试求 $X_1$ 与 $X_2$ 的相关系数 $\rho$ 。

3.设 $X$ 、$Y$ 独立同分布, $P\{X = k\} = \dfrac{1}{2}$, $k = 1, 2$,令 $\xi = X - Y$, $\eta = X + Y$,求 $E(\xi)$, $E(\eta)$, $D(\xi)$, $D(\eta)$ 以及 $\rho_{\xi\eta}$ 。

4.设二维随机变量 $(X,Y) \sim f(x,y) = \begin{cases} 3x, & 0 < y < x < 1 \\ 0, & \text{其他} \end{cases}$ ,求 $\rho_{XY}$ 。

5.将一枚硬币重复掷 $n$ 次,以 $X$ 和 $Y$ 分别表示正面向上和反面向上的次数,试求 $X$ 和 $Y$ 的协方差及相关系数。

6.设二维随机变量 $(X,Y)$ 在矩形 $G = \{(x,y) \mid 0 \leqslant x \leqslant 2, 0 \leqslant y \leqslant 1\}$ 上服从均匀分布,记

$$U = \begin{cases} 1, & X > Y \\ 0, & X \leqslant Y \end{cases},\quad V = \begin{cases} 1, & X > 2Y \\ 0, & X \leqslant 2Y \end{cases}$$

求 $U$ 和 $V$ 的相关系数。

7.设二维随机变量 $(X,Y)$ 服从单位圆内的均匀分布,试证 $X$ 与 $Y$ 不独立且 $X$ 与 $Y$ 不相关。

## 4.4 条件特征与回归

在前面的章节中我们讨论过条件分布。由于多维随机变量的每个分量之间可能存在着某种相互联系,确定了其中一个随机变量的取值之后可能会对另一随机变量的分布产生影响,这就是所谓的条件分布。从另一个角度来看,这种影响也会在数字特征上得到反映。下面要讨论的是:在某个随机变量取某值的条件下,另一个随机变量的数字特征。例如,在 $\{X=x\}$ 条件下,随机变量 $Y$ 的条件数学期望 $E(Y\mid x)$ ,以及在 $\{X=x\}$ 条件下 $Y$ 的条件方差 $D(Y\mid x)$ 。

### 4.4.1 条件数学期望

这里我们对于离散型随机变量和连续型随机变量两种情况直接给出条件数学期望的定义:

**定义 4.4.1** 称

$$E(Y\mid X=x)=\begin{cases}\sum\limits_{j} y_jP\{Y=y_j\mid X=x\}, & (X,Y)\text{ 为二维离散型随机变量}\\ \int_{-\infty}^{+\infty} yf_{Y\mid X}(y\mid x)\,\mathrm{d}y, & (X,Y)\text{ 为二维连续型随机变量}\end{cases}$$

为在 $\{X=x\}$ 条件下随机变量 $Y$ 的**条件数学期望**,简称**条件期望**,或**条件均值**,也记为 $E(Y\mid x)$ 。

类似地,称

$$E(X\mid Y=y)=\begin{cases}\sum\limits_{i} x_iP\{X=x_i\mid Y=y\}, & (X,Y)\text{ 为二维离散型随机变量}\\ \int_{-\infty}^{+\infty} xf_{X\mid Y}(x\mid y)\,\mathrm{d}x, & (X,Y)\text{ 为二维连续型随机变量}\end{cases}$$

为在 $\{Y=y\}$ 条件下随机变量 $X$ 的条件数学期望。

在数学期望一节,我们研究过随机变量函数的数学期望。对于条件数学期望,也有与之类似的计算方法,设 $g(x)$ 是定义在实数域上的连续函数,则:

(1)设离散型随机向量 $(X,Y)$ 的分布律为 $P\{X=x_i,Y=y_j\}=p_{ij}(i,j=1,2,\cdots)$ ,则

$$E(g(X)\mid Y=y_j)=\sum_i g(x_i)P\{X=x_i\mid Y=y_j\}$$

(2)设 $(X,Y)$ 是连续型随机向量,具有联合概率密度函数 $f(x,y)$ ,则

$$E(g(X)\mid Y=y)=\int_{-\infty}^{+\infty} g(x)f_{X\mid Y}(x\mid y)\,\mathrm{d}x$$

**例 4.4.1** 随机变量 $X$ 和 $Y$ 如例 3.3.2 定义,试求 $(X,Y)$ 的条件数学期望 $E(X\mid Y=n)$ 。

**解**:由例 3.3.2 知

$$E(X\mid Y=n)=\sum_{m=1}^{n-1} m\cdot P\{X=m\mid Y=n\}=\sum_{m=1}^{n-1} m\cdot\frac{1}{n-1}=\frac{n}{2}$$

在这个例子中,条件数学期望 $E(X\mid Y=n)$ 的意义是很直观的。如果已知第 2 次击中发生在第 $n$ 次射击,那么第 1 次击中可能发生在第 $1,2,\cdots,n-1$ 次射击,并且发生在任 $m\ (1\leqslant m\leqslant n-1)$ 次是等可能的,概率都是 $\frac{1}{n-1}$ ,即 $P\{X=m\mid Y=n\}=\frac{1}{n-1}$ 。它的条件均值为

$\frac{n}{2}$。条件数学期望 $E(X\mid y)$ 可以理解为在已知 $\{Y=y\}$ 发生的条件下，对随机变量 $X$ 的一个“合理”的平均预测。

**例 4.4.2**　设随机变量 $(X,Y)$ 的概率密度函数为 $f(x,y)=\begin{cases}e^{-y}, & 0<x<y\\ 0, & \text{其他}\end{cases}$，求 $E(X\mid Y=5)$。

**解**：随机变量 $Y$ 的边缘概率密度函数

$$f_Y(y)=\begin{cases}\int_0^y e^{-y}dx=ye^{-y}, & y>0\\ 0, & \text{其他}\end{cases}$$

对于 $y>0$，$\{Y=y\}$ 条件下随机变量 $X$ 的条件概率密度函数

$$f_{X\mid Y}(x\mid y)=\begin{cases}\dfrac{e^{-y}}{ye^{-y}}=\dfrac{1}{y}, & 0<x<y\\ 0, & \text{其他}\end{cases}$$

即在 $\{Y=y\}$ 条件下，$X$ 服从区间 $(0,y)$ 上的均匀分布。现在 $Y=5$，则

$$f_{X\mid Y}(x\mid 5)=\begin{cases}\dfrac{1}{5}, & 0<x<5\\ 0, & \text{其他}\end{cases}$$

从而

$$E(X\mid Y=5)=\int_0^5\frac{x}{5}dx=\frac{5}{2}$$

由条件数学期望的定义可知，对于 $Y$ 的每一个可能的取值 $y$，$E(X\mid Y=y)$ 是一个相应的实数。以此作为对应法则，可以定义一个关于随机变量 $Y$ 的单值函数，这个单值函数可以记为 $Z=g(Y)=E(X\mid Y)$，其中函数 $g(y)=E(X\mid Y=y)$。$X$，$Y$ 相互独立时，$E(X\mid Y)=E(X)$ 是一个常数；一般情况下，$Z=g(Y)=E(X\mid Y)$ 也是一个随机变量。

**定理 4.4.1（重期望公式）**　对二维随机变量 $(X,Y)$，若 $E(X)$ 存在，则

$$E(E(X\mid Y))=E(X)$$

**证明**：我们分别以离散型和连续型随机变量这两种特殊情况为例，演示这个结论的证明。

(1) 对于离散型随机变量，设 $P\{X=a_i,Y=b_j\}=p_{ij}$，$i,j=1,2\cdots$

$$E(X\mid Y=b_j)=\sum_{i=1}^{\infty}a_ip_{i\mid j}=\sum_{i=1}^{\infty}a_i\frac{p_{ij}}{p_{\cdot j}}$$

根据随机变量函数的数学期望公式，有

$$\begin{aligned}E(E(X\mid Y))&=\sum_{j=1}^{\infty}E(X\mid Y=b_j)P\{Y=b_j\}\\&=\sum_{j=1}^{\infty}\sum_{i=1}^{\infty}a_i\frac{p_{ij}}{p_{\cdot j}}p_{\cdot j}=\sum_{i=1}^{\infty}a_i\cdot\sum_{j=1}^{\infty}p_{ij}\\&=\sum_{i=1}^{\infty}a_ip_{i\cdot}=E(X)\end{aligned}$$

(2) 对于连续型随机变量，设 $(X,Y)$ 的概率密度为 $f(x,y)$

$$E(X\mid Y=y)=\int_{-\infty}^{+\infty}xf_{X\mid Y}(x\mid y)dx$$

同样有，

$$E(E(X\mid Y))=\int_{-\infty}^{+\infty}E(X\mid Y=y)f_Y(y)\,\mathrm{d}y$$
$$=\int_{-\infty}^{+\infty}\left[\int_{-\infty}^{+\infty}xf_{X\mid Y}(x\mid y)\,\mathrm{d}x\right]f_Y(y)\,\mathrm{d}y$$
$$=\int_{-\infty}^{+\infty}\int_{-\infty}^{+\infty}x\cdot\frac{f(x,y)}{f_Y(y)}\cdot f_Y(y)\,\mathrm{d}x\mathrm{d}y=E(X)$$

由此可知，随机变量 $X$ 对 $Y$ 先求条件数学期望后再求数学期望，等于对随机变量 $X$ 直接求数学期望。这是条件数学期望的一个重要的基本性质。

重期望公式是概率论中较为深刻的一个结论，当我们要求一个取值于较大范围上的指标 $X$ 的平均时，可能在计算上会遇到各种困难。为此，我们考虑去找一个与 $X$ 有关的量 $Y$，用 $Y$ 的不同取值把大范围划分为若干个小区域，先在小区域上求 $X$ 的平均，再对此类平均求划分的加权平均，就能得到 $X$ 的平均 $E(X)$。如要求全年级学生某门课程的平均成绩，可先求出每个班级学生的平均成绩，然后按照各班级人数占全年级人数的比例，对各班级的平均成绩加权求平均即可。

**例 4.4.3** 一名矿工被困在了矿井中，面前有三个无法分辨的坑道，即该矿工对坑道的选择是完全随机的。若矿工选择第一个坑道则耗时 3 小时抵达安全区，若选择第二个坑道则耗时 5 小时返回原处，若选择第三个坑道则耗时 7 小时又返回原处。求该矿工平均需要多少小时才能到达安全区。

**解**：设该矿工到达安全区所需时间为随机变量 $X$（单位：小时），第一次选择的坑道号对应随机变量 $Y$。由题意，随机变量 $Y$ 的分布为

$$P\{Y=y\}=\frac{1}{3},y=1,2,3$$

下面建立数学期望 $E(X)$ 与条件数学期望 $E(X|Y=y)$ 的关系。如果受困矿工选择了第二个或者第三个坑道就会回到原处，之后又将面临新一轮的随机选择，这种情况会在平均耗时上增加相应的时间。也就是说条件数学期望

$$E(X|Y=y)=\begin{cases}3, & y=1\\5+E(X), & y=2\\7+E(X), & y=3\end{cases}$$

因而

$$E(X)=E(E(X|Y))=\frac{1}{3}[3+5+E(X)+7+E(X)]=5+\frac{2}{3}E(X)$$

解方程得 $E(X)=15$，即矿工平均要 15 小时才能到达安全区。

这道例题的巧妙之处在于数学期望 $E(X)$ 与条件数学期望 $E(X|Y=y)$ 的关系的建立。因为该矿工通过坑道回到原处后面临重新选择，这使得随机变量 $X$ 可能的取值有可列无限个，情况复杂，难以求解。这是由题设决定的，题目中假设通道无法分辨，矿工的选择是随机的。如果这名矿工更聪明一些，在选择通道后进行标记，情况将会大有不同。感兴趣的读者不妨尝试一下。

**例 4.4.4** 设电力公司每月供应某工厂的电力服从 (10,30) 上的均匀分布（单位：$\times10^4$ kW），而该工厂实际需要的电力服从 (10,20) 上的均匀分布（单位：$\times10^4$ kW）。已知：消耗电力公司供应的每 $10^4$ kW 电力可以使工厂创造 30 万元的利润；但如果电力公司供应

的电力不能满足工厂需求,则不足部分需另外解决,并且不足部分每 $10^4$ kW 电力只产生 10 万元的利润。求该厂每个月的平均利润。

**解**:设电力公司每月供应电力为随机变量 $X$ ,工厂每月的电力需求为随机变量 $Y$ ,而工厂每月的利润为 $Z$ 万元。由题意得

$$Z = \begin{cases} 30Y, & Y \leqslant X \\ 30X + 10(Y - X), & Y > X \end{cases}$$

现在计算条件数学期望 $E(Z|X = x)$ ,分两种情况:

(1)当 $10 \leqslant x < 20$ 时

$$\begin{aligned} E(Z|X = x) &= \int_{10}^{x} 30y f_Y(y)\mathrm{d}y + \int_{x}^{20}(10y + 20x)f_Y(y)\mathrm{d}y \\ &= \int_{10}^{x} 30y \frac{1}{10}\mathrm{d}y + \int_{x}^{20}(10y + 20x)\frac{1}{10}\mathrm{d}y \\ &= 50 + 40x - x^2 \end{aligned}$$

(2)当 $20 \leqslant x \leqslant 30$ 时

$$E(Z|X = x) = \int_{10}^{20} 30y f_Y(y)\mathrm{d}y = \int_{10}^{20} 30y \frac{1}{10}\mathrm{d}y = 450$$

由

$$\begin{aligned} E(Z) = E(E(Z|X)) &= \int_{10}^{30} E(Z|X = x)f_X(x)\mathrm{d}x \\ &= \int_{10}^{20}(50 + 40x - x^2)f_X(x)\mathrm{d}x + \int_{20}^{30} 450 f_X(x)\mathrm{d}x \\ &= \int_{10}^{20}(50 + 40x - x^2)\frac{1}{20}\mathrm{d}x + \int_{20}^{30}\frac{450}{20}\mathrm{d}x \approx 433 \end{aligned}$$

即该工厂的月平均利润约为 433 万元。

**例 4.4.5(随机个随机变量和的数学期望)**　$X_1, X_2, X_3, \cdots$ 是一列独立同分布的随机变量,记作随机变量序列 $\{X_n\}$ ,随机变量 $N$ 取正整数,且 $N$ 与 $\{X_n\}$ 独立,证明: $E(\sum_{i=1}^{N} X_i) = E(X_1)E(N)$。

**证明**:

$$E\Big(\sum_{i=1}^{N} X_i\Big) = E\Big[E\Big(\sum_{i=1}^{N} X_i \Big| N\Big)\Big] = \sum_{n=1}^{\infty} E\Big(\sum_{i=1}^{N} X_i \Big| N = n\Big)P\{N = n\}$$

由于随机变量 $X_1, X_2, X_3, \cdots$ 独立同分布,则

$$E\Big(\sum_{i=1}^{N} X_i \Big| N = n\Big) = E\Big(\sum_{i=1}^{n} X_i\Big) = nE(X_1)$$

从而有

$$E\Big(\sum_{i=1}^{N} X_i\Big) = \sum_{n=1}^{\infty} nE(X_1)P\{N = n\} = E(X_1)\sum_{n=1}^{\infty} nP\{N = n\} = E(X_1)E(N)$$

利用这个结论,可以解决实际生产生活中涉及大量重复累计的一类问题。例如,一天之内进入商场的顾客数是一个随机变量 $N$ , $N$ 取非负整数,再假设每名顾客的消费金额 $X_n$ 是独立同分布的随机变量,且 $N$ 与随机变量序列 $\{X_n\}$ 独立。这样,若已知 $E(N)$ 和 $E(X_n)$ ,则可以利用 $E\Big(\sum_{i=1}^{N} X_i\Big) = E(X_1)E(N)$ 计算该商场一天的平均营业额。

除此以外,条件数学期望还具有与普通数学期望类似的性质。例如:

(1)若 $a \leqslant X \leqslant b$ ,则 $a \leqslant E(X \mid Y=y) \leqslant b$ ;

(2)当 $c$ 是一个常数时, $E(c \mid Y=y)=c$ ;

(3)若 $k_1,k_2$ 是两个常数,又 $E(X_1 \mid Y=y)$ , $E(X_2 \mid Y=y)$ 存在,则

$$E[(k_1X_1+k_2X_2) \mid Y=y]=k_1E(X_1 \mid Y=y)+k_2E(X_2 \mid Y=y)$$

这一小节里我们是以随机变量 $Y$ 作为条件来介绍条件数学期望的性质的。对于 $E(Y \mid X=x)$,相应的性质当然也是成立的,本书不再赘述。

### 4.4.2 条件方差

设 $(X,Y)$ 是随机向量,称 $D(Y \mid x)=E([Y-E(Y \mid x)]^2 \mid x)$ 为在 $\{X=x\}$ 条件下随机变量 $Y$ 的条件方差。类似地,称 $D(X \mid y)=E([X-E(X \mid y)]^2 \mid y)$ 为在 $\{Y=y\}$ 条件下随机变量 $X$ 的条件方差。

在计算条件方差的时候,由定义出发:

(1)设 $(X,Y)$ 是离散型随机向量, 其概率分布为

$$P\{X=x_i,Y=y_j\}=p_{ij},\ i=1,2,\cdots,\quad j=1,2,\cdots$$

则

$$D(Y \mid x_i)=\sum_j [y_j-E(Y \mid x_i)]^2 P\{Y=y_j \mid X=x_i\}$$

$$D(X \mid y_i)=\sum_i [x_i-E(X \mid y_j)]^2 P\{X=x_i \mid Y=y_j\}$$

(2)设 $(X,Y)$ 是连续型随机向量,具有联合概率密度函数 $f(x,y)$ ,则

$$D(Y \mid x)=\int_{-\infty}^{+\infty} [y-E(Y \mid x)]^2 f_{Y \mid X}(y \mid x)\mathrm{d}y$$

$$D(X \mid y)=\int_{-\infty}^{+\infty} [x-E(X \mid y)]^2 f_{X \mid Y}(x \mid y)\mathrm{d}x$$

另外,与方差类似,条件方差也有重要的计算公式:

$$D(X \mid y)=E(X^2 \mid y)-(E(X \mid y))^2$$

这是因为 $D(X \mid y)=E([X-E(X \mid y)]^2 \mid y)=E\left([X^2-2XE(X \mid y)+(E(X \mid y))^2] \mid y\right)$ ,再利用数学期望与条件数学期望的性质,从而有

$$\begin{aligned}D(X \mid y)&=E(X^2 \mid y)-2E([XE(X \mid y)] \mid y)+E[(E(X \mid y))^2 \mid y]\\&=E(X^2 \mid y)-2E(X \mid y)E(X \mid y)+(E(X \mid y))^2\\&=E(X^2 \mid y)-(E(X \mid y))^2。\end{aligned}$$

**例 4.4.6** 设随机变量 $X$ 和 $Y$ 如例 3.3.2 定义,试求条件方差 $D(X \mid Y=n)$ 。

**解:**由例 4.4.1 知

$$E(X \mid Y=n)=\frac{n}{2}$$

$$E(X^2 \mid Y=n)=\sum_{m=1}^{n-1} m^2 P\{X=m \mid Y=n\}=\sum_{m=1}^{n-1} m^2 \cdot \frac{1}{n-1}=\frac{(n-1)n(2n-1)}{6(n-1)}=\frac{n(2n-1)}{6}$$

利用条件方差的公式

$$D(X\mid Y=n)=E(X^2\mid Y=n)-(E(X\mid Y=n))^2=\frac{n(2n-1)}{6}-\frac{n^2}{4}=\frac{n^2-2n}{12}$$

### 4.4.3　第一、二类回归

条件数学期望 $E(X\mid y)$ 是在已知 $\{Y=y\}$ 发生的条件下,对随机变量 $X$ 的一个预测;也就是说,随机变量的函数 $g(Y)=E(X\mid Y)$ 就是利用随机变量 $Y$ 的信息对随机变量 $X$ 进行的预测或者估计:这是条件数学期望的实际意义。下面我们来说明用条件数学期望 $E(X\mid Y)$ 预测随机变量 $X$ 的合理性。

假定有别的关于随机变量 $Y$ 的函数 $g(Y)$ 可以作为对 $X$ 的估计或预测,为了保证估计或预测的效果,应该要求误差 $|X-g(Y)|$ 要尽可能小。但 $|X-g(Y)|$ 是一个随机变量,所以就要求误差的数学期望 $E|X-g(Y)|$ 尽可能小,这等价于要求均方误差 $E[X-g(Y)]^2$ 尽可能小。

什么样的函数 $g(Y)$ 能使 $E[X-g(Y)]^2$ 达到最小呢? 以 $(X,Y)$ 是连续型随机向量为例,设它们具有联合概率密度函数 $f(x,y)$ ,则

$$\begin{aligned}E[X-g(Y)]^2&=\int_{-\infty}^{\infty}\int_{-\infty}^{\infty}[x-g(y)]^2f(x,y)\mathrm{d}x\mathrm{d}y\\&=\int_{-\infty}^{\infty}f_Y(y)\left(\int_{-\infty}^{\infty}[x-g(y)]^2f_{X\mid Y}(x\mid y)\mathrm{d}x\right)\mathrm{d}y\end{aligned}$$

由方差的性质可知,当 $g(y)=E(X\mid y)$ 时,能使上式被积函数中

$$\int_{-\infty}^{\infty}[x-g(y)]^2f_{X\mid Y}(x\mid y)\mathrm{d}x=E[(X-g(y))^2\mid y]=D(X|y)$$

一项达到最小。从而取函数 $g(y)=E(X\mid y)$ ,这样 $g(Y)=E(X\mid Y)$ 也总可以使 $E[X-g(Y)]^2$ 达到相应的最小值,即

$$E(X-E(X\mid Y))^2=\min\{E(X-g(Y))^2\}$$

所以,如果 $(X,Y)$ 是连续型随机向量,在已知 $\{Y=y\}$ 发生的条件下,用 $E(X\mid y)$ 作为对随机变量 $X$ 的估计或预测是最佳的,这时均方误差达到最小。对于离散型随机变量也可以类似地证明这个结论。

事实上,若 $(X,Y)$ 是二维随机变量,由 $y=g(x)=E(Y\mid X=x)$ 或 $x=h(y)=E(X\mid Y=y)$ 可以得到平面上的两条曲线,它们称为**第一类回归曲线**或简称**第一类回归**。其中,$y=g(x)=E(Y\mid X=x)$ 展示了在已知 $\{X=x\}$ 发生的条件下,对随机变量 $Y$ 的合理估计或预测;$x=h(y)=E(X\mid Y=y)$ 展示了在已知 $\{Y=y\}$ 发生的条件下,对随机变量 $X$ 的合理估计或预测。

当二维随机变量 $(X,Y)$ 的具体分布未知,或者条件数学期望 $E(X\mid Y)$ 过分复杂时,进行严格的第一类回归会比较困难。这时,可以适当对回归估计降低一些要求。例如,只要求找到对于随机变量 $X$ 近似程度最好的线性函数 $aY+b$ ,称为对随机变量 $X$ 的**线性回归**或**第二类回归**。

因为均方误差 $e=E[X-(aY+b)]^2$ 越小,表示 $aY+b$ 与 $X$ 的近似程度越高。所以,在随机变量 $Y$ 的线性函数类 $L(Y)=aY+b$ 中,要确定常数 $a$ 与 $b$ ,使关于 $a$ 、$b$ 的二元函数 $\Delta(a,b)=E[X-(aY+b)]^2$ 取得最小值。为此,只要令

$$\begin{cases}\dfrac{\partial\Delta(a,b)}{\partial a}=-2E[(X-(aY+b))Y]=0\\ \dfrac{\partial\Delta(a,b)}{\partial b}=-2E[X-(aY+b)]=0\end{cases}$$

上述方程组等价于

$$\begin{cases}aE(Y)+b=E(X)\\ aE(Y^2)+bE(Y)=E(XY)\end{cases}$$

设 $\sigma_1^2=D(X)>0,\sigma_2^2=D(Y)>0$，$\rho$ 是 $X$ 与 $Y$ 的相关系数，解此方程，可求得

$$\begin{cases}a=\dfrac{\mathrm{Cov}(X,Y)}{\sigma_2^2}=\rho\dfrac{\sigma_1}{\sigma_2}\\ b=E(X)-aE(Y)=E(X)-\rho\dfrac{\sigma_1}{\sigma_2}E(Y)\end{cases}$$

这样，对于二维随机变量 $(X,Y)$，若 $D(X)>0$，$D(Y)>0$，那么在随机变量 $Y$ 的线性函数类中，对随机变量 $X$ 的均方误差达到最小的线性估计(预测)就是

$$L(Y)=aY+b=E(X)+\rho\frac{\sigma_1}{\sigma_2}[Y-E(Y)]$$

线性回归的均方误差为

$$\begin{aligned}E[X-L(Y)]^2&=E\left\{[X-E(X)]-\rho\frac{\sigma_1}{\sigma_2}[Y-E(Y)]\right\}^2\\&=E[X-E(X)]^2-2\rho\frac{\sigma_1}{\sigma_2}E\{[X-E(X)][(Y-E(Y)]\}+\rho^2\frac{\sigma_1^2}{\sigma_2^2}E[Y-E(Y)]^2\\&=\sigma_1^2-\rho^2\sigma_1^2=\sigma_1^2(1-\rho^2)\end{aligned}$$

线性回归的均方误差 $e=\sigma_1^2(1-\rho^2)$ 称为**剩余方差**。

第二类回归的性质比第一类回归要差一些。但在求第二类回归时，不必知道二维随机变量 $(X,Y)$ 的联合分布，而只要知道随机变量 $X$ 与 $Y$ 的数学期望、方差与协方差就够了；而且第二类回归得到的总是一个线性函数。因而第二类回归有便于应用的优点。特别地，当随机变量 $X$ 与 $Y$ 间的相关系数 $|\rho_{XY}|=1$ 时，线性回归的剩余方差为零，利用线性回归可以准确估计随机变量 $X$。这时，$X$ 与 $Y$ 间以概率 1 存在着线性关系，第一类回归与第二类回归是一致的。

对于二维随机变量 $(X,Y)$：$|\rho_{XY}|$ 越接近 1，线性回归的剩余方差 $e$ 越小，说明用线性函数 $L(Y)=aY+b=E(X)+\rho\dfrac{\sigma_1}{\sigma_2}[Y-E(Y)]$ 可以越好地预测随机变量 $X$，即随机变量 $X$ 与 $Y$ 的线性相关程度越高；反之，$|\rho_{XY}|$ 越接近于 0，剩余方差 $e$ 就越大，此时用 $Y$ 的线性函数不能很好地预测 $X$，也就是说随机变量 $X$ 与 $Y$ 的线性相关程度较低。

**例 4.4.7** 设 $(X,Y)\sim N(\mu_1,\mu_2,\sigma_1^2,\sigma_2^2,\rho)$，试求 $E(Y|X=x)$ 和 $D(Y|X=x)$。

**解：**由例 3.3.3 知 $\{X=x\}$ 条件下，$Y\sim N\left(\mu_2+\rho\dfrac{\sigma_2}{\sigma_1}(x-\mu_1),\sigma_2^2(1-\rho^2)\right)$，即

$$f_{Y|X}(y|x)=\frac{1}{\sqrt{2\pi}\sigma_2\sqrt{1-\rho^2}}\exp\left\{-\frac{1}{2\sigma_2^2(1-\rho^2)}\left[y-\left(\mu_2+\rho\frac{\sigma_2}{\sigma_1}(x-\mu_1)\right)\right]^2\right\}$$

相应的条件数学期望和条件方差分别为

$$E(Y|X=x)=\mu_2+\rho\frac{\sigma_2}{\sigma_1}(x-\mu_1)$$

$$D(Y|X=x)=\sigma_2^2(1-\rho^2)$$

显然,条件数学期望 $E(Y|X=x)=\mu_2+\rho\frac{\sigma_2}{\sigma_1}(x-\mu_1)$ 是 $x$ 的线性函数。如果把 $y=g(x)=E(Y|x)$ 的图像画在平面上的直角坐标系中,它是一条直线,也就是二维正态分布的第一类回归直线,可以在已知 $X=x$ 时,对随机变量 $Y$ 给出合理且便捷的估计或预测。对于二维正态分布的随机变量来说,第一类回归与第二类回归恰好是一致的:正态分布的线性估计就是最佳估计。

## 习题 4.4

1.设二维离散型随机变量 $(X,Y)$ 的联合分布律为:

| X \ Y | 0 | 1 | 2 | 3 |
|---|---|---|---|---|
| 0 | 0 | 0.01 | 0.01 | 0.01 |
| 1 | 0.01 | 0.02 | 0.03 | 0.02 |
| 2 | 0.03 | 0.04 | 0.05 | 0.04 |
| 3 | 0.05 | 0.05 | 0.05 | 0.06 |
| 4 | 0.07 | 0.06 | 0.05 | 0.06 |
| 5 | 0.09 | 0.08 | 0.06 | 0.05 |

试求 $E(X|Y=2)$ 和 $E(Y|X=0)$。

2.设二维连续型随机变量 $(X,Y)$ 的联合概率密度函数为

$$f(x,y)=\begin{cases}x+y, & 0<x<1,0<y<1\\0, & \text{其他}\end{cases}$$

试求 $E(X|Y=0.5)$。

3.设随机变量 $(X,Y)$ 的概率密度函数为

$$f(x,y)=\begin{cases}\mathrm{e}^{-x}, & 0<y<x\\0, & \text{其他}\end{cases}$$

求 $E(Y|X=3)$。

4.设随机变量 $X$ 与 $Y$ 相互独立,分别服从参数为 $\lambda_1$ 和 $\lambda_2$ 的泊松分布,试求 $E(X|X+Y=n)$。

5.设 $E(Y)$,$E[h(Y)]$ 存在,试证明 $E[h(Y)|Y]=h(Y)$。

6.设随机变量 $X\sim N(\mu,1)$,$Y\sim N(0,1)$,且 $X$ 与 $Y$ 相互独立,令

$$I=\begin{cases}1, & Y<X\\0, & Y\geqslant X\end{cases}$$

试证明:

(1) $E(I \mid X = x) = \Phi(x)$ ;

(2) $E[\Phi(x)] = P\{Y < X\}$ ;

(3) $E[\Phi(x)] = \Phi(\mu/\sqrt{2})$ 。

## 4.5 分布的其他数字特征

数学期望是随机变量最基本的数字特征,随机变量的其他很多数字特征是随机变量函数的数学期望。

### 4.5.1 *k* 阶矩

**定义 4.5.1** (1)设随机变量 $X$ ,若 $E(|X|^k)$ 存在,记

$$\mu_k = E(X^k)$$

称 $\mu_k$ 为随机变量 $X$ 的 $k$ 阶**原点矩**,记

$$\alpha_k = E(|X|^k)$$

称 $\alpha_k$ 为随机变量 $X$ 的 $k$ 阶**绝对原点矩**。

(2)设随机变量 $X$ ,若 $E(X)$ 存在,且 $E\{[X - E(X)]^k\}$ 存在,记

$$\nu_k = E\{[X - E(X)]^k\}$$

称 $\nu_k$ 为随机变量 $X$ 的 $k$ 阶**中心矩**,记

$$\beta_k = E[|X - E(X)|^k]$$

称 $\beta_k$ 为随机变量 $X$ 的 $k$ 阶**绝对中心矩**。

(3)设 $(X_1,X_2)$ 是二维随机变量,$k,l$ 是两个正整数。如果以下的数学期望都存在 $E(X_1^k X_2^l)$ 称为二维随机变量 $(X_1,X_2)$ 的 $k+l$ 阶**混合原点矩**;$E\left\{[X_1 - E(X_1)]^k [X_2 - E(X_2)]^l\right\}$ 称为二维随机变量 $(X_1,X_2)$ 的 $k+l$ 阶**混合中心矩**。

由于 $|X|^{k-1} \leqslant |X|^k + 1$,因而当 $X$ 的 $k$ 阶矩存在时,$k-1$ 阶矩也存在,从而低于 $k$ 的各阶矩都存在。这些矩从不同的角度衡量着随机变量的分布特征。随机变量 $X$ 的一阶原点矩就是它的数学期望 $E(X)$ ,二阶中心矩就是方差 $D(X)$ 。若 $X$ 的一阶中心矩存在,则

$$\nu_1 = E[X - E(X)]^1 = E(X) - E(X) = 0$$

注意到,中心矩可以由原点矩表示出来,此处,记 $\mu_0 = 1$,则

$$\nu_i = E[X - E(X)]^i = \sum_{k=0}^{i} \binom{i}{k} E(X^k)[-E(X)]^{i-k} = \sum_{k=0}^{i} \binom{i}{k} \mu_k (-\mu_1)^{i-k}$$

上面的关系式常作为计算中心矩的公式。

**例 4.5.1** 设随机变量 $X \sim N(0,\sigma^2)$ ,求 $X$ 的各阶原点矩与中心矩。

**解:**

$$\mu_k = E(X^k) = \int_{-\infty}^{+\infty} \frac{1}{\sqrt{2\pi}\sigma} x^k \exp\left\{-\frac{x^2}{2\sigma^2}\right\} \mathrm{d}x$$

当 $k$ 为奇数时,上面的被积函数为奇函数,故

$$\mu_k = 0\ ,\ k = 1,3,5,\cdots$$

当 $k$ 为偶数时,令 $z = \dfrac{x^2}{2\sigma^2}$,则

$$\mu_k = \frac{\sigma^k 2^{k/2}}{\sqrt{\pi}} \int_0^{+\infty} z^{(k-1)/2} \mathrm{e}^{-z} \mathrm{d}z = \frac{\sigma^k 2^{k/2}}{\sqrt{\pi}} \Gamma\left(\frac{k+1}{2}\right) = \sigma^k (k-1)(k-3)\cdots 1\ ,\ k = 2,4,6,\cdots$$

由于 $E(X) = 0$, $X$ 的各阶中心矩等于原点矩,即 $\nu_k = \mu_k$ 。

### 4.5.2　变异系数

方差(或标准差)反映了随机变量取值的波动程度,但方差值受随机变量取值及相应量纲影响。在比较两个随机变量的波动程度大小时,我们通常采用更具有可比性的变异系数来进行。

**定义 4.5.2**　设随机变量 $X$ 的方差 $D(X)$ 存在,称

$$C_\nu(X) = \frac{\sqrt{D(X)}}{E(X)}$$

为 $X$ 的变异系数。

**例 4.5.2**　记随机变量 $X$ 为某种同龄树的高度,单位是米。记 $Y$ 表示同年龄段的人的身高,其单位也是米。设 $E(X) = 10$, $D(X) = 1$, $E(Y) = 1.5$, $D(Y) = 0.09$,试分析这两个变量的波动程度。

**解**:由于 $X$ 与 $Y$ 两个变量取值范围差异较大,因此不能直接从它们方差值的大小比较两个变量的波动程度。考虑计算变异系数

$$C_\nu(X) = \frac{\sqrt{D(X)}}{E(X)} = \frac{1}{10} = 0.1$$

$$C_\nu(Y) = \frac{\sqrt{D(Y)}}{E(Y)} = \frac{0.3}{1.5} = 0.2$$

虽然 $X$ 的方差比 $Y$ 的方差大很多,但 $X$ 的变异系数小于 $Y$ 的变异系数,因而认为 $Y$ 比 $X$ 的波动大。

### 4.5.3　偏度系数与峰度系数

**定义 4.5.3**　设随机变量 $X$ 的三阶矩存在,则比值如下

$$\beta_s = \frac{v_3}{v_2^{3/2}} = \frac{E\left[X - E(X)\right]^3}{\left[D(X)\right]^{3/2}}$$

称为 $X$(或分布)的**偏度系数**,简称**偏度**。当偏度系数 $\beta_s \neq 0$ 时, $X$(或分布)为**偏态分布**,且当 $\beta_s > 0$ 时,称为**正偏**,又称**右偏**;当 $\beta_s < 0$ 时,称为**负偏**,又称**左偏**。

偏度 $\beta_s$ 是描述分布偏离对称性程度的一个无量纲的数字特征。当分布的概率密度函数 $f(x)$ 关于数学期望 $\mu$ 对称时,即有 $f(\mu - x) = f(\mu + x)$,则其三阶中心矩 $v_3$ 必为 0,从而 $\beta_s = 0$,即关于 $E(X)$ 对称的分布其偏度为 0。由于正态分布 $N(\mu,\sigma^2)$ 关于 $E(X) = \mu$ 是对称的,故任意正态分布的偏度皆为 0。

偏态分布常有不对称的两个尾部,如图 4.5.1 所示:重尾在右侧(变量在高值处比低值处有较大的偏离中心趋势)必导致$\beta_s > 0$,因而又称为右偏分布;重尾在左侧(变量在低值处比高值处有较大的偏离中心趋势)必导致$\beta_s < 0$,故又称为左偏分布。

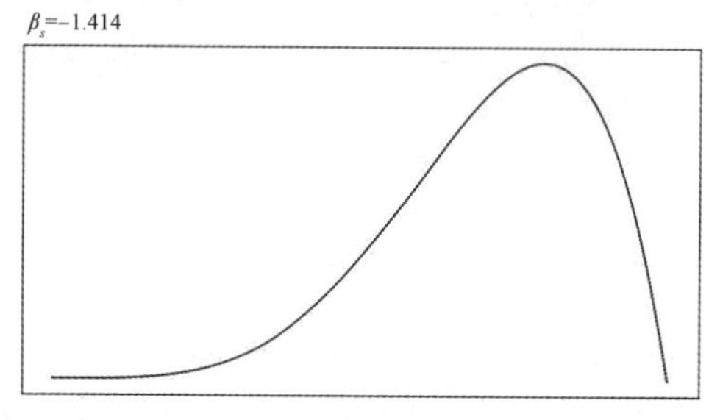


(a)左偏的概率密度函数

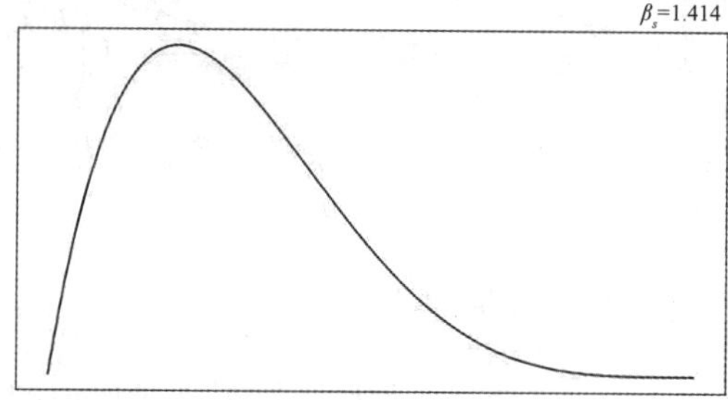


(b)右偏的概率密度函数

**图 4.5.1 左偏和右偏**

**定义 4.5.4** 设随机变量 $X$ 的四阶矩存在,称

$$\beta_k = \frac{v_4}{v_2^2} - 3 = \frac{E[X - E(X)]^4}{[D(X)]^2} - 3$$

为 $X$(或分布)的**峰度系数**,简称**峰度**。

峰度是描述分布尖峭程度和(或)尾部粗细的一个无量纲数字特征。由于正态分布 $N(\mu,\sigma^2)$ 的 $v_2 = \sigma^2, v_4 = 3\sigma^4$,故其峰度 $\beta_k = 0$。可见这里谈论的“峰度”不是指一般概率密度函数的峰值高低,因为正态分布 $N(\mu,\sigma^2)$ 的峰值为 $(\sqrt{2\pi}\sigma)^{-1}$,$\sigma$ 愈小,其峰值愈高,可这里的“峰度”与 $\sigma$ 无关。

在上述定义中,记 $X$ 的标准化变量为 $X^* = \dfrac{X - E(X)}{\sqrt{D(X)}}$,则 $\beta_k$ 可改写成

$$\beta_k = \frac{E[X - E(X)]^4}{[D(X)]^2} - 3 = E(X^{*4}) - 3 = E(X^{*4}) - E(U^4)$$

其中,$U$ 为标准正态变量,$E(U^4) = 3$。因而峰度 $\beta_k$ 是 $X$ 的标准化变量与标准正态变量的四阶原点矩之差,即以标准正态分布为基准,分布相对于正态分布的超出量:

(1) $\beta_k = 0$ 表示标准化后的分布在尖峭程度与尾部粗细上与标准正态分布相当。

(2) $\beta_k > 0$ 表示标准化后的分布比标准正态分布更尖峭和(或)尾部更粗[见图 4.5.2(a)]。

(3) $\beta_k < 0$ 表示标准化后的分布比标准正态分布更平坦和(或)尾部更细[见图 4.5.2(b)]。

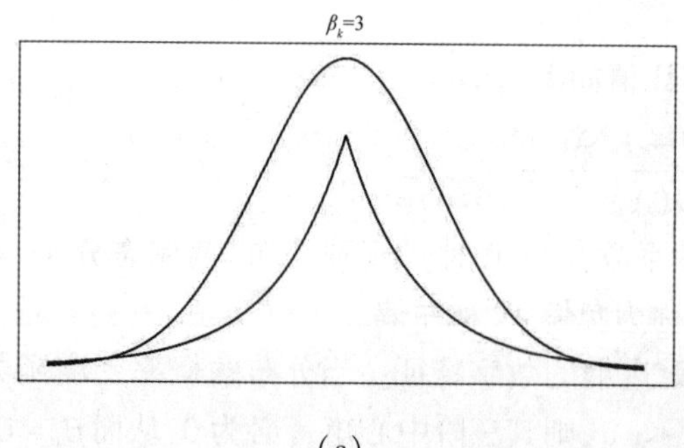


(a)

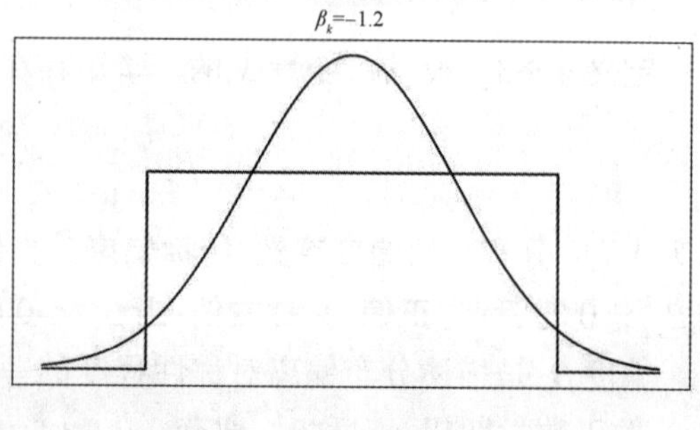


(b)

**图 4.5.2 峰度不同的两个概率密度函数与标准正态分布概率密度函数的比较**

**(它们的数学期望和方差均相等,偏度皆为 0)**

**例 4.5.3**　计算伽马分布 $Ga(\alpha,\lambda)$ 的偏度与峰度。

**解**:伽马分布 $Ga(\alpha,\lambda)$ 的 $k$ 阶原点矩

$$\mu_k = E(X^k) = \alpha(\alpha+1)\cdots(\alpha+k-1)/\lambda^k$$

因而其前四阶原点矩为

$$\mu_1 = \frac{\alpha}{\lambda}$$

$$\mu_2 = \frac{\alpha(\alpha+1)}{\lambda^2}$$

$$\mu_3 = \frac{\alpha(\alpha+1)(\alpha+2)}{\lambda^3}$$

$$\mu_4 = \frac{\alpha(\alpha+1)(\alpha+2)(\alpha+3)}{\lambda^4}$$

由此可得

$$v_2 = \sum_{k=0}^{2}\binom{2}{k}\mu_k[-\mu_1]^{2-k} = \mu_2 - \mu_1^2 = \frac{\alpha}{\lambda^2}$$

$$v_3 = \sum_{k=0}^{3}\binom{3}{k}\mu_k[-\mu_1]^{3-k} = \mu_3 - 3\mu_2\mu_1 + 2\mu_1^2 = \frac{2\alpha}{\lambda^3}$$

$$v_4 = \sum_{k=0}^{4}\binom{4}{k}\mu_k[-\mu_1]^{4-k} = \mu_4 - 4\mu_3\mu_1 + 6\mu_2\mu_1^2 - 3\mu_1^4 = \frac{3\alpha(\alpha+2)}{\lambda^4}$$

从而伽马分布 $Ga(\alpha,\lambda)$ 的偏度与峰度

$$\beta_s = \frac{v_3}{v_2^{3/2}} = \frac{2}{\sqrt{\alpha}}$$

$$\beta_k = \frac{v_4}{v_2^2} - 3 = \frac{6}{\alpha}$$

偏度与峰度都是描述分布形状的数字特征,它们都是以正态分布为基准的,正态分布的偏度与峰度皆为 0。在实际应用中,若一个分布的偏度与峰度皆为 0 或近似为 0 时,常认为该分布为正态分布或近似为正态分布。表 4.5.1 给出了几种常见分布的偏度与峰度,其中均匀分布 $U(a,b)$ 与指数分布 $Exp(\lambda)$ 的偏度和峰度都与其所含参数无关,故均匀分布 $U(a,b)$ 中的参数 $a$ 与 $b$ 、指数分布中的参数 $\lambda$ 均不能称为形状参数。伽马分布 $Ga(\alpha,\lambda)$ 的偏度与峰度只与 $\alpha$ 有关,而与 $\lambda$ 无关,故 $\alpha$ 常称为形状参数,而 $\lambda$ 不能称为形状参数;进一步的研究会发现,贝塔分布 $Be(a,b)$ 的偏度与峰度都与其参数 $a$ 与 $b$ 有关,它们都可以称为形状参数。

**表 4.5.1　几种常见分布的偏度与峰度**

| 分布 | 均值 | 方差 | 偏度 | 峰度 |
|---|---|---|---|---|
| 均匀分布 $U(a,b)$ | $\frac{a+b}{2}$ | $\frac{(b-a)^2}{12}$ | 0 | $-1.2$ |
| 正态分布 $N(\mu,\sigma^2)$ | $\mu$ | $\sigma^2$ | 0 | 0 |
| 指数分布 $Exp(\lambda)$ | $\frac{1}{\lambda}$ | $\frac{1}{\lambda^2}$ | 2 | 6 |
| 伽马分布 $Ga(\alpha,\lambda)$ | $\frac{\alpha}{\lambda}$ | $\frac{\alpha}{\lambda^2}$ | $\frac{2}{\sqrt{\alpha}}$ | $\frac{6}{\alpha}$ |

### 4.5.4 分位点

**定义 4.5.5** 服从某一分布的随机变量 $X$,对于给定的某个数 $\alpha(0 < \alpha < 1)$,若实数 $b$ 满足

$$P\{X > b\} = \alpha$$

则称 $b$ 为该分布的上 $\alpha$ **分位点**,记为 $x_\alpha = b$;另外,对于给定的某个数 $\alpha(0 < \alpha < 1)$,若实数 $c$ 满足

$$P\{|X| > c\} = \alpha$$

则称 $c$ 为该分布的水平 $\alpha$ 的**双侧分位点**;特别地,若常数 $a$ 满足

$$P\{X < a\} = P\{X > a\}$$

则称 $a$ 为该分布的**中位数**,即 $x_{0.5} = a$。

分位点是通过给定的概率来回溯随机变量的取值范围。若 $b$ 是随机变量 $X$ 的上 $\alpha$ 分位点,即 $P\{X > b\} = \alpha$,则

$$F_X(b) = P\{X \leqslant b\} = 1 - \alpha$$

其中 $F_X(x)$ 是 $X$ 的分布函数。

**例 4.5.4** 设连续型随机变量 $X$ 的概率密度函数为

$$f(x) = \begin{cases} 4x^3, & 0 < x < 1 \\ 0, & 其他 \end{cases}$$

求:(1)该分布的中位数 $x_{0.5}$;(2)该分布的上 0.01 分位点 $x_{0.01}$。

**解**:(1)因为 $X$ 为连续型随机变量,所以有 $P\{X = a\} = 0$,从而

$$0.5 = P\{X < x_{0.5}\} = \int_0^{x_{0.5}} 4x^3 \mathrm{d}x = x_{0.5}^4$$

解得 $x_{0.5} = \sqrt[4]{0.5} \approx 0.8409$。

(2)因为

$$P\{X > x_{0.01}\} = \int_{x_{0.01}}^{+\infty} 4x^3 \mathrm{d}x = \int_{x_{0.01}}^{1} 4x^3 \mathrm{d}x = 1 - x_{0.01}^4$$

所以从 $1 - x_{0.01}^4 = 0.01$,解得 $x_{0.01} = \sqrt[4]{0.99} \approx 0.9975$。

**例 4.5.5** 一家商店采用科学管理,由该商店过去的销售记录知道,某种商品每月的销售数 $X$ 作为随机变量,服从分布律 $P\{X = k\} = \dfrac{\mathrm{e}^{-5}5^k}{k!}, k = 0,1,2,\cdots$。假定上个月销售后没有存货,为了以 95% 以上的把握保证商品不脱销,商店在月底至少应进此种商品多少件?

**解**:设商店在月底应进该种商品 $m$ 件,则当 $\{X \leqslant m\}$ 时就不会脱销,因而按题意,需要求出满足 $P\{X \leqslant m\} > 0.95$ 的最小的 $m$,即

$$\sum_{k=0}^{m} \frac{\mathrm{e}^{-5}5^k}{k!} > 0.95$$

计算得 $\sum\limits_{k=0}^{9} \dfrac{\mathrm{e}^{-5}5^k}{k!} \approx 0.968172$, $\sum\limits_{k=0}^{8} \dfrac{\mathrm{e}^{-5}5^k}{k!} \approx 0.931906$,于是 $m = 9$,约为该分布的上 0.032 分位点。这家商店只要在月底进该种商品 9 件(假定上个月没存货),就可以有 95% 以上的把握保证这种商品在下个月内不脱销。

标准正态分布 $N(0,1)$ 随机变量 $X$ 的上 $\alpha(0<\alpha<1)$ 分位点,记为 $z_\alpha$,即

$$P\{X>z_\alpha\}=\alpha$$

$z_\alpha$ 可由标准正态分布表查询得到:对给定 $\alpha(0<\alpha<1)$,有

$$\Phi(z_\alpha)=1-P\{X>z_\alpha\}=1-\alpha$$

(1)当 $0<\alpha\leqslant 0.5$ 时,通过反函数 $z_\alpha=\Phi^{-1}(1-\alpha)$ 直接查询即可;

(2)当 $0.5<\alpha<1$ 时,利用正态分布的对称性, $\Phi(z_\alpha)=1-\Phi(-z_\alpha)=1-\alpha$,从而 $\Phi(-z_\alpha)=\alpha$,所以 $z_\alpha=-\Phi^{-1}(\alpha)$。

**例 4.5.6**　将一温度调节器设定在 $d$ ℃,放置在存有某种液体的容器内,此时液体的温度 $X$(以℃计)是一个随机变量,且 $X\sim N(d,0.5^2)$。若要保持液体的温度至少为 80 ℃的概率不低于 0.99, $d$ 至少为多少?

**解**:由题意, $d$ 应满足

$$0.99\leqslant P\{X\geqslant 80\}=P\left\{\frac{X-d}{0.5}\geqslant\frac{80-d}{0.5}\right\}$$

其中 $\frac{X-d}{0.5}\sim N(0,1)$,也就是说 $\frac{80-d}{0.5}\leqslant z_{0.99}$。

注意到 $0.99>0.5$,并且在标准正态分布表中, $\Phi(2.325)=0.99$,所以 $z_{0.99}=-\Phi^{-1}(0.99)=-2.325$,从而 $\frac{80-d}{0.5}\leqslant -2.325$,故需要 $d\geqslant 81.1625$。

因为标准正态分布函数满足 $\Phi(-x)+\Phi(x)=1$,这使得其分位点有一个特别的性质

$$z_{1-\alpha}=-z_\alpha$$

这是因为 $\Phi(z_\alpha)=1-\alpha$,而 $\Phi(z_{1-\alpha})=1-\Phi(z_\alpha)=\Phi(-z_\alpha)$,所以 $z_{1-\alpha}=-z_\alpha$。事实上,所有关于 $y$ 轴对称的概率分布,对应的分布函数和分位点都具有这样的特点。

### 4.5.5　多维随机变量的数学期望与协方差矩阵

对于 $n$ 维随机变量 $(X_1,X_2,\cdots,X_n)$,我们可考虑其数学期望向量与协方差矩阵。

**定义 4.5.6**　对 $n$ 维随机变量 $(X_1,X_2,\cdots,X_n)$,若其每个分量的数学期望都存在,称

$$(E(X_1),E(X_2),\cdots,E(X_n))$$

为 $(X_1,X_2,\cdots,X_n)$ 的**数学期望向量**,简称**数学期望**。称

$$\boldsymbol{\Sigma}=\begin{pmatrix} D(X_1) & \mathrm{Cov}(X_1,X_2) & \cdots & \mathrm{Cov}(X_1,X_n)\\ \mathrm{Cov}(X_2,X_1) & D(X_2) & \cdots & \mathrm{Cov}(X_2,X_n)\\ \vdots & \vdots & & \vdots\\ \mathrm{Cov}(X_n,X_1) & \mathrm{Cov}(X_n,X_2) & \cdots & D(X_n)\end{pmatrix}$$

为 $(X_1,X_2,\cdots,X_n)$ 的**方差-协方差矩阵**,简称**协方差矩阵**。

协方差矩阵 $\boldsymbol{\Sigma}$ 具有下列性质:

**性质 4.5.1**　协方差矩阵 $\boldsymbol{\Sigma}$ 是非负定对称阵,即满足 $\boldsymbol{\Sigma}=\boldsymbol{\Sigma}^{\mathrm{T}}$,且对任意的 $n$ 维实向量 $\boldsymbol{\alpha}=(\alpha_1,\alpha_2,\cdots,\alpha_n)$,必有 $\boldsymbol{\alpha}^{\mathrm{T}}\boldsymbol{\Sigma}\boldsymbol{\alpha}\geqslant 0$。

**证明**: $\boldsymbol{\Sigma}$ 的对称性是显然的。对任意的 $n$ 维实向量 $\boldsymbol{\alpha}=(\alpha_1,\alpha_2,\cdots,\alpha_n)$,有

$$\begin{aligned}\boldsymbol{\alpha}^{\mathrm{T}}\boldsymbol{\Sigma}\boldsymbol{\alpha} &= \sum_{i=1}^{n}\sum_{j=1}^{n}\alpha_i\alpha_j \mathrm{Cov}(X_i,X_j)\\ &= \sum_{i=1}^{n}\sum_{j=1}^{n}E\{\alpha_i\alpha_j[X_i-E(X_i)][X_j-E(X_j)]\}\\ &= E\left\{\left[\sum_{i=1}^{n}\alpha_i\left(X_i-E(X_i)\right)\right]\left[\sum_{j=1}^{n}\alpha_j\left(X_j-E(X_j)\right)\right]\right\}\\ &= E\left\{\sum_{i=1}^{n}\alpha_i[X_i-E(X_i)]\right\}^2 \geqslant 0\end{aligned}$$

因而,$\boldsymbol{\Sigma}$ 是非负定的。

设随机向量 $\boldsymbol{X}=(X_1,X_2)$ 是服从 $N(\mu_1,\mu_2,\sigma_1^2,\sigma_2^2,\rho)$ 的二维正态随机变量,其中 $\sigma_1^2\neq 0$, $\sigma_2^2\neq 0$, $|\rho|<1$,则 $\boldsymbol{X}$ 的协方差矩阵为

$$\boldsymbol{B}=\begin{pmatrix}\sigma_1^2 & \sigma_1\sigma_2\rho\\ \sigma_1\sigma_2\rho & \sigma_2^2\end{pmatrix}$$

并且行列式 $|\boldsymbol{B}|=\sigma_1^2\sigma_2^2(1-\rho^2)\neq 0$,从而协方差矩阵 $\boldsymbol{B}$ 是可逆矩阵

$$\boldsymbol{B}^{-1}=\frac{1}{|\boldsymbol{B}|}\begin{pmatrix}\sigma_2^2 & -\sigma_1\sigma_2\rho\\ -\sigma_1\sigma_2\rho & \sigma_1^2\end{pmatrix}$$

再令 $\boldsymbol{x}=\begin{pmatrix}x_1\\x_2\end{pmatrix}$ ,$\boldsymbol{A}=\begin{pmatrix}\mu_1\\ \mu_2\end{pmatrix}$ ,这时不难验证有

$$\begin{aligned}(\boldsymbol{x}-\boldsymbol{A})^{\mathrm{T}}\boldsymbol{B}^{-1}(\boldsymbol{x}-\boldsymbol{A}) &= \frac{1}{|\boldsymbol{B}|}(x_1-\mu_1,x_2-\mu_2)\begin{pmatrix}\sigma_2^2 & -\sigma_1\sigma_2\rho\\ -\sigma_1\sigma_2\rho & \sigma_1^2\end{pmatrix}\begin{pmatrix}x_1-\mu_1\\ x_2-\mu_2\end{pmatrix}\\ &= \frac{1}{1-\rho^2}\left[\frac{(x_1-\mu_1)^2}{\sigma_1^2}-2\rho\frac{(x_1-\mu_1)(x_2-\mu_2)}{\sigma_1\sigma_2}+\frac{(x_2-\mu_2)^2}{\sigma_2^2}\right]\end{aligned}$$

于是二维正态随机变量 $(X_1,X_2)$ 的概率密度函数可以写作

$$f(x_1,x_2)=\frac{1}{2\pi\ |\boldsymbol{B}|^{1/2}}\mathrm{e}^{-\frac{1}{2}(\boldsymbol{x}-\boldsymbol{A})^{\mathrm{T}}\boldsymbol{B}^{-1}(\boldsymbol{x}-\boldsymbol{A})}$$

可以将此表示式推广,得到 $n$ 维正态分布的概率密度函数。设 $(X_1,X_2,\cdots,X_n)$ 是 $n$ 维随机变量,其协方差矩阵为 $\boldsymbol{B}=(b_{ij})$ ,$i,j=1,2,\cdots,n$ 。若记

$$\boldsymbol{x}=\begin{pmatrix}x_1\\x_2\\ \vdots\\ x_n\end{pmatrix},\quad \boldsymbol{A}=\begin{pmatrix}E(X_1)\\E(X_2)\\ \vdots\\ E(X_n)\end{pmatrix}$$

则以

$$f(x_1,x_2,\cdots,x_n)=\frac{1}{(2\pi)^{n/2}\ |\boldsymbol{B}|^{1/2}}\mathrm{e}^{-\frac{1}{2}(\boldsymbol{x}-\boldsymbol{A})^{\mathrm{T}}\boldsymbol{B}^{-1}(\boldsymbol{x}-\boldsymbol{A})}$$

作为联合概率密度函数的概率分布,称为 $n$ **维正态分布**,记作 $N(\boldsymbol{A},\boldsymbol{B})$ 。$n$ 维正态分布也具有很特别的性质,在理论及应用等方面都具有重要的价值。感兴趣的读者可以自行拓展研究。

## 习题 4.5

1.设随机变量 $X \sim Ga(\alpha,\lambda)$ ,求 $\mu_k = E(X^k)$ 与 $\nu_k = E[X - E(X)]^k$ , $k = 1,2,3$。

2.设随机变量 $X \sim U(0,a)$ ,求此分布的变异系数。

3.设随机变量 $X \sim Exp(\lambda)$ ,求此分布的变异系数、峰度系数和偏度系数。

4.设随机变量 $X \sim N(10,9)$ ,求 $x_{0.1}$ 与 $x_{0.9}$ 。

5.设随机变量 $X$ 服从双参数威布尔(Weibull)分布,其分布函数为

$$F(x) = \begin{cases} 1 - \mathrm{e}^{-(x/\eta)^m}, & x > 0 \\ 0, & 其他 \end{cases}$$

其中 $\eta > 0$, $m > 0$。试写出该分布的 $p$ 分位数 $x_p$ 的表达式。

6.设随机变量 $X$ 的概率密度函数 $f(x)$ 关于 $a$ 点对称,且 $E(X)$ 存在,试证:

(1)这个对称点 $a$ 既是均值又是中位数,即 $E(X) = x_{0.5} = a$ 。

(2)如果 $a = 0$,则 $x_p = - x_{1-p}$ 。

7.试证对随机变量 $X$ 进行平移和缩放,不改变其偏度系数和峰度系数,即对任意实数 $a(a \neq 0)$、$b$,$Y = aX + b$ 与 $X$ 有相同的偏度系数和峰度系数。

# 第5章 极限定理

概率论与数理统计是研究随机现象统计规律性的学科,极限定理是其中的基础理论之一,在理论研究和应用中起着重要的作用。这些极限定理都是通过随机变量序列和分布函数序列的相应收敛性来阐述的,而研究讨论相关的收敛性的重要工具就是随机变量的特征函数。

极限定理中最重要的是"大数定律"和"中心极限定理"。人们从大量的生产生活实践中注意到,在相同的条件下重复地进行大量试验时频率会出现某种稳定性,而大量重复试验获取的试验数据以及反复测量得到的数据的算术平均值也具有某种稳定性,类似这样的稳定性就是随机变量序列的依概率收敛性,也是大数定律关注的问题。而中心极限定理描述的是随机变量序列和的分布在什么样的条件下近似于正态分布。系列的中心极限定理为正态分布的广泛应用提供了理论支撑。

## 5.1 特征函数

特征函数在概率论中是一个有效的数学工具,它可以描述随机变量的概率分布,简化随机变量函数分布问题的求解,便捷地求随机变量的各阶原点矩等。

### 5.1.1 特征函数的概念

对于任意一个随机变量 $X$,可以定义随机变量 $X$ 的函数 $Z=\mathrm{e}^{\mathrm{i}tX}$,其中 $\mathrm{i}=\sqrt{-1}$ 是虚数单位,$t$ 是一个实变量。根据著名的欧拉(Euler)公式,$Z=\mathrm{e}^{\mathrm{i}tX}=\cos(tX)+\mathrm{i}\sin(tX)$,得出 $Z=\mathrm{e}^{\mathrm{i}tX}$ 是由实变量 $t$ 与随机变量 $X$ 共同确定的取复数值的随机变量,也就是复随机变量。复随机变量的分布由它的实部和虚部共同确定,随机变量的很多概念可以自然地扩展到复随机变量概念中。比如,前面我们介绍过数学期望,对于复随机变量 $Z=\mathrm{e}^{\mathrm{i}tX}$,也可以计算它的数学期望 $E(Z)=E(\mathrm{e}^{\mathrm{i}tX})=E[\cos(tX)]+\mathrm{i}E[\sin(tX)]$。这里 $E(\mathrm{e}^{\mathrm{i}tX})$ 的值,不仅由随机变量 $X$ 的分布决定,还会受到变量 $t$ 的影响,所以它本质上是自变量 $t$ 的函数。

**定义 5.1.1** 设 $X$ 是一个随机变量,称函数

$$\varphi(t)=E(\mathrm{e}^{\mathrm{i}tX}),\quad -\infty<t<\infty$$

为随机变量 $X$ 的**特征函数**。

根据随机变量函数的数学期望公式,有:

(1)如果 $X$ 是离散型随机变量,分布律为 $P\{X=x_j\}=p_j,j=1,2,\cdots$,则

$$\varphi(t)=E(\mathrm{e}^{\mathrm{i}tX})=\sum_{j=1}\mathrm{e}^{\mathrm{i}tx_j}p_j$$

(2)如果 $X$ 是连续型随机变量,概率密度函数为 $f(x)$,则

$$\varphi(t)=\int_{-\infty}^{\infty}\mathrm{e}^{\mathrm{i}tx}f(x)\mathrm{d}x$$

**例 5.1.1**　求下列随机变量的特征函数:

(1)随机变量 $X$ 服从单点分布, $P\{X=a\}=1$;

(2)随机变量 $X$ 服从二项分布,分布律为 $P\{X=k\}=C_n^k p^k q^{n-k},0\leqslant k\leqslant n$,其中 $q=1-p$;

(3)随机变量 $X$ 服从泊松分布,分布律为 $P\{X=k\}=\dfrac{\lambda^k}{k!}\mathrm{e}^{-\lambda},k=0,1,2,\cdots$;

(4)随机变量 $X$ 服从正态分布 $N(\mu,\sigma^2)$;

(5)随机变量 $X$ 服从指数分布,概率密度函数为 $f(x)=\begin{cases}\lambda\mathrm{e}^{-\lambda x}, & x>0\\ 0, & x\leqslant 0\end{cases}$;

(6)随机变量 $X$ 在 $[0,1]$ 上服从均匀分布。

**解**:根据离散型随机变量函数的数学期望公式:

(1) $\varphi(t)=E(\mathrm{e}^{\mathrm{i}tX})=\mathrm{e}^{\mathrm{i}at}P\{X=a\}=\mathrm{e}^{\mathrm{i}at}$。

(2) $\varphi(t)=E(\mathrm{e}^{\mathrm{i}tX})=\sum\limits_{k=0}^{n}\mathrm{e}^{\mathrm{i}kt}C_n^k p^k q^{n-k}=(p\mathrm{e}^{\mathrm{i}t}+q)^n$。

(3) $\varphi(t)=E(\mathrm{e}^{\mathrm{i}tX})=\sum\limits_{k=0}^{\infty}\mathrm{e}^{\mathrm{i}kt}\cdot\dfrac{\lambda^k}{k!}\mathrm{e}^{-\lambda}=\mathrm{e}^{-\lambda}\cdot\sum\limits_{k=0}^{\infty}\dfrac{(\lambda\mathrm{e}^{\mathrm{i}t})^k}{k!}=\mathrm{e}^{-\lambda}\cdot\mathrm{e}^{\lambda\mathrm{e}^{\mathrm{i}t}}=\mathrm{e}^{\lambda(\mathrm{e}^{\mathrm{i}t}-1)}$。

利用连续型随机变量函数的数学期望公式:

(4) $\varphi(t)=\dfrac{1}{\sqrt{2\pi}\sigma}\displaystyle\int_{-\infty}^{\infty}\mathrm{e}^{\mathrm{i}tx-\frac{(x-\mu)^2}{2\sigma^2}}\mathrm{d}x=\dfrac{1}{\sqrt{2\pi}}\int_{-\infty}^{\infty}\mathrm{e}^{\mathrm{i}t(\sigma s+\mu)-\frac{s^2}{2}}\mathrm{d}s=\dfrac{\mathrm{e}^{\mathrm{i}\mu t}}{\sqrt{2\pi}}\int_{-\infty}^{\infty}\mathrm{e}^{\mathrm{i}t\sigma s-\frac{s^2}{2}}\mathrm{d}s$

而其中

$$\int_{-\infty}^{\infty}\mathrm{e}^{\mathrm{i}t\sigma s-\frac{s^2}{2}}\mathrm{d}s=\int_{-\infty}^{\infty}\mathrm{e}^{-\frac{(s+\mathrm{i}t\sigma)^2}{2}+\frac{(\mathrm{i}t\sigma)^2}{2}}\mathrm{d}s=\mathrm{e}^{-\frac{(t\sigma)^2}{2}}\cdot\int_{-\infty-\mathrm{i}t\sigma}^{\infty-\mathrm{i}t\sigma}\mathrm{e}^{-\frac{z^2}{2}}\mathrm{d}z$$

利用复变函数中的围道积分

$$\int_{-\infty-\mathrm{i}t\sigma}^{\infty-\mathrm{i}t\sigma}\mathrm{e}^{-\frac{z^2}{2}}\mathrm{d}z=\sqrt{2\pi}$$

从而有

$$\varphi(t)=\mathrm{e}^{\mathrm{i}\mu t-\frac{\sigma^2t^2}{2}}$$

(5) $\varphi(t)=\displaystyle\int_{-\infty}^{\infty}\mathrm{e}^{\mathrm{i}tx}f(x)\mathrm{d}x=\int_0^{\infty}\mathrm{e}^{\mathrm{i}tx}\lambda\mathrm{e}^{-\lambda x}\mathrm{d}x=\lambda\int_0^{\infty}[\cos(tx)+\mathrm{i}\sin(tx)]\mathrm{e}^{-\lambda x}\mathrm{d}x$,其中

$$\int_0^{\infty}\cos(tx)\mathrm{e}^{-\lambda x}\mathrm{d}x=\frac{\lambda}{\lambda^2+t^2},\int_0^{\infty}\sin(tx)\mathrm{e}^{-\lambda x}\mathrm{d}x=\frac{t}{\lambda^2+t^2}$$

由此可得

$$\varphi(t)=\frac{\lambda(\lambda+\mathrm{i}t)}{\lambda^2+t^2}=\frac{\lambda}{\lambda-\mathrm{i}t}=\left(1-\mathrm{i}\frac{t}{\lambda}\right)^{-1}$$

(6)因为$f(x)=\begin{cases}1,0\leqslant x\leqslant 1\\0,其他\end{cases}$，

**解法一**：由欧拉公式 $\varphi(t)=\int_{-\infty}^{\infty}\mathrm{e}^{\mathrm{i}tx}f(x)\mathrm{d}x=\int_0^1\mathrm{e}^{\mathrm{i}tx}\mathrm{d}x=\int_0^1[\cos(tx)+\mathrm{i}\sin(tx)]\mathrm{d}x$，其中

$$\int_0^1\cos(tx)\mathrm{d}x=\frac{\sin t}{t},\int_0^1\sin(tx)\mathrm{d}x=\frac{1-\cos t}{t}$$

由此可得

$$\varphi(t)=\frac{\sin t+\mathrm{i}(1-\cos t)}{t}=\frac{\cos t+\mathrm{i}\sin t-1}{\mathrm{i}t}=\frac{\mathrm{e}^{\mathrm{i}t}-1}{\mathrm{i}t}$$

**解法二**：直接积分 $\varphi(t)=\int_0^1\mathrm{e}^{\mathrm{i}tx}\mathrm{d}x=\frac{\mathrm{e}^{\mathrm{i}t}-\mathrm{e}^0}{\mathrm{i}t}=\frac{\mathrm{e}^{\mathrm{i}t}-1}{\mathrm{i}t}$。

### 5.1.2 特征函数的性质与应用

特征函数的本质就是概率分布的傅里叶(Fourier)变换，对任一随机变量 $X$，它的特征函数 $\varphi(t)$ 总是存在的，并且具有良好的性质：

**性质 5.1.1** $|\varphi(t)|\leqslant\varphi(0)=1,\varphi(-t)=\overline{\varphi(t)}$，这里 $\overline{\varphi(t)}$ 表示 $\varphi(t)$ 的共轭复数。

**证明**：对于任意随机变量 $X$ 和 $-\infty<t<\infty$，总有 $|\mathrm{e}^{\mathrm{i}tX}|\leqslant 1$，所以 $E(\mathrm{e}^{\mathrm{i}tX})$ 总是存在的。由柯西–施瓦茨不等式，得

$$|\varphi(t)|=|E(\mathrm{e}^{\mathrm{i}tX})|\leqslant E|\mathrm{e}^{\mathrm{i}tX}|=1$$

而 $\varphi(0)=E(\mathrm{e}^0)=1$，从而有

$$|\varphi(t)|\leqslant\varphi(0)=1$$

利用欧拉公式和数学期望的性质

$$\varphi(t)=E(\mathrm{e}^{\mathrm{i}tX})=E[\cos(tX)+\mathrm{i}\sin(tX)]=E[\cos(tX)]+\mathrm{i}E[\sin(tX)]$$
$$\varphi(-t)=E(\mathrm{e}^{-\mathrm{i}tX})=E[\cos(tX)-\mathrm{i}\sin(tX)]=E[\cos(tX)]-\mathrm{i}E[\sin(tX)]$$

从而

$$\varphi(-t)=\overline{\varphi(t)}$$

**性质 5.1.2** $\varphi(t)$ 在 $(-\infty,\infty)$ 上一致连续。

**证明**：我们以连续型随机变量为例进行证明。设连续型随机变量 $X$ 的概率密度函数为 $f(x)$，于是 $\varphi(t)=\int_{-\infty}^{\infty}\mathrm{e}^{\mathrm{i}tx}f(x)\mathrm{d}x$。对任意的实数 $t,h$ 和正数 $\varepsilon>0$，因为 $|\mathrm{e}^{\mathrm{i}hx}|\leqslant 1$ 且 $|\mathrm{e}^{\mathrm{i}hx}-1|\leqslant 2$，所以有

$$|\varphi(t+h)-\varphi(t)|=\left|\int_{-\infty}^{\infty}(\mathrm{e}^{\mathrm{i}hx}-1)\mathrm{e}^{\mathrm{i}tx}f(x)\mathrm{d}x\right|\leqslant\int_{-\infty}^{\infty}|\mathrm{e}^{\mathrm{i}hx}-1|f(x)\mathrm{d}x$$
$$\leqslant\int_{-a}^{a}|\mathrm{e}^{\mathrm{i}hx}-1|f(x)\mathrm{d}x+2\int_{|x|\geqslant a}f(x)\mathrm{d}x$$

其中

$$\int_{|x|\geqslant a}f(x)\mathrm{d}x=P\{X\geqslant a\}+P\{X\leqslant -a\}$$

对任意给定的 $\varepsilon>0$，都可以取到一个充分大的数 $a$，使得

$$2\int_{|x|\geqslant a}f(x)\mathrm{d}x<\frac{\varepsilon}{2}$$

又有

$$|e^{ihx}-1|=\left|e^{i\frac{h}{2}x}\right|\left|(e^{i\frac{h}{2}x}-e^{-i\frac{h}{2}x})\right|=2\left|\sin\frac{hx}{2}\right|\leqslant|hx|$$

在取定常数 $a$ 之后,对一切 $x\in[-a,a]$,只要限制 $|h|<\frac{\varepsilon}{2a}$,便有 $|hx|<\left|\frac{\varepsilon x}{2a}\right|\leqslant\frac{\varepsilon}{2}$,从而有

$$\int_{-a}^{a}|e^{ihx}-1|f(x)\mathrm{d}x<\frac{\varepsilon}{2}\int_{-a}^{a}f(x)\mathrm{d}x\leqslant\frac{\varepsilon}{2}$$

综上,对任意的 $t$,有

$$|\varphi(t+h)-\varphi(t)|<\frac{\varepsilon}{2}+\frac{\varepsilon}{2}=\varepsilon$$

即 $\varphi(t)$ 在 $(-\infty,\infty)$ 上一致连续。

**性质 5.1.3**　$\varphi(t)$ 是非负定的,即对于任意的一组 $t_k\in\mathrm{R}$ 及复数 $\alpha_k(k=1,2,\cdots,n)$,恒有

$$\sum_{k,j=1}^{n}\varphi(t_k-t_j)\alpha_k\overline{\alpha_j}\geqslant 0$$

**证明**:对于任意的一组 $t_k\in\mathrm{R}$ 及复数 $\alpha_k(k=1,2,\cdots,n)$,有

$$\begin{aligned}\sum_{k,j=1}^{n}\varphi(t_k-t_j)\alpha_k\overline{\alpha_j}&=\sum_{k,j=1}^{n}\alpha_k\overline{\alpha_j}\int_{-\infty}^{\infty}e^{i(t_k-t_j)x}f(x)\mathrm{d}x\\&=\int_{-\infty}^{\infty}\sum_{k,j=1}^{n}\alpha_k\overline{\alpha_j}e^{i(t_k-t_j)x}f(x)\mathrm{d}x\\&=\int_{-\infty}^{\infty}\left(\sum_{k=1}^{n}\alpha_k e^{it_kx}\right)\left(\sum_{j=1}^{n}\overline{\alpha_j}e^{-it_jx}\right)f(x)\mathrm{d}x\\&=\int_{-\infty}^{\infty}\left|\sum_{k=1}^{n}\alpha_k e^{it_kx}\right|^2f(x)\mathrm{d}x\geqslant 0\end{aligned}$$

由此可知,$\varphi(t)$ 是非负定的。

**性质 5.1.4**　设随机变量 $X$ 有 $l$ 阶原点矩存在,则 $X$ 的特征函数 $\varphi(t)$ 可微分 $l$ 次,且对 $k\leqslant l$,有

$$\varphi^{(k)}(0)=i^kE(X^k)$$

**证明**:由于随机变量 $X$ 的 $l$ 阶矩存在,即有 $\int_{-\infty}^{\infty}|x|^lf(x)\mathrm{d}x<\infty$,从而 $\int_{-\infty}^{\infty}e^{itx}f(x)\mathrm{d}x$ 可以在积分号下对 $t$ 求导 $l$ 次。于是对 $0\leqslant k\leqslant l$,有

$$\varphi^{(k)}(t)=\int_{-\infty}^{\infty}i^kx^ke^{itx}f(x)\mathrm{d}x=i^kE(X^ke^{itX})$$

令 $t=0$,即得 $\varphi^{(k)}(0)=i^kE(X^k)$。

由性质 5.1.4 可见,在求随机变量 $X$ 的各阶原点矩时(如果它们存在的话),只要对随机变量 $X$ 的特征函数 $\varphi(t)$ 求各阶导数即可。这相当于是把求随机变量各阶原点矩的累和运算或积分运算转化成了微分运算。特征函数提供了一条求随机变量各阶原点矩的捷径。

**例 5.1.2**　利用特征函数求正态分布 $N(\mu,\sigma^2)$ 的数学期望和方差。

**解**:$X\sim N(\mu,\sigma^2)$ 的特征函数 $\varphi(t)=e^{i\mu t-\frac{1}{2}\sigma^2t^2}$,于是

$$\varphi'(t)=(i\mu-\sigma^2t)e^{i\mu t-\frac{1}{2}\sigma^2t^2}$$

$$\varphi''(t)=(i\mu-\sigma^2t)^2e^{i\mu t-\frac{1}{2}\sigma^2t^2}-\sigma^2e^{i\mu t-\frac{1}{2}\sigma^2t^2}$$

利用特征函数的性质,有

$$iE(X)=\varphi'(0)=i\mu\ ,\ i^2E(X^2)=\varphi''(0)=-\mu^2-\sigma^2$$

即得

$$E(X)=\mu$$
$$D(X)=E(X^2)-[E(X)]^2=\mu^2+\sigma^2-\mu^2=\sigma^2$$

另外,关于随机变量函数的特征函数,有下列结论:

**性质 5.1.5** 设 $\varphi(t)$ 是随机变量 $X$ 的特征函数,则随机变量函数 $Y=aX+b$ 的特征函数为 $\varphi_{aX+b}(t)=e^{ibt}\varphi(at)$ 。

**证明**:由特征函数的定义知

$$\varphi_{aX+b}(t)=E[e^{i(aX+b)t}]=e^{ibt}E(e^{iXat})=e^{ibt}\varphi(at)$$

**性质 5.1.6** 设相互独立的随机变量 $X_1,X_2$ 的特征函数分别为 $\varphi_1(t),\varphi_2(t)$ ,则 $Y=X_1+X_2$ 的特征函数为 $\varphi(t)=\varphi_1(t)\cdot\varphi_2(t)$ 。

**证明**:因为 $X_1,X_2$ 相互独立,则随机变量 $e^{itX_1}$ 与 $e^{itX_2}$ 也相互独立,于是由数学期望的性质即得

$$\varphi(t)=E[e^{it(X_1+X_2)}]=E(e^{itX_1}\cdot e^{itX_2})=E(e^{itX_1})\cdot E(e^{itX_2})=\varphi_1(t)\cdot\varphi_2(t)$$

利用数学归纳法,可把上述结论推广到 $n$ 个独立随机变量的情形:若 $X_1,X_2,\cdots,X_n$ 是 $n$ 个相互独立的随机变量,相应的特征函数分别为 $\varphi_1(t),\varphi_2(t),\cdots,\varphi_n(t)$ ,则 $X=\sum\limits_{i=1}^{n}X_i$ 的特征函数为 $\varphi(t)=\prod\limits_{i=1}^{n}\varphi_i(t)$ 。这说明独立随机变量和的特征函数等于特征函数的乘积,相当于把概率分布的卷积运算转化成了乘积运算。

### 5.1.3 特征函数与概率分布的关系

由特征函数的定义可知,随机变量的概率分布经过傅里叶变换唯一地确定了它的特征函数;那么可不可以反过来,通过傅里叶逆变换,由随机变量的特征函数唯一地确定它的分布函数呢?答案是肯定的,由特征函数求分布函数的式子常称为逆转公式。特征函数与概率分布之间是一一对应的关系。

**定理 5.1.1[列维(Lévy)定理(逆转公式)]** 设随机变量 $X$ 的分布函数为 $F(x)$ ,特征函数为 $\varphi(t)$ ,对于 $F(x)$ 的任意两个连续点 $x_1<x_2$,有

$$F(x_2)-F(x_1)=\lim_{T\to\infty}\frac{1}{2\pi}\int_{-T}^{T}\frac{e^{-itx_1}-e^{-itx_2}}{it}\varphi(t)dt$$

**证明**:这里仍就随机变量 $X$ 是连续型随机变量的情形来证明此定理,此时分布函数 $F(x)$ 是绝对连续的。设随机变量 $X$ 的概率密度函数为 $f(x)$ ,不妨再设 $x_1<x_2$,令

$$J_T=\frac{1}{2\pi}\int_{-T}^{T}\frac{e^{-itx_1}-e^{-itx_2}}{it}\varphi(t)dt=\frac{1}{2\pi}\int_{-T}^{T}\left(\int_{-\infty}^{\infty}\frac{e^{-itx_1}-e^{-itx_2}}{it}e^{itx}f(x)dx\right)dt$$

对任意的实数 $\alpha$, 易知有 $|e^{i\alpha}-1|\leqslant|\alpha|$ ,从而得到

$$\left|\frac{e^{-itx_1}-e^{-itx_2}}{it}e^{itx}\right|=\left|\frac{e^{-itx_1+itx_2}-1}{it}e^{-itx_2}e^{itx}\right|=\left|\frac{e^{it(x_2-x_1)}-1}{t}\right|\leqslant|x_2-x_1|$$

是有界的。这时二重积分可以交换次序,即

$$J_T=\frac{1}{2\pi}\int_{-\infty}^{\infty}\left(\int_{-T}^{T}\frac{e^{-itx_1}-e^{-itx_2}}{it}e^{itx}dt\right)f(x)dx$$

$$
\begin{aligned}
&= \frac{1}{2\pi}\int_{-\infty}^{\infty}\left(\int_0^T \frac{\mathrm{e}^{-\mathrm{i}tx_1}-\mathrm{e}^{-\mathrm{i}tx_2}}{\mathrm{i}t}\mathrm{e}^{\mathrm{i}tx}\mathrm{d}t+\int_0^T \frac{\mathrm{e}^{\mathrm{i}tx_1}-\mathrm{e}^{\mathrm{i}tx_2}}{-\mathrm{i}t}\mathrm{e}^{-\mathrm{i}tx}\mathrm{d}t\right)f(x)\mathrm{d}x \\
&= \frac{1}{2\pi}\int_{-\infty}^{\infty}\left[\int_0^T \frac{\mathrm{e}^{\mathrm{i}t(x-x_1)}-\mathrm{e}^{-\mathrm{i}t(x-x_1)}-\mathrm{e}^{\mathrm{i}t(x-x_2)}+\mathrm{e}^{-\mathrm{i}t(x-x_2)}}{\mathrm{i}t}\mathrm{d}t\right]f(x)\mathrm{d}x \\
&= \frac{1}{\pi}\int_{-\infty}^{\infty}\left(\int_0^T\left\{\frac{\sin[t(x-x_1)]}{t}-\frac{\sin[t(x-x_2)]}{t}\right\}\mathrm{d}t\right)f(x)\mathrm{d}x
\end{aligned}
$$

记函数

$$
g(T,x,x_1,x_2)=\frac{1}{\pi}\int_0^T\left\{\frac{\sin[t(x-x_1)]}{t}-\frac{\sin[t(x-x_2)]}{t}\right\}\mathrm{d}t
$$

然后对 $J_T$ 等号左、右两端同时取极限，则

$$
\lim_{T\to\infty}J_T=\lim_{T\to\infty}\int_{-\infty}^{\infty}g(T,x,x_1,x_2)f(x)\mathrm{d}x
$$

由狄利克雷积分的结论

$$
D(a)=\frac{1}{\pi}\int_0^{\infty}\frac{\sin(at)}{t}\mathrm{d}t=\begin{cases}0.5, & a>0\\ 0, & a=0\\ -0.5, & a<0\end{cases}
$$

结合 $x_1<x_2$，则有

$$
\lim_{T\to\infty}g(T,x,x_1,x_2)=D(x-x_1)-D(x-x_2)=\begin{cases}0, & x<x_1\text{ 或 }x>x_2\\ 0.5, & x=x_1\text{ 或 }x=x_2\\ 1, & x_1<x<x_2\end{cases}
$$

所以，$|g(T,x,x_1,x_2)|$ 有界，从而可以把 $\lim\limits_{T\to\infty}J_T$ 中积分号与极限号交换顺序，故有

$$
\lim_{T\to\infty}J_T=\int_{-\infty}^{\infty}\lim_{T\to\infty}g(T,x,x_1,x_2)f(x)\mathrm{d}x=\int_{x_1}^{x_2}f(x)\mathrm{d}x=F(x_2)-F(x_1)
$$

当 $X$ 是离散型随机变量时，证明思路和过程也是类似的，只是需要限制在分布函数的连续点上。感兴趣的读者可以尝试进行探索。

**定理 5.1.2**　若 $X$ 是一个连续型随机变量，其概率密度函数为 $f(x)$，特征函数为 $\varphi(t)$，又因为 $\int_{-\infty}^{\infty}|\varphi(t)|\mathrm{d}t<\infty$，则

$$
f(x)=\frac{1}{2\pi}\int_{-\infty}^{\infty}\mathrm{e}^{-\mathrm{i}tx}\varphi(t)\mathrm{d}t
$$

**证明**：这个式子其实就对应着数学分析中的傅里叶逆变换。由逆转公式，有

$$
\frac{F(x+\Delta x)-F(x)}{\Delta x}=\frac{1}{2\pi}\int_{-\infty}^{\infty}\frac{\mathrm{e}^{-\mathrm{i}tx}-\mathrm{e}^{-\mathrm{i}t(x+\Delta x)}}{\mathrm{i}t\cdot\Delta x}\varphi(t)\mathrm{d}t
$$

按照连续型随机变量分布函数与概率密度函数的关系，则

$$
f(x)=F'(x)=\lim_{\Delta x\to 0}\frac{F(x+\Delta x)-F(x)}{\Delta x}=\frac{1}{2\pi}\lim_{\Delta x\to 0}\int_{-\infty}^{\infty}\frac{\mathrm{e}^{-\mathrm{i}tx}-\mathrm{e}^{-\mathrm{i}t(x+\Delta x)}}{\mathrm{i}t\cdot\Delta x}\varphi(t)\mathrm{d}t
$$

其中，利用不等式 $|\mathrm{e}^{\mathrm{i}\alpha}-1|\leqslant|\alpha|$，可以得到

$$
\left|\frac{\mathrm{e}^{-\mathrm{i}tx}-\mathrm{e}^{-\mathrm{i}t(x+\Delta x)}}{\mathrm{i}t\cdot\Delta x}\right|=\left|\frac{\mathrm{e}^{-\mathrm{i}tx}(1-\mathrm{e}^{-\mathrm{i}t\Delta x})}{\mathrm{i}t\cdot\Delta x}\right|\leqslant 1
$$

从而

$$\int_{-\infty}^{\infty}\left|\frac{\mathrm{e}^{-\mathrm{i}tx}-\mathrm{e}^{-\mathrm{i}t(x+\Delta x)}}{\mathrm{i}t\cdot\Delta x}\varphi(t)\right|\mathrm{d}t\leqslant\int_{-\infty}^{\infty}|\varphi(t)|\mathrm{d}t<\infty$$

所以可以交换 $f(x)$ 中极限符号和积分符号的顺序,得到

$$f(x)=\frac{1}{2\pi}\int_{-\infty}^{\infty}\lim_{\Delta x\to0}\frac{\mathrm{e}^{-\mathrm{i}tx}-\mathrm{e}^{-\mathrm{i}t(x+\Delta x)}}{\mathrm{i}t\cdot\Delta x}\varphi(t)\mathrm{d}t=\frac{1}{2\pi}\int_{-\infty}^{\infty}\mathrm{e}^{-\mathrm{i}tx}\varphi(t)\mathrm{d}t$$

更一般地,我们有下面的定理:

**定理 5.1.3(唯一性定理)** 随机变量 $X$ 的特征函数 $\varphi(t)$ 可以唯一地确定相应的分布函数 $F(x)$ 。

**证明:**由逆转公式,对于分布函数 $F(x)$ 的任两个连续点 $x$, $y$ ,有

$$F(x)-F(y)=\lim_{T\to\infty}\frac{1}{2\pi}\int_{-T}^{T}\frac{\mathrm{e}^{-\mathrm{i}ty}-\mathrm{e}^{-\mathrm{i}tx}}{\mathrm{i}t}\varphi(t)\mathrm{d}t$$

令点 $y$ 趋于 $-\infty$,根据分布函数的性质有 $\lim\limits_{y\to-\infty}F(y)=0$,从而可以得到

$$F(x)=\lim_{y\to-\infty}\lim_{T\to\infty}\frac{1}{2\pi}\int_{-T}^{T}\frac{\mathrm{e}^{-\mathrm{i}ty}-\mathrm{e}^{-\mathrm{i}tx}}{\mathrm{i}t}\varphi(t)\mathrm{d}t$$

这首先通过特征函数唯一地确定了 $F(x)$ 在连续点处的数值。而分布函数一定是右连续的,所以 $F(x)$ 在每个间断点处的函数值可以由右连续性确定下来。结论得证。

随机变量的分布函数可以描述随机变量的统计规律,同时又与特征函数存在着一一对应的关系,因此随机变量的特征函数也就可以作为刻画随机变量统计规律的一个有力的数学工具。在求独立的随机变量和的分布时,应用特征函数一般要比直接从分布函数出发便捷一些。

**例 5.1.3** 若 $X_1,X_2,\cdots,X_n$ 是 $n$ 个相互独立的服从正态分布的随机变量,即对 $j=1,2,\cdots,n$ ,有 $X_j\sim N(\mu_j,\sigma_j^2)$ 。试利用特征函数确定随机变量 $X=\sum\limits_{j=1}^{n}X_j$ 的分布。

**解:** $X_j$ 的特征函数 $\varphi_j(t)=\mathrm{e}^{\mathrm{i}\mu_jt-\frac{1}{2}\sigma_j^2t^2}$ ,利用特征函数的性质, $X=\sum\limits_{j=1}^{n}X_j$ 的特征函数为

$$\varphi(t)=\prod_{j=1}^{n}\varphi_j(t)=\prod_{j=1}^{n}\mathrm{e}^{\mathrm{i}\mu_jt-\frac{1}{2}\sigma_j^2t^2}=\exp\left(\mathrm{i}t\sum_{j=1}^{n}\mu_j-\frac{1}{2}t^2\sum_{j=1}^{n}\sigma_j^2\right)$$

也就是说,随机变量 $X=\sum\limits_{j=1}^{n}X_j$ 的特征函数具有正态分布特征函数的形式,对应的概率分布是正态分布 $N\left(\sum\limits_{j=1}^{n}\mu_j,\sum\limits_{j=1}^{n}\sigma_j^2\right)$ 。所以

$$X=\sum_{j=1}^{n}X_j\sim N\left(\sum_{j=1}^{n}\mu_j,\sum_{j=1}^{n}\sigma_j^2\right)$$

## 习题 5.1

1.设离散型随机变量 $X \sim Ge(p)$ ,试求 $X$ 的特征函数,并以此求 $E(X)$ 和 $D(X)$ 。

2.设离散型随机变量 $X$ 服从负二项分布

$$P\{X = k\} = \binom{k-1}{r-1} p^r (1-p)^{k-r}, k = r, r+1, \cdots$$

试求 $X$ 的特征函数。

3.求分布函数 $F_1(x) = \dfrac{a}{2}\int_{-\infty}^{x} e^{-a|t|}dt\ (a > 0)$ 的特征函数,并由特征函数求其数学期望和方差。

4.设 $X \sim N(\mu,\sigma^2)$ ,试用特征函数求 $X$ 的 3 阶与 4 阶中心矩。

5.试用特征函数证明二项分布的可加性:若 $X \sim b(n,p)$ , $Y \sim b(m,p)$ ,且 $X$ 与 $Y$ 独立,则 $X + Y \sim b(n + m,p)$ 。

6.试用特征函数证明伽马分布的可加性:若 $X \sim Ga(\alpha,\lambda)$ , $Y \sim Ga(\beta,\lambda)$ ,且 $X$ 与 $Y$ 独立,则 $X + Y \sim Ga(\alpha + \beta,\lambda)$。

## 5.2　随机变量序列与分布函数列的收敛性

一般地,要从随机现象中寻求随机事件内在的必然统计规律,就要研究大量重复发生的随机现象,这就形成了随机变量的序列。例如,进行 $n$ 次独立重复的伯努利试验,记事件 $A$ 共发生的次数为 $n_A$ ,则事件 $A$ 在 $n$ 次观察中的频率为 $f_n = \dfrac{n_A}{n}$ 。随着试验累积进行下去,频率也在不断地累积变化,从而可以得到频率序列 $\{f_n\}$ ($n \in \mathbb{Z}^+$) ,这就是一个随机变量序列。与微积分中数列和函数列收敛性的概念类似,在概率论中可以考虑随机变量序列与相应的分布函数列的收敛性。从不同的着眼点出发,可以定义几种不同的收敛性。

### 5.2.1　依概率收敛

**定义 5.2.1**　设 $\{X_n\}$ 是一个随机变量序列, $X$ 为一个随机变量,若对于任意给定的正数 $\varepsilon$ ,有

$$\lim_{n\to\infty} P\{|X_n - X| < \varepsilon\} = 1$$

则称随机变量序列 $\{X_n\}$ **依概率收敛**于随机变量 $X$ ,记为

$$\lim_{n\to\infty} X_n \overset{P}{=} X \text{ 或 } X_n \xrightarrow{P} X, n \to \infty$$

特别地,已知 $\{X_n\}$ 是一随机变量序列, $a$ 为一个常数,若对于任意给定的正数 $\varepsilon$ ,有

$$\lim_{n\to\infty} P\{|X_n - a| < \varepsilon\} = 1$$

称随机变量序列 $\{X_n\}$ **依概率收敛于**常数 $a$ ,记为

$$\lim_{n\to\infty} X_n \overset{P}{=} a \text{ 或 } X_n \xrightarrow{P} a, n \to \infty$$

**例 5.2.1** $\{X_n\}$ 是服从退化分布的随机变量序列,分布律为 $P\left\{X_n = \dfrac{1}{n}\right\} = 1, n = 1,2,\cdots$ ,随机变量 $X$ 也服从退化分布,分布律为 $P\{X = 0\} = 1$。试证明 $\lim\limits_{n\to\infty} X_n \overset{P}{=} X$ 。

**证明**:对任意给定的正数 $\varepsilon$ ,有

$$P\{|X_n - X| \geqslant \varepsilon\} = P\left\{\left|\frac{1}{n} - 0\right| \geqslant \varepsilon\right\} = P\left\{\frac{1}{n} \geqslant \varepsilon\right\}$$

于是,只要正整数 $n > \dfrac{1}{\varepsilon}$ 时,就有 $\left\{\dfrac{1}{n} \geqslant \varepsilon\right\}$ 是不可能事件,从而 $P\{|X_n - X| \geqslant \varepsilon\} = 0$。所以可得 $\lim\limits_{n\to\infty} X_n \overset{P}{=} X$ ,也可以记作 $\lim\limits_{n\to\infty} X_n \overset{P}{=} 0$。

前文曾经指出,频率是概率在实际观测中的反映。对于 $n$ 重伯努利试验,事件 $A$ 发生的频率 $f_n = \dfrac{n_A}{n}$ ,随着试验次数 $n$ 的增大将会逐渐稳定到事件 $A$ 在一次试验中发生的概率 $p$ ;当 $n$ 很大时,频率与概率会非常靠近。这里提到的“逐渐稳定”和“非常靠近”实际上就是指频率序列 $\{f_n\}$ 的依概率收敛性。其具体表现为:当 $n$ 足够大时,对于任意给定的正数 $\varepsilon$ ,事件 $\{|f_n - p| \geqslant \varepsilon\}$ 发生的概率是足够小的,即有

$$\lim_{n\to\infty} P\{|f_n - p| \geqslant \varepsilon\} = 0$$

需要强调的是,依概率收敛与微积分中的极限是两个不同的概念。实际上,$n$ 重伯努利试验生成的频率序列 $\{f_n\}$ 不存在极限。这是因为极限式 $\lim\limits_{n\to\infty} f_n = p$ 的成立要求对任意给定的 $\varepsilon > 0$ ,都存在充分大的正整数 $N$ ,使得对一切 $n > N$ ,都有 $|f_n - p| < \varepsilon$ 。但是频率 $f_n$ 事实上是由实际的试验结果决定的,而在 $n$ 重伯努利试验中事件 $A$ 恰好发生 $n$ 次的情况总还是有可能发生的,这时 $n_A = n$ ,于是 $f_n = 1$,从而 $|f_n - p| = 1 - p$ 。也就是说,只要取 $0 < \varepsilon < 1 - p$ ,那么不论正整数 $N$ 多大,都不能保证当 $n > N$ 时都有 $|f_n - p| < \varepsilon$ 。

对于依概率收敛于常数的随机变量序列,有下列性质成立:

**性质 5.2.1** 设 $\{X_{1n}\},\{X_{2n}\},\cdots,\{X_{kn}\}$ 是 $k$ 个随机变量序列, $X_{in} \xrightarrow{P} a_i, i = 1,2,\cdots,k$ ,而 $R(x_1,x_2,\cdots,x_k)$ 是关于 $k$ 元变量的有理函数,且在点 $(a_1,a_2,\cdots,a_k)$ 连续,则有

$$R(X_{1n},X_{2n},\cdots,X_{kn}) \xrightarrow{P} R(a_1,a_2,\cdots,a_k)$$

例如,两个随机变量序列, $X_n \xrightarrow{P} a$ , $Y_n \xrightarrow{P} b$ ,则

$$X_n \pm Y_n \xrightarrow{P} a \pm b$$

$$X_n Y_n \xrightarrow{P} ab$$

$$\frac{X_n}{Y_n} \xrightarrow{P} \frac{a}{b} \quad (b \neq 0)$$

这称作依概率收敛于常数的随机变量序列的四则运算性质。类似的性质对于依概率收敛于随机变量的随机变量序列也是成立的。

这些性质类似于数学分析中数列极限的性质，读者可以自行证明。

**例 5.2.2**　随机变量 $X$ 的分布函数记为 $F(x)$，随机变量 $X_1, X_2, \cdots, X_n, \cdots$ 的分布函数分别记为 $F_1(x), F_2(x), \cdots, F_n(x), \cdots$。试证明：若随机变量序列 $\{X_n\}$ 依概率收敛于随机变量 $X$，则分布函数列 $\{F_n(x)\}$ 在 $F(x)$ 的每个连续点 $x$ 上，都满足 $\lim\limits_{n\to\infty} F_n(x) = F(x)$。

**证明**：由 $X_n \xrightarrow{P} X, n\to\infty$，对于任意给定的实数 $x$ 和 $c$，只要 $x \neq c$，就有 $\lim\limits_{n\to\infty} P\{|X_n - X| > |x-c|\} = 0$。

(i) 对任意的 $x' < x$，事件 $\{X \leqslant x', X_n > x\} \subset \{|X_n - X| > |x - x'|\}$，进而有

$$
\begin{aligned}
\{X \leqslant x'\} &= \{X \leqslant x', X_n \leqslant x\} \cup \{X \leqslant x', X_n > x\} \\
&\subset \{X_n \leqslant x\} \cup \{X \leqslant x', X_n > x\} \\
&\subset \{X_n \leqslant x\} \cup \{|X_n - X| > |x - x'|\}
\end{aligned}
$$

所以

$$
\begin{aligned}
F(x') &\leqslant P\{X_n \leqslant x\} + P\{|X_n - X| > |x - x'|\} \\
&= F_n(x) + P\{|X_n - X| > |x - x'|\}
\end{aligned}
$$

其中

$$\lim_{n\to\infty} P\{|X_n - X| > |x - x'|\} = 0 \text{ 且 } P\{|X_n - X| > |x - x'|\} \geqslant 0$$

则

$$F(x') \leqslant \varliminf_{n\to\infty} F_n(x)$$

(ii) 对任意的 $x'' > x$，事件 $\{X > x'', X_n \leqslant x\} \subset \{|X_n - X| > |x - x''|\}$，进而有

$$
\begin{aligned}
\{X > x''\} &= \{X > x'', X_n \leqslant x\} \cup \{X > x'', X_n > x\} \\
&\subset \{X > x'', X_n \leqslant x\} \cup \{X_n > x\} \subset \{|X_n - X| > |x - x''|\} \cup \{X_n > x\}
\end{aligned}
$$

从而由分布函数的定义可得

$$1 - F(x'') = P\{X > x''\} \leqslant P\{|X_n - X| > |x - x''|\} + 1 - F_n(x)$$

即

$$F(x'') \geqslant F_n(x) - P\{|X_n - X| > |x - x''|\}$$

其中

$$\lim_{n\to\infty} P\{|X_n - X| > |x - x''|\} = 0 \text{ 且 } P\{|X_n - X| > |x - x''|\} \geqslant 0$$

所以

$$F(x'') \geqslant \varlimsup_{n\to\infty} F_n(x)$$

综上所述，对 $x' < x < x''$ 有

$$F(x') \leqslant \varliminf_{n\to\infty} F_n(x) \leqslant \varlimsup_{n\to\infty} F_n(x) \leqslant F(x'')$$

令 $x' \to x$，$x'' \to x$，即得

$$F(x-0) \leqslant \varliminf_{n\to\infty} F_n(x) \leqslant \varlimsup_{n\to\infty} F_n(x) \leqslant F(x+0)$$

显然，如果 $x$ 是 $F(x)$ 的连续点，即 $F(x-0) = F(x+0)$，那么就有

$$\varliminf_{n\to\infty} F_n(x) = \varlimsup_{n\to\infty} F_n(x) = \lim_{n\to\infty} F_n(x) = F(x)$$

命题得证。

也就是说，若随机变量序列依概率收敛，则可以找到一个分布函数 $F(x)$，使得随机变量

序列相应的分布函数列在 $F(x)$ 的每个连续点上,都满足 $\lim\limits_{n\to\infty}F_n(x)=F(x)$ 。但在 $F(x)$ 的间断点上,这个极限式就不一定成立了。

例如,服从分布律为 $P\left\{X_n=\dfrac{1}{n}\right\}=1$ 的退化分布的随机变量序列 $\{X_n\}$, 依概率收敛于服从退化分布 $P\{X=0\}=1$ 的随机变量 $X$ 。但是对于上述定义的随机变量 $X$ 和随机变量 $X_1$, $X_2,\cdots,X_n,\cdots$ ,将它们的分布函数分别记为 $F(x),F_1(x),F_2(x),\cdots,F_n(x),\cdots$ ,则

$$F(x)=\begin{cases}0, & x<0\\1, & x\geqslant 0\end{cases};\qquad F_n(x)=\begin{cases}0, & x<\dfrac{1}{n}\\[2ex]1, & x\geqslant\dfrac{1}{n}\end{cases},n=1,2,\cdots$$

显然,当 $x\neq 0$ 时,有 $\lim\limits_{n\to\infty}F_n(x)=F(x)$ 成立;但当 $x=0$ 时, $F(0)=1$,而 $\lim\limits_{n\to\infty}F_n(0)=0$,即 $\lim\limits_{n\to\infty}F_n(0)\neq F(0)$ 。就这个例子而言,分布函数 $F(x)$的不连续点 $x=0$ 恰好使得分布函数列的收敛关系不成立。

### 5.2.2 弱收敛与按分布收敛

**定义 5.2.2** 设 $F_1(x),F_2(x),\cdots$ 是一列分布函数,如果对于分布函数 $F(x)$ 的每个连续点 $x$ ,都有

$$\lim_{n\to\infty}F_n(x)=F(x)$$

成立,则称分布函数列 $\{F_n(x)\}$ **弱收敛**于分布函数 $F(x)$ ,并记作

$$F_n(x)\xrightarrow{W}F(x),n\to\infty$$

如果随机变量序列 $\{X_n\}$ 的分布函数列 $\{F_n(x)\}$ 弱收敛于随机变量 $X$ 的分布函数 $F(x)$,则称随机变量序列 $\{X_n\}$ **按分布收敛**于随机变量 $X$ ,并记作

$$X_n\xrightarrow{L}X,n\to\infty$$

这里的分布函数列 $\{F_n(x)\}$ 称为弱收敛,而相应的随机变量序列 $\{X_n\}$ 称为按分布收敛,虽然两者的本质含义是等价的,互为充要条件,但是针对的对象和场合不同,要注意区分明确。

由例 5.2.2 可知,若随机变量序列 $\{X_n\}$ 依概率收敛于随机变量 $X$ ,则相应的分布函数列 $\{F_n(x)\}$ 弱收敛于分布函数 $F(x)$。可见,随机变量序列依概率收敛是相应分布函数列弱收敛的充分条件,也是随机变量序列按分布收敛的充分条件。

反过来,按分布收敛的随机变量序列不一定是依概率收敛的。依概率收敛指的是随机变量序列与指定随机变量之间的偏差小于任意值的概率随着 $n$ 的增大接近于 1,描述的是不同随机变量的取值近乎确定性地无限接近。而按分布收敛对应着分布函数的弱收敛性,只要求不同随机变量分布在各处的可能性很接近,并不要求随机变量的取值要接近。

举例说明,对于标准正态分布的随机变量 $X\sim N(0,1)$ ,定义 $X_n=-X$ , $n=1,2,\cdots$ ,所以也有 $X_n\sim N(0,1)$ 。这里的随机变量 $X_n$ 与 $X$ 取值永远是相反的,但是它们具有相同的概率分布:一方面, $X_n$ 与 $X$ 具有完全相同的分布函数,因此 $X_n\xrightarrow{L}X,n\to\infty$; 另一方面,随机变量序列 $\{X_n\}$ 不是依概率收敛于 $X$ 的,因为对给定的 $\varepsilon>0$,有

$$\lim_{n\to\infty}P\{|X_n-X|<\varepsilon\}=P\{2|X|<\varepsilon\}=2\Phi\left(\frac{\varepsilon}{2}\right)-1\neq 1$$

特殊地，当极限随机变量服从退化分布或者是常数时，随机变量序列的依概率收敛性与按分布收敛性是等价的。

**例 5.2.3**　设 $F(x)$ 是退化分布的分布函数，即

$$F(x)=\begin{cases}0, & x<a\\ 1, & x\geqslant a\end{cases}$$

若随机变量序列 $\{X_n\}$ 的分布函数列 $\{F_n(x)\}$ 满足 $F_n(x)\xrightarrow{W}F(x)$，求证：$X_n\xrightarrow{P}a$。

**证明**：$P\{|X_n-a|\geqslant\varepsilon\}=P\{X_n\geqslant\varepsilon+a\}+P\{X_n\leqslant-\varepsilon+a\}$

$$\leqslant 1-P\left\{X_n<\frac{\varepsilon}{2}+a\right\}+F_n(-\varepsilon+a)$$

$$=1-F_n\left(\frac{\varepsilon}{2}+a\right)+F_n(-\varepsilon+a)$$

其中，对于任意给定的正数 $\varepsilon$，$\dfrac{\varepsilon}{2}+a$ 与 $-\varepsilon+a$ 都是 $F(x)$ 的连续点，所以

$$F_n\left(\frac{\varepsilon}{2}+a\right)\xrightarrow{n\to\infty}F\left(\frac{\varepsilon}{2}+a\right)=1,\ F_n(-\varepsilon+a)\xrightarrow{n\to\infty}F(-\varepsilon+a)=0$$

从而

$$0\leqslant\lim_{n\to\infty}P\{|X_n-a|\geqslant\varepsilon\}\leqslant 1-F(\varepsilon/2+a)+F(-\varepsilon+a)=1-1+0=0$$

即 $X_n\xrightarrow{P}a$。

这个例题表明**随机变量序列依概率收敛于退化分布的充要条件是它按分布收敛于该退化分布**。

分布函数列的弱收敛和随机变量序列的按分布收敛是很有用的概念，可以求随机变量序列取值概率的极限，也有助于一定条件下概率的近似计算。若随机变量序列 $\{X_n\}$ 相应的分布函数列 $\{F_n(x)\}$ 弱收敛于分布函数 $F(x)$，则可以认为在 $n$ 充分大时，$X_n$ 的分布函数可以用 $F(x)$ 近似，或者说 $X_n$ 近似服从 $F(x)$ 对应的概率分布，这也是“按分布收敛”这一概念的实际意义。这种在 $n$ 充分大时具有的近似性质，在概率论中称为渐近性质，在数理统计中称为大样本性质。

但是要直接判断一个分布函数序列是否弱收敛，有时是很麻烦的；而判断相应的特征函数序列的收敛性比较容易。对这一问题的深入研究表明，**随机变量序列 $\{X_n\}$ 的分布函数列 $\{F_n(x)\}$ 弱收敛于随机变量 $X$ 的分布函数 $F(x)$ 的充要条件是 $\{X_n\}$ 相应的特征函数列 $\{\varphi_n(t)\}$ 收敛于 $X$ 的特征函数 $\varphi(t)$**。这一结论的证明比较烦琐，留给感兴趣的读者自己研究探索。这里用一个例题简要展示一下该结论的应用。

**例 5.2.4**　(1)若 $X_\lambda$ 是服从参数为 $\lambda$ 的泊松分布的随机变量，求证：

$$\lim_{\lambda\to\infty}P\left\{\frac{X_\lambda-\lambda}{\sqrt{\lambda}}\leqslant x\right\}=\int_{-\infty}^{x}\frac{1}{\sqrt{2\pi}}e^{-t^2/2}dt$$

(2)利用上述结论，对于随机变量 $X\sim\pi(10^6)$，估算 $P\{X\leqslant 1\times10^6\}$。

**证明**：(1)等号右侧是标准正态分布的分布函数，等号左侧是随机变量 $\dfrac{X_\lambda-\lambda}{\sqrt{\lambda}}$ 的分布函数在 $\lambda\to\infty$时得到的极限函数：由此自然联想到分布函数列的弱收敛性，这等价于相应特征函数的收敛性。

已知参数为 $\lambda$ 的泊松分布的随机变量 $X_\lambda$ 的特征函数为

$$\varphi_\lambda(t)=\sum_{k=0}^{\infty}\mathrm{e}^{\mathrm{i}kt}\frac{\lambda^k}{k!}\mathrm{e}^{-\lambda}=\mathrm{e}^{\lambda(\mathrm{e}^{\mathrm{i}t}-1)}$$

再利用特征函数的性质,随机变量函数 $Y_\lambda=\dfrac{X_\lambda-\lambda}{\sqrt{\lambda}}$ 的特征函数为

$$g_\lambda(t)=\varphi_\lambda\left(\frac{t}{\sqrt{\lambda}}\right)\mathrm{e}^{-\mathrm{i}\sqrt{\lambda}t}=\mathrm{e}^{\lambda(\mathrm{e}^{\mathrm{i}\frac{t}{\sqrt{\lambda}}}-1)}\mathrm{e}^{-\mathrm{i}\sqrt{\lambda}t}=\mathrm{e}^{\lambda(\mathrm{e}^{\mathrm{i}\frac{t}{\sqrt{\lambda}}}-1)-\mathrm{i}\sqrt{\lambda}t}$$

对任意的 $t$,当 $\lambda\to\infty$时,有

$$\mathrm{e}^{\mathrm{i}\frac{t}{\sqrt{\lambda}}}-1=\frac{\mathrm{i}t}{\sqrt{\lambda}}-\frac{t^2}{2!\lambda}+o\left(\frac{1}{\lambda}\right)$$

所以, $g_\lambda(t)$ 的指数部分

$$\lambda(\mathrm{e}^{\mathrm{i}\frac{t}{\sqrt{\lambda}}}-1)-\mathrm{i}\sqrt{\lambda}t=\mathrm{i}t\sqrt{\lambda}-\frac{t^2}{2!}+\lambda\cdot o\left(\frac{1}{\lambda}\right)-\mathrm{i}\sqrt{\lambda}t\xrightarrow{\lambda\to\infty}-\frac{t^2}{2}$$

从而对满足 $\lambda_n\to\infty$的任意点列 $\{\lambda_n\}$ ,都有

$$\lim_{\lambda_n\to\infty}g_{\lambda_n}(t)=\mathrm{e}^{-\frac{t^2}{2}}$$

又因为 $\mathrm{e}^{-\frac{t^2}{2}}$ 是标准正态分布的特征函数,那么只要取由小到大的正整数点列 $\{\lambda_n\}$ ,即要求 $\lambda_n=n=1,2,\cdots$ ,就可以构造一个服从泊松分布的随机变量序列 $\{X_{\lambda_n}\}$ , 使得随机变量序列

$$\left\{\frac{X_{\lambda_n}-\lambda_n}{\sqrt{\lambda_n}}\right\}$$

的特征函数列收敛于标准正态分布的特征函数,从而分布函数列弱收敛于标准正态分布的分布函数,即

$$\lim_{\lambda_n\to\infty}P\left\{\frac{X_{\lambda_n}-\lambda_n}{\sqrt{\lambda_n}}\leqslant x\right\}=\int_{-\infty}^{x}\frac{1}{\sqrt{2\pi}}\mathrm{e}^{-t^2/2}\mathrm{d}t$$

于是

$$\lim_{\lambda\to\infty}P\left\{\frac{X_\lambda-\lambda}{\sqrt{\lambda}}\leqslant x\right\}=\int_{-\infty}^{x}\frac{1}{\sqrt{2\pi}}\mathrm{e}^{-t^2/2}\mathrm{d}t$$

这说明,当参数 $\lambda\to\infty$时,泊松分布随机变量的标准化变量序列按分布收敛于标准正态分布。

(2)利用上述结论,因为 $X\sim\pi(10^6)$ ,可以认为参数 $\lambda=10^6$ 已经充分大,这时泊松变量的概率分布可以利用标准正态分布近似计算,即

$$P\{X\leqslant 1\times10^6\}=P\left\{\frac{X-10^6}{10^3}\leqslant 0\right\}\approx\Phi(0)=0.5$$

## 习题 5.2

1.如果 $X_n \xrightarrow{P} X$，且 $X_n \xrightarrow{P} Y$，试证：$P\{X = Y\} = 1$。

2.如果 $X_n \xrightarrow{P} X$，且 $Y_n \xrightarrow{P} Y$，试证：

(1) $X_n + Y_n \xrightarrow{P} X + Y$；

(2) $X_n Y_n \xrightarrow{P} XY$。

3.如果 $X_n \xrightarrow{L} X$，且数列 $a_n \to a$，$b_n \to b$，试证：$a_n X_n + b_n \xrightarrow{L} aX + b$。

4.如果 $X_n \xrightarrow{L} X$，$Y_n \xrightarrow{P} a$，试证：$X_n + Y_n \xrightarrow{L} X + a$。

5.如果 $X_n \xrightarrow{L} X$，$Y_n \xrightarrow{P} 0$，试证：$X_n Y_n \xrightarrow{P} 0$。

6.如果 $X_n \xrightarrow{L} X$，$Y_n \xrightarrow{P} a$，且 $Y_n \neq 0$，常数 $a \neq 0$，试证：

$$\frac{X_n}{Y_n} \xrightarrow{L} \frac{X}{a}$$

7.设随机变量 $X_n$ 服从柯西分布，其概率密度函数为

$$p_n(x) = \frac{n}{\pi(1 + n^2 x^2)}, \quad -\infty < x < +\infty$$

试证：$X_n \xrightarrow{P} 0$。

# 5.3　大数定律

大数定律描述的现象是，在随机试验中尽管每次的结果并不确定，但是大量重复试验结果的平均值几乎是确定的。这是因为，单独一次随机试验中存在着个别偶然因素的影响，使得随机试验的结果不可预测，但是在大量的观察试验中，受个别的、偶然的因素影响而产生的差异很可能会相互抵消，从而使随机现象显示出必然的稳定规律。

## 5.3.1　大数定律的一般形式

大数定律是个比较抽象的概念，它是对随机变量序列而言的，探究随机变量序列的平均值在什么样的条件下依概率收敛，并找到依概率收敛的极限所在（通常是某个随机变量的数学期望）。下面我们用数学的语言来给出大数定律的一般形式。

$\{X_n\}$ 是随机变量序列，如果存在常数列 $\{a_n\}$，使得对任意的 $\varepsilon>0$，有

$$\lim_{n\to\infty} P\left\{\left|\frac{1}{n}\sum_{i=1}^{n} X_i - a_n\right| < \varepsilon\right\} = 1$$

成立,则称随机变量序列 $\{X_n\}$ **服从大数定律**。

例如,抛掷一枚硬币,硬币落下后哪一面朝上是随机的。重复地抛掷硬币,用随机变量 $X_n$ 表示第 $n$ 次抛掷的结果,则有

$$X_n = \begin{cases} 1, \text{正面向上} \\ 0, \text{反面向上} \end{cases}$$

此问题中的随机变量序列 $\{X_n\}$ 服从大数定律。当抛掷硬币次数足够多后就会发现,硬币每一面向上的次数均约占总次数的一半;也就是说,对任意的 $\varepsilon>0$,有

$$\lim_{n\to\infty} P\left\{ \left| \frac{1}{n}\sum_{i=1}^{n} X_i - \frac{1}{2} \right| < \varepsilon \right\} = 1$$

统计学中通过科学的方法获取足够多的服从大数定律的数据,从而可以通过算术平均值的作用中和抵消个别现象中个别特性引起的偶然差异,继而显示出总体的必然规律。要应用大数定律解决实际问题,就必须先弄清楚满足什么条件的随机变量序列能够服从大数定律。具体的条件在不同的场合中各有不同,对应着大数定律的各种具体形式。最早的大数定律是由伯努利叙述条件并给出证明的,现在我们称之为伯努利大数定律;苏联数学家辛钦(Khinchin)给出了大数定律的另一种形式,也就是所谓的辛钦大数定律。这两个大数定律都是基于独立同分布的随机变量序列;对于不同分布或者不独立的随机变量序列,也有相应的大数定律。下面逐一介绍。

### 5.3.2 辛钦大数定律与伯努利大数定律

辛钦大数定律说明,独立同分布随机变量序列的前 $n$ 项的算术平均值依概率收敛于随机变量的数学期望。

**定理 5.3.1(辛钦大数定律)** 设随机变量 $X_1, X_2, \cdots, X_n, \cdots$ 相互独立,服从同一分布,且存在数学期望 $E(X_i) = \mu$ , $i = 1,2,\cdots,n,\cdots$ ,则对任意给定的 $\varepsilon > 0$,有

$$\lim_{n\to\infty} P\left\{ \left| \frac{1}{n}\sum_{i=1}^{n} X_i - \mu \right| < \varepsilon \right\} = 1$$

即随机变量序列 $\{X_n\}$ 服从大数定律。

**证明**:因为随机变量 $X_1, X_2, \cdots, X_n, \cdots$ 有相同的分布,所以其也具有相同的特征函数,将这个特征函数记为 $\varphi(t)$ 。又因为数学期望 $E(X_i) = \mu$ , $i = 1,2,\cdots,n,\cdots$ 存在,从而特征函数 $\varphi(t)$ 可以展开成:$\varphi(t) = \varphi(0) + \varphi'(0)t + o(t) = 1 + \mathrm{i}\mu t + o(t)$ 。

构造随机变量序列 $\{Y_n\}$ ,其中

$$Y_n = \frac{1}{n}\sum_{i=1}^{n} X_i = \sum_{i=1}^{n} \frac{X_i}{n}$$

由随机变量序列 $\{X_n\}$ 的独立性和特征函数的性质可知,随机变量 $Y_n$ 的特征函数为

$$\left[\varphi\left(\frac{t}{n}\right)\right]^n = \left[1 + \mathrm{i}\mu\frac{t}{n} + o\left(\frac{t}{n}\right)\right]^n$$

对任意取定的 $t$,有

$$\lim_{n\to\infty}\left[\varphi\left(\frac{t}{n}\right)\right]^n = \lim_{n\to\infty}\left[1 + \mathrm{i}\mu\frac{t}{n} + o\left(\frac{t}{n}\right)\right]^n = \mathrm{e}^{\mathrm{i}\mu t}$$

其中，$e^{i\mu t}$ 恰好是退化分布的特征函数，相应退化分布的分布函数为

$$F(x)=\begin{cases}0, & x<\mu\\ 1, & x\geqslant\mu\end{cases}$$

从而随机变量序列 $\{Y_n\}$ 的分布函数列弱收敛于 $F(x)$，这等价于随机变量序列 $\{Y_n\}$ 依概率收敛于常数 $\mu$，即 $\frac{1}{n}\sum_{i=1}^{n}X_i \xrightarrow{P} \mu, n\to\infty$。故辛钦大数定律得证。

对随机变量 $X$ 进行 $n$ 次独立重复的观察试验，第 $i$ 次试验的结果对应着随机变量 $X_i$，这样得到的随机变量序列满足辛钦大数定律的条件，而 $\frac{1}{n}\sum_{i=1}^{n}X_i$ 就是随机变量 $X$ 在 $n$ 次独立重复观察中的算术平均。随着抽取的调查对象数量的增加，被调查对象的平均值将接近于总体平均值。这是辛钦大数定律的结论，也是统计推断中依据抽取得到的简单随机样本的样本平均值估计总体平均值的理论依据。辛钦大数定律表明：当 $n$ 很大时，随机变量在 $n$ 次独立重复观察中的算术平均值会在概率的意义下“靠近”随机变量的数学期望。所以辛钦大数定律为估计随机变量的数学期望提供了一条实际可行的途径。

例如，设 $X_1,X_2,\cdots,X_n,\cdots$ 为独立同分布的随机变量，均服从参数为 $\lambda$ 的泊松分布，也就是说 $E(X_i)=\lambda, i=1,2,\cdots,n,\cdots$，因而随机变量序列 $\{X_n\}$ 满足辛钦大数定律的条件，并有

$$\lim_{n\to\infty}P\left\{\left|\frac{1}{n}\sum_{i=1}^{n}X_i-\lambda\right|<\varepsilon\right\}=1$$

反过来，如果已知一个随机变量 $X$ 服从泊松分布，但不确定它的参数 $\lambda$ 是多少。那么，可以对随机变量 $X$ 进行多次独立重复的观察试验，当 $n$ 很大时，用 $n$ 次独立重复的观察试验得到的算术平均值来估计参数 $\lambda$。

再如，要估计某地区种植的经济作物的平均亩产量，可以用抽样调查的方法：收割部分地块（如 $n$ 块）作为样本，计算其平均亩产量；当 $n$ 较大时，用样本地块的平均亩产量作为整个地区平均亩产量的一个估计。此类做法在实际应用中具有重要意义。

类似地，前文也反复介绍过，人们从大量的实践观察中注意到大数次重复的伯努利试验中频率所呈现的客观稳定性，只是对此我们一直没有从理论上加以证明。伯努利大数定律实际上是辛钦大数定律的一个重要推论或者说是特例。

**定理 5.3.2（伯努利大数定律）**　设 $n_A$ 是 $n$ 重伯努利试验中事件 $A$ 发生的次数，$p$ 是事件 $A$ 在每次试验中发生的概率，则对任意的 $\varepsilon>0$，有

$$\lim_{n\to\infty}P\left\{\left|\frac{n_A}{n}-p\right|<\varepsilon\right\}=1 \quad \text{或写作} \quad \lim_{n\to\infty}P\left\{\left|\frac{n_A}{n}-p\right|\geqslant\varepsilon\right\}=0$$

**证明**：在 $n$ 重伯努利试验中，对于每一次伯努利试验定义相应的随机变量

$$X_i=\begin{cases}1, & \text{若第 } i \text{ 次试验中事件 } A \text{ 发生}\\ 0, & \text{若第 } i \text{ 次试验中事件 } A \text{ 不发生}\end{cases}, i=1,2,\cdots,n$$

则随机变量 $X_1,X_2,\cdots,X_n$ 相互独立，并且 $n_A=X_1+X_2+\cdots+X_n$。也就是说，对任意的 $\varepsilon>0$，

$$P\left\{\left|\frac{n_A}{n}-p\right|<\varepsilon\right\}=P\left\{\left|\frac{1}{n}\sum_{i=1}^{n}X_i-p\right|<\varepsilon\right\}$$

另外，对于 $i=1,2,\cdots,n$，$X_i\sim b(1,p)$，服从同一分布，具有数学期望 $E(X_i)=p$，于是根据辛钦大数定律，有

$$\lim_{n\to\infty}P\left\{\left|\frac{n_A}{n}-p\right|<\varepsilon\right\}=\lim_{n\to\infty}P\left\{\left|\frac{1}{n}\sum_{i=1}^{n}X_i-p\right|<\varepsilon\right\}=1$$

伯努利大数定律得证。

伯努利大数定律作为辛钦大数定律的一个特殊情形,本质上依然是独立同分布随机变量序列前 $n$ 项算术平均值的依概率收敛性。伯努利大数定律以严格的数学形式说明了 $n$ 重伯努利试验中事件 $A$ 发生的频率 $\frac{n_A}{n}$ 依概率收敛于事件 $A$ 发生的概率 $p$ ,即 $\frac{n_A}{n}\xrightarrow{P}p$ 。因此,在实际应用中,当伯努利试验重复的次数很多时,便可以用事件发生的频率来近似估计该事件发生的概率。

反过来,如果事件 $A$ 在伯努利试验中发生的概率很小,则由伯努利大数定律可知,事件 $A$ 发生的频率也应该是很小的,或者说事件 $A$ 在试验观测时应当很少出现。"概率很小的随机事件在个别试验中几乎不会发生",这一原理称为**小概率原理**;换言之,"在个别试验观测中发生的现象应当具有相对较大的概率",这是统计推断的一个重要原则,它的实际应用很广泛。例如,在某一批次产品中随机抽取一件,检验后发现这件产品是不合格品,那么就有理由怀疑该批次产品的不合格率可能较高。但需要注意的是,小概率事件与不可能事件是有本质区别的,小概率事件在试验观测时是可能发生的。基于小概率原理形成的结论只是一种统计意义下的推断,是有可能产生错误结论的,并不一定代表事实真相。

### 5.3.3 马尔可夫大数定律与切比雪夫大数定律

对于不同分布或者不独立的随机变量序列,其在什么条件下能够服从大数定律呢? 其中有一种条件叫作马尔可夫条件,相应的大数定律叫作马尔可夫大数定律。马尔可夫条件是利用切比雪夫不等式进行证明的,它对于随机变量序列没有任何同分布、独立性、相关性的限制要求。

**定理 5.3.3(马尔可夫大数定律)** 已知随机变量 $X_1,X_2,\cdots,X_n,\cdots$ 都具有数学期望和方差,并且

$$\frac{1}{n^2}D\left(\sum_{i=1}^{n}X_i\right)\xrightarrow{n\to\infty}0$$

那么对任意的 $\varepsilon>0$,有

$$\lim_{n\to\infty}P\left\{\left|\frac{1}{n}\sum_{i=1}^{n}X_i-\frac{1}{n}\sum_{i=1}^{n}E(X_i)\right|<\varepsilon\right\}=1$$

成立,也就是说,随机变量序列 $\{X_n\}$ 服从大数定律。

**证明**:因为随机变量序列 $\{X_n\}$ 中每一个随机变量的数学期望和方差均存在,所以利用切比雪夫不等式,对任意 $\varepsilon>0$,有

$$1\geqslant P\left\{\left|\frac{1}{n}\sum_{i=1}^{n}X_i-\frac{1}{n}\sum_{i=1}^{n}E(X_i)\right|<\varepsilon\right\}\geqslant 1-\frac{D\left(\frac{1}{n}\sum_{i=1}^{n}X_i\right)}{\varepsilon^2}=1-\frac{D\left(\sum_{i=1}^{n}X_i\right)}{n^2\varepsilon^2}\xrightarrow{n\to\infty}1$$

从而有

$$\lim_{n\to\infty}P\left\{\left|\frac{1}{n}\sum_{i=1}^{n}X_i-\frac{1}{n}\sum_{i=1}^{n}E(X_i)\right|<\varepsilon\right\}=1$$

特别地，如果 $X_1,X_2,\cdots,X_n,\cdots$ 是两两不相关的随机变量，并且方差有共同的上界，即存在常数 $K$，使得 $D(X_i)\leqslant K,i=1,2,\cdots$。那么 $D\left(\sum_{i=1}^{n}X_i\right)=\sum_{i=1}^{n}D(X_i)\leqslant nK$，从而有

$$0\leqslant\frac{D(\sum_{i=1}^{n}X_i)}{n^2}\leqslant\frac{K}{n}$$

也就是说

$$\frac{1}{n^2}D\left(\sum_{i=1}^{n}X_i\right)\xrightarrow{n\to\infty}0$$

根据马尔可夫条件，随机变量序列 $\{X_n\}$ 服从大数定律，即有

$$\lim_{n\to\infty}P\left\{\left|\frac{1}{n}\sum_{i=1}^{n}X_i-\frac{1}{n}\sum_{i=1}^{n}E(X_i)\right|<\varepsilon\right\}=1$$

由此得到了另一个常用的大数定律——切比雪夫大数定律。

**定理 5.3.4（切比雪夫大数定律）**　设 $X_1,X_2,\cdots,X_n,\cdots$ 是两两不相关的随机变量，它们的数学期望和方差均存在，且方差具有共同的上界，即存在常数 $K>0$，使得 $D(X_i)\leqslant K,i=1,2,\cdots$，则对任意 $\varepsilon>0$，有

$$\lim_{n\to\infty}P\left\{\left|\frac{1}{n}\sum_{i=1}^{n}X_i-\frac{1}{n}\sum_{i=1}^{n}E(X_i)\right|<\varepsilon\right\}=1$$

**例 5.3.1（用蒙特卡罗方法计算定积分）**　设 $0\leqslant f(x)\leqslant 1$，求 $f(x)$ 在区间 $[0,1]$ 上的积分值。

**解法一（随机投点法）**：定义服从 $\{0\leqslant x\leqslant 1,0\leqslant y\leqslant 1\}$ 上的均匀分布二维随机变量 $(X,Y)$，则 $X$ 和 $Y$ 都服从 $[0,1]$ 上的均匀分布，且 $X$ 和 $Y$ 独立。记事件

$$A=\{Y\leqslant f(X)\}$$

则 $A$ 的概率为

$$p=P\{Y\leqslant f(X)\}=\int_0^1\int_0^{f(x)}\mathrm{d}y\mathrm{d}x=\int_0^1 f(x)\mathrm{d}x=S$$

即定积分的值 $S$ 就是事件 $A$ 的概率 $p$。由伯努利大数定律，我们可以用重复试验中 $A$ 出现的频率作为 $p$ 的估计值。将 $(X,Y)$ 看成是向 $\{0\leqslant x\leqslant 1,0\leqslant y\leqslant 1\}$ 内随机投的点，用随机点落在区域 $\{y\leqslant f(x)\}$ 中的频率作为定积分的近似值。这种求定积分的方法也称为随机投点法。

下面用蒙特卡罗方法得到 $A$ 出现的频率：

(1) 先用计算机产生 $(0,1)$ 上均匀分布的 $2n$ 个随机数，组成 $n$ 对随机数 $(x_i,y_i),i=1,2,\cdots,n$，这里 $n$ 应当很大，如取 $n=10^4$。

(2) 对 $n$ 对数据 $(x_i,y_i),i=1,2,\cdots,n$，统计满足 $y_i\leqslant f(x_i)$ 的次数 $n_A$。由此可得事件 $A$ 发生的频率 $\frac{n_A}{n}$，则 $S\approx\frac{n_A}{n}$。

对于一般区间 $[a,b]$ 上的定积分 $\int_a^b g(x)\mathrm{d}x$，可作线性变换 $y=\frac{x-a}{b-a}$，即可化成 $[0,1]$ 区间上的积分。进一步，若 $c\leqslant g(x)\leqslant d$，可令

$$f(y)=\frac{1}{d-c}\left\{g\left[a+(b-a)y\right]-c\right\}$$

则 $0 \leqslant f(y) \leqslant 1$,此时有

$$\int_a^b g(x)\,\mathrm{d}x = (b-a)(d-c)\int_0^1 f(y)\,\mathrm{d}y + c(b-a)$$

这说明用蒙特卡罗方法计算定积分具有普遍性。

**解法二(求平均值法)**:设随机变量 $X$ 服从 $(0,1)$ 上的均匀分布,则 $Y=f(X)$ 的数学期望为

$$E(f(X)) = \int_0^1 f(x)\,\mathrm{d}x = S$$

因而估计 $S$ 的值就是估计 $f(X)$ 的数学期望的值。由辛钦大数定律知,可以用 $f(X)$ 的观察值的平均去估计 $f(X)$ 的数学期望的值。即先用计算机产生 $n$ 个 $(0,1)$ 上均匀分布的随机数 $x_i$,$i=1,2,\cdots,n$,然后对每个 $x_i$ 计算 $f(x_i)$,最后得 $S$ 的估计值为

$$S \approx \frac{1}{n}\sum_{i=1}^{n} f(x_i)$$

同样也可以通过线性变换将区间 $[a,b]$ 内的定积分化成区间 $[0,1]$ 内的定积分,采用这种方法求解。

## 习题 5.3

1.设 $\{X_k\}$ 为独立随机变量序列,且

$$P\{X_k = \pm 2^k\} = \frac{1}{2^{2k+1}},\quad P\{X_k = 0\} = 1 - \frac{1}{2^{2k}},\quad k=1,2,\cdots$$

证明:$\{X_k\}$ 服从大数定律。

2.设 $\{X_k\}$ 为独立的随机变量序列,且

$$P\{X_k = 1\} = p_k,\quad P\{X_k = 0\} = 1 - p_k,\quad k=1,2,\cdots$$

证明:$\{X_k\}$ 服从大数定律。

3.设 $\{X_k\}$ 为独立同分布的随机变量序列,其共同分布为

$$P\left\{X_k = \frac{2^k}{k^2}\right\} = \frac{1}{2^k}, k=1,2,\cdots$$

试问:$\{X_k\}$ 是否服从大数定律。

4.设 $\{X_n\}$ 为独立的随机变量序列,其中 $X_n$ 服从参数为 $\sqrt{n}$ 的泊松分布,试问:$\{X_n\}$ 是否服从大数定律。

5.(泊松大数定律)设 $S_n$ 为 $n$ 次独立试验中事件 $A$ 出现的次数,而事件 $A$ 在第 $i$ 次试验中出现的概率为 $p_i$,$i=1,2,\cdots$,试证明:对任意的 $\varepsilon > 0$ 有 $\lim\limits_{n\to\infty} P\left(\left|\frac{S_n}{n} - \frac{1}{n}\sum_{i=1}^{n} p_i\right| < \varepsilon\right) = 1$。

## 5.4 中心极限定理

中心极限定理常常被称为误差频率定律,因为它证实了测量误差的概率分布总是近似于

正态分布,这是对数学理论的重大贡献。在实际问题中,许多随机现象的发生受到大量相互独立的随机因素的综合影响,并且其中没有主导性的作用因素,每一个随机因素所起的作用都很微小,这样的随机变量近似服从正态分布。描述这种大量微小且独立的随机因素的累和"近似服从正态分布"规律的数学理论就是中心极限定理。

### 5.4.1　中心极限定理的一般形式

在长期的生产生活实践中,人们发现很多随机变量(例如,射击指定目标时的水平或垂直偏差,产品的某些质量指标,同一批次元件的具体尺寸,试验观测中的测量误差,某地区成年男子的身高、体重,热力学中理想气体的分子速度,光电信号的信号噪声等)都服从或近似服从正态分布。这就是正态分布的随机变量在概率论与数理统计中占有特别重要地位的一个基本原因。

以一批同型号大炮射击同一处标靶的随机试验为例,影响每台大炮每次发射炮弹弹着点位置的随机因素包括但不限于:瞄准时的细小误差,风速、风向等气象条件的干扰而造成的微小偏差,大炮炮身结构在实际制造中的微小差别,每发炮弹在质量、形状、弹内火药填充量上的微小差别等,这其中每一种因素造成的影响可以看作相互独立;而最终弹着点的偏移量作为一个随机变量可以看作这些独立的随机因素的累加,并且近似服从正态分布。用数学语言阐述如下:

$X_1,X_2,\cdots$ 是相互独立的随机变量,均具有数学期望和方差:$E(X_i)=\mu_i$,$D(X_i)=\sigma_i^2$,$i=1,2,\cdots$。对随机变量序列 $\{X_n\}$ 的前 $n$ 项和进行标准化,得到随机变量

$$Y_n=\frac{1}{\sqrt{\sum_{i=1}^{n}\sigma_i^2}}\sum_{i=1}^{n}(X_i-\mu_i)$$

若随机变量序列 $\{Y_n\}$ 的分布函数列满足

$$\lim_{n\to\infty}F_n(x)=\lim_{n\to\infty}P\{Y_n\leqslant x\}=\int_{-\infty}^{x}\frac{1}{\sqrt{2\pi}}\mathrm{e}^{-t^2/2}\mathrm{d}t=\Phi(x)$$

即随机变量序列 $\{Y_n\}$ 的分布函数列弱收敛于标准正态分布的分布函数,则称随机变量序列 $\{X_n\}$ 满足**中心极限定理**。

按照随机变量序列与分布函数列收敛性的关系,若随机变量序列 $\{X_n\}$ 满足中心极限定理,则其前 $n$ 项和经过标准化得到的随机变量序列 $\{Y_n\}$ 按分布收敛于标准正态分布的随机变量。具体地,当 $n$ 充分大时:

(1)随机变量 $Y_n$ 近似服从 $N(0,1)$,记作 $Y_n\overset{\text{近似}}{\sim}N(0,1)$。

(2)随机变量的累和 $\sum_{i=1}^{n}X_i$ 近似服从 $N\left(\sum_{i=1}^{n}E(X_i),\sum_{i=1}^{n}D(X_i)\right)$,记作

$$\sum_{i=1}^{n}X_i\overset{\text{近似}}{\sim}N\left(\sum_{i=1}^{n}E(X_i),\sum_{i=1}^{n}D(X_i)\right)$$

在很多实际问题中,所考虑的随机变量都可以表示成很多个独立的随机变量之和。此种概率问题的严格计算常常是很困难的,不仅需要考虑每个随机变量的具体分布,而且大量随机变量的加和增加了问题的复杂性,很难求出精确的概率分布。但是当 $n$ 很大时,只要它们满足中心极限定理,那么使用正态近似可以规避这些困难:即使不清楚其中每一个随机变量的具体

分布,即使不能保证这些随机变量都具有相同的分布,它们的加和都近似地服从正态分布,于是,可以便捷地利用正态分布得到近似概率。这体现了中心极限定理在应用中的优越性。

**例 5.4.1** 已知随机变量序列 $\{X_n\}$ 满足中心极限定理,并且有 $E(X_i)=\dfrac{1}{2}$, $D(X_i)=\dfrac{1}{4}$, $i=1,2,\cdots,n,\cdots$;试估计事件 $\{180<\sum_{i=1}^{400}X_i<220\}$ 发生的概率。

**解**:$\sum_{i=1}^{400}X_i$ 是随机变量序列 $\{X_n\}$ 中前 400 项的和,根据中心极限定理,随机变量

$$Y_{400}=\frac{1}{B_{400}}\sum_{i=1}^{400}\left(X_i-\frac{1}{2}\right)=\frac{\sum_{i=1}^{400}X_i-200}{B_{400}}$$

近似服从标准正态分布,其中 $B_{400}=\sqrt{\sum_{i=1}^{400}\dfrac{1}{4}}=10$。于是

$$\begin{aligned}P\left\{180<\sum_{i=1}^{400}X_i<220\right\}&=P\left\{\frac{180-200}{10}<\frac{\sum_{i=1}^{400}X_i-200}{10}<\frac{220-200}{10}\right\}\\&\approx\Phi(2)-\Phi(-2)=2\Phi(2)-1\\&\approx2\times0.9772-1=0.9544\end{aligned}$$

中心极限定理曾是概率论的中心内容,是概率论中最著名的理论成果之一,并且在统计中有重要的应用;又由于中心极限定理的叙述中包含极限,因而称它为中心极限定理是很自然的。至今,中心极限定理仍是一个热门的研究课题,推广的方向包括独立分布乃至非独立分布的情形、由中心极限定理而引起的误差的估计,以及大偏差问题等。

需要注意的是,当 $n$ 比较小时,基于中心极限定理的正态近似是不能保证的。另外,对于一般的随机变量序列来说,中心极限定理不一定是成立的。例如,定义相互独立的随机变量序列 $\{X_n\}$,其中除随机变量 $X_1$ 以外,其余随机变量均恒等于零。于是可得随机变量序列前 $n$ 项和的标准化变量

$$Y_n=\frac{X_1-\mu_1}{\sigma_1}$$

而按照这样的规则构造的随机变量序列 $\{Y_n\}$ 本质上其实是与 $n$ 无关的;如果 $X_1$ 不是正态分布,那么 $Y_n$ 的分布就不能近似服从标准正态分布。也就是说,随机变量序列 $\{X_n\}$ 不满足中心极限定理。这是因为在本例中,随机因素 $X_1$ 成为主导因素。可是,如何衡量一个随机变量序列中有没有主导因素呢?或者说符合什么条件的随机变量序列能够满足中心极限定理呢?下面根据不同的具体情况讨论中心极限定理成立的几种条件。

### 5.4.2 列维-林德伯格中心极限定理

列维-林德伯格中心极限定理是由列维(Lévy)和林德伯格(Lindberg)在 1920 年分别独立研究获得的,因为它针对的对象是独立同分布的随机变量序列,也被称作独立同分布的中心极限定理。

**定理 5.4.1[列维-林德伯格中心极限定理(独立同分布的中心极限定理)]** 设 $X_1,X_2,\cdots,$

$X_n, \cdots$ 是相互独立同分布的随机变量,且具有数学期望和方差, $E(X_i)=\mu$ , $D(X_i)=\sigma^2>0$, $i=1,2,\cdots,n,\cdots$ ,则随机变量序列 $\{X_n\}$ 满足中心极限定理,即

$$\lim_{n\to\infty}P\left\{\frac{\sum_{i=1}^{n}X_i-n\mu}{\sigma\sqrt{n}}\leqslant x\right\}=\int_{-\infty}^{x}\frac{1}{\sqrt{2\pi}}\mathrm{e}^{-t^2/2}\mathrm{d}t$$

**证明**:对于 $i=1,2,\cdots,n,\cdots$ ,设随机变量 $X_i-\mu$ 的特征函数为 $\varphi(t)$ ,则根据特征函数的性质,有 $\varphi^{(k)}(0)=\mathrm{i}^kE(X_i-\mu)^k$ 。再利用数学期望与方差的性质,有 $E(X_i-\mu)=0, E(X_i-\mu)^2=\sigma^2$;所以 $\varphi'(0)=0, \varphi''(0)=-\sigma^2$。从而特征函数 $\varphi(t)$ 的展开式为

$$\varphi(t)=\varphi(0)+\varphi'(0)t+\varphi''(0)\frac{t^2}{2}+o(t^2)=1-\frac{\sigma^2t^2}{2}+o(t^2)$$

又因为随机变量 $\sum_{i=1}^{n}X_i$ 的标准化变量

$$Y_n=\frac{\sum_{i=1}^{n}X_i-n\mu}{\sigma\sqrt{n}}=\sum_{i=1}^{n}\left(\frac{X_i-\mu}{\sigma\sqrt{n}}\right)$$

具有特征函数 $\varphi_n(t)=\left[\varphi\left(\frac{t}{\sigma\sqrt{n}}\right)\right]^n$ ,从而有

$$\varphi_n(t)=\left[\varphi\left(\frac{t}{\sigma\sqrt{n}}\right)\right]^n=\left[1-\frac{\sigma^2t^2}{2\sigma^2n}+o\left(\frac{t^2}{\sigma^2n}\right)\right]^n=\left[1-\frac{t^2}{2n}+o\left(\frac{t^2}{n}\right)\right]^{-\frac{2n}{t^2}\cdot\left(-\frac{t^2}{2}\right)}$$

于是,对于任意固定的 $t$, $\varphi_n(t)\xrightarrow{n\to\infty}\mathrm{e}^{-\frac{t^2}{2}}$ ,即随机变量序列 $\{Y_n\}$ 的特征函数列 $\{\varphi_n(t)\}$ 收敛于标准正态分布 $N(0,1)$ 的特征函数 $\mathrm{e}^{-\frac{t^2}{2}}$ ,由此可得 $\{Y_n\}$ 的分布函数列 $\{F_n(x)\}$ 弱收敛于标准正态分布 $N(0,1)$ 的分布函数,定理得证。

列维-林德伯格中心极限定理是数理统计中大样本统计推断的一个理论基础保障。定理表明,对于独立同分布的随机变量 $X_1,X_2,\cdots,X_n,\cdots$ ,无论它们的共同分布是什么具体概型,只要已知该分布的均值 $\mu$ 、方差 $\sigma^2(\sigma^2>0)$ ,那么当 $n$ 充分大时,有

$$\frac{\sum_{i=1}^{n}X_i-n\mu}{\sigma\sqrt{n}}\overset{\text{近似}}{\sim}N(0,1)\ ,\ \sum_{i=1}^{n}X_i\overset{\text{近似}}{\sim}N(n\mu,n\sigma^2)\ ,\ \frac{1}{n}\sum_{i=1}^{n}X_i\overset{\text{近似}}{\sim}N(\mu,\frac{\sigma^2}{n})$$

**例 5.4.2**　图 5.4.1 所示为竖直放置的高尔顿(Galton)钉板。小球从顶端中部进入高尔顿钉板,小球的大小与同排相邻两枚钉子之间的间距相当,下落过程中小球与一排排的钉子碰撞从而产生不同的下落路线,最后落到下端某一处为止。在赌博游戏中,庄家常常在钉板下端各个位置放置各种不同的奖品,玩家获得什么奖品由小球掉落的位置决定。那么,对于庄家来说,如何在高尔顿钉板下安置不同价值的奖品,既可以吸引顾客,又能达到盈利的目的呢?

我们可以用中心极限定理来揭示这个高尔顿钉板中的奥秘。设 $n$ 为高尔顿钉板中钉子的总排数,以高尔顿钉板下方最中间的位置作为参照点,设随机变量 $Y_n$ 表示小球第 $n$ 次碰钉后最终的下落位置。对于 $i=1,2,\cdots,n$ ,记随机变量

$$X_i=\begin{cases}1, & \text{第 } i \text{ 次碰钉后小球从右边落下}\\-1, & \text{第 } i \text{ 次碰钉后小球从左边落下}\end{cases}$$

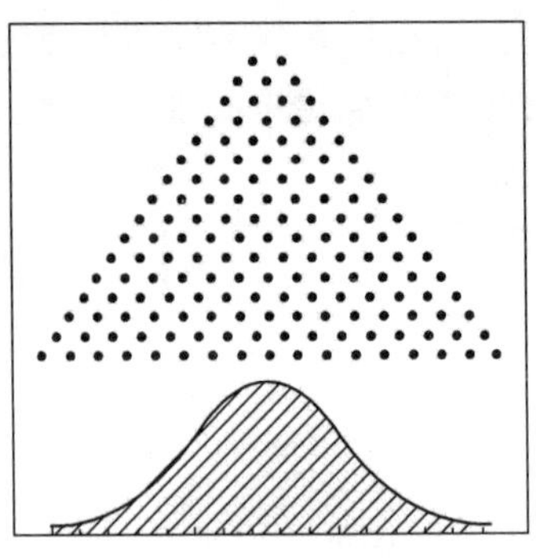

图 5.4.1 竖直放置的高尔顿钉板

代表小球在每一次碰钉后的下落情况，则 $X_i$ 相互独立，$P\{X_i=1\}=P\{X_i=-1\}=0.5$，$E(X_i)=0$，$D(X_i)=1$，而

$$Y_n=\sum_{i=1}^{n}X_i$$

由独立同分布的中心极限定理可知，当 $n$ 比较大时，$Y_n\overset{\text{近似}}{\sim}N(0,n)$。根据正态分布的"$3\sigma$"原则，有

$$P\{|Y_n|>\sqrt{n}\}\approx 1-\frac{1}{\sqrt{2n\pi}}\int_{-\sqrt{n}}^{\sqrt{n}}\mathrm{e}^{-\frac{x^2}{2n}}\mathrm{d}x\approx 0.312$$

$$P\{|Y_n|>2\sqrt{n}\}\approx 1-\frac{1}{\sqrt{2n\pi}}\int_{-2\sqrt{n}}^{2\sqrt{n}}\mathrm{e}^{-\frac{x^2}{2n}}\mathrm{d}x\approx 0.045$$

$$P\{|Y_n|>3\sqrt{n}\}\approx 1-\frac{1}{\sqrt{2n\pi}}\int_{-3\sqrt{n}}^{3\sqrt{n}}\mathrm{e}^{-\frac{x^2}{2n}}\mathrm{d}x\approx 0.003$$

也就是说，小球落入高尔顿钉板底部中间区域的概率远远大于落入两边的概率。图 5.4.1 所示的高尔顿钉板有 $n=16$ 层，则 $Y_{16}\overset{\text{近似}}{\sim}N(0,16)$。这时用中心极限定理估算，小球落入底部两边最外侧位置的概率均约为 0.0225。而如果 $n$ 过小，例如只有两三排钉子，这时小球的下落位置应当没有显著规律。

因此，作为庄家，应该选择具有较多层的高尔顿钉板，这样才能有一定的把握控制赌博游戏的结果。并且在安置奖品时，应该将廉价的奖品放置在中间，将昂贵的奖品放置在两边。更具体地，在确定了高尔顿钉板的层数之后，可以近似计算小球落入每一个位置的概率 $p_k$，再根据 $p_k$ 控制该位置对应的奖品价值，设计出使庄家获利的数学期望为正数的奖品安置方案。

**例 5.4.3（正态随机数的生成）** 在蒙特卡罗方法（随机模拟）中经常需要产生正态分布 $N(\mu,\sigma^2)$ 的随机数，一般统计软件都有产生正态随机数的功能。下面介绍一种用中心极限定理通过区间 $(0,1)$ 上均匀分布的随机数来产生正态分布 $N(\mu,\sigma^2)$ 的随机数的方法。

设随机变量 $X$ 服从区间 $(0,1)$ 上的均匀分布，则其数学期望与方差分别为 $\frac{1}{2}$ 和 $\frac{1}{12}$。由此我们考虑 12 个相互独立的区间 $(0,1)$ 均匀分布随机变量和，其数学期望与方差分别为 6 和 1，将其标准化之后，由列维-林德伯格中心极限定理知，其近似服从标准正态分布 $N(0,1)$。

这样通过区间 $(0,1)$ 上均匀分布的随机数，近似得到标准正态分布的随机数。对于一般正态分布，通过线性变换，可以由标准正态的随机数计算出其相应随机数。

### 5.4.3　德莫佛-拉普拉斯中心极限定理

在独立同分布的随机变量序列中,有一类特殊且常见的类型——独立同分布的伯努利试验序列,也就是独立同分布的 0 - 1 分布随机变量序列。该序列的前 $n$ 项和是服从二项分布 $b(n,p)$ 的随机变量,可以表示 $n$ 重伯努利试验中试验成功出现的次数。由于 0 - 1 分布的数学期望和方差均存在,且方差不为零,因此,可以由列维-林德伯格中心极限定理得到下述德莫佛-拉普拉斯中心极限定理。

**定理 5.4.2[德莫佛-拉普拉斯(De Moivre-Laplace)中心极限定理]**　在 $n$ 重伯努利试验中,事件 $A$ 在每次试验中发生的概率为 $p\ (0 < p < 1)$ ,随机变量 $n_A$ 为事件 $A$ 在 $n$ 重伯努利试验中发生的总次数,则对于任意的 $x$ ,有

$$\lim_{n\to\infty}P\left\{\frac{n_A - np}{\sqrt{np(1-p)}} \leqslant x\right\} = \int_{-\infty}^{x}\frac{1}{\sqrt{2\pi}}\mathrm{e}^{-t^2/2}\mathrm{d}t = \Phi(x)$$

**证明**:对于每一次伯努利试验, $i = 1,2,\cdots,n$ ,定义相应的随机变量

$$X_i = \begin{cases}1, & \text{第 } i \text{ 次试验成功}\\ 0, & \text{第 } i \text{ 次试验失败}\end{cases}$$

则 $X_1,X_2,\cdots,X_n$ 相互独立;对于 $i = 1,2,\cdots,n$ ,随机变量 $X_i \sim b(1,p)$ ,且 $E(X_i) = p$ , $D(X_i) = p(1-p)$ ;并且 $n_A = X_1 + X_2 + \cdots + X_n$ 。于是根据列维-林德伯格中心极限定理

$$\lim_{n\to\infty}P\left\{\frac{n_A - np}{\sqrt{np(1-p)}} \leqslant x\right\} = \lim_{n\to\infty}P\left\{\frac{\sum_{i=1}^{n}X_i - np}{\sqrt{np(1-p)}} \leqslant x\right\} = \int_{-\infty}^{x}\frac{1}{\sqrt{2\pi}}\mathrm{e}^{-t^2/2}\mathrm{d}t$$

定理得证。

如今看来,德莫佛-拉普拉斯中心极限定理就是列维-林德伯格中心极限定理的一个特殊情况,但这个定理其实是中心极限定理最早期的形式与结论,由德莫佛在 1733 年提出,又由拉普拉斯进行推广。这个定理常常概括地称为“二项分布收敛于正态分布”,意指当 $n$ 充分大时二项分布可以由相应的正态分布来近似。

在应用德莫佛-拉普拉斯中心极限定理时,需要说明一点:因二项分布是离散分布,而正态分布是连续的,因而用正态分布逼近二项分布时,我们通常会做修正以提高逼近精度。若 $a < b$ 均为整数,则先做以下修正后再用正态分布近似

$$P\{a \leqslant n_A \leqslant b\} = P\{a - 0.5 < n_A < b + 0.5\}$$

这样

$$\begin{aligned}P\{n_A = a\} &= P\{a - 0.5 < n_A < a + 0.5\}\\ &= P\left\{\frac{a - 0.5 - np}{\sqrt{np(1-p)}} < \frac{n_A - np}{\sqrt{np(1-p)}} < \frac{a + 0.5 - np}{\sqrt{np(1-p)}}\right\}\\ &= \int_{\frac{a-0.5-np}{\sqrt{np(1-p)}}}^{\frac{a+0.5-np}{\sqrt{np(1-p)}}}\frac{1}{\sqrt{2\pi}}\mathrm{e}^{-t^2/2}\mathrm{d}t\\ &\approx \frac{1}{\sqrt{2\pi}}\mathrm{e}^{-\frac{1}{2}\left(\frac{a-np}{\sqrt{np(1-p)}}\right)^2}\cdot\frac{1}{\sqrt{np(1-p)}}\end{aligned}$$

例如,当 $n_A \sim b(25,0.4)$ ,则 $P\{n_A = 10\}$ 的精确值为 0.1612,而由上面的近似式计算的值

为 0.1629。

前面我们也介绍过二项分布可以用泊松分布近似。二项分布的正态近似与二项分布的泊松近似都要求参数 $n$ 充分大。此外,在实际应用中要用这些方法估算二项分布的概率的话,对参数 $p$ 也有一定的要求:

(1)当 $p$ 较小,同时 $np$ 也不太大时,用泊松近似可以得到很好的近似结果;

(2)当 $np \geqslant 5$ 且 $n(1-p) \geqslant 5$ 时,用正态近似通常效果较好。

**例 5.4.4** 某单位内部有 260 台电话机,每个分机有 4% 的时间要用外线通话,可以认为各台电话分机用不用外线是相互独立的。总机要备有多少条外线才能以 95% 的把握保证各个分机在用外线时不必等候?

**解**:260 台电话机中同时要求使用外线的分机总数 $n_A \sim b(260, 0.04)$ ,根据题意,要确定最小的正整数 $x$ ,使得 $P\{n_A \leqslant x\} \geqslant 0.95$ 成立。

因为 $n = 260$ 是一个比较大的数字, $np = 10.4$, $n(1-p) = 249.6$,根据德莫佛-拉普拉斯中心极限定理估算,有

$$P\{n_A \leqslant x\} \approx \Phi\left(\frac{x + 0.5 - 260 \times 0.04}{\sqrt{260 \times 0.04 \times (1 - 0.04)}}\right)$$

根据标准正态分布表,有 $\Phi(1.65) \approx 0.9505 > 0.95$,故取

$$\frac{x + 0.5 - 260 \times 0.04}{\sqrt{260 \times 0.04 \times (1 - 0.04)}} = 1.65$$

解得 $x \approx 15.11$。即至少应备 16 条外线,才能有 95% 以上的把握保证各个分机在使用外线时不必等候。

### 5.4.4 林德伯格中心极限定理与李雅普诺夫中心极限定理

列维-林德伯格中心极限定理与德莫佛-拉普拉斯中心极限定理本质上都是在独立同分布的条件下研究讨论随机变量和的近似分布的问题。当随机变量序列独立但是不同分布时,满足一些特殊条件的随机变量序列也有相应的中心极限定理。这里我们介绍一种常见的条件——林德伯格条件。在林德伯格条件下成立的中心极限定理称为林德伯格中心极限定理。

随机变量 $X_1, X_2, \cdots, X_n, \cdots$ 相互独立,其具有数学期望和方差,对于 $i = 1, 2, \cdots, n, \cdots$ , $E(X_i) = \mu_i$ , $D(X_i) = \sigma_i^2$ ,并且满足下列条件之一:

(1) $X_i$ 都是连续型随机变量,相应的概率密度函数记为 $f_i(x)$ ,对任意 $\tau > 0$,有

$$\lim_{n \to \infty} \frac{1}{B_n^2} \sum_{i=1}^{n} \int_{|x - \mu_i| > \tau B_n} (x - \mu_i)^2 f_i(x) \mathrm{d}x = 0$$

(2) $X_i$ 都是离散型随机变量,分布律分别为 $P\{X_i = x_{ij}\} = p_{ij}, j = 1, 2, \cdots$ ,对任意 $\tau > 0$,有

$$\lim_{n \to \infty} \frac{1}{B_n^2} \sum_{i=1}^{n} \sum_{|x_{ij} - \mu_i| > \tau B_n} (x_{ij} - \mu_i)^2 p_{ij} = 0$$

则称随机变量序列 $\{X_n\}$ 满足**林德伯格条件**,其中 $B_n = \sqrt{\sum_{i=1}^{n} \sigma_i^2}$ 。

**定理 5.4.3(林德伯格中心极限定理)** 相互独立的随机变量 $X_1, X_2, \cdots, X_n, \cdots$ 满足林德伯格条件,具有数学期望和方差:$E(X_i) = \mu_i$ , $D(X_i) = \sigma_i^2$ , $i = 1, 2, \cdots, n, \cdots$ ,记 $B_n = \sqrt{\sum_{i=1}^{n} \sigma_i^2}$ ,

则对任意的 $x$,有

$$\lim_{n\to\infty}P\left\{\frac{1}{B_n}\left(\sum_{i=1}^{n}X_i-\sum_{i=1}^{n}\mu_i\right)\leqslant x\right\}=\int_{-\infty}^{x}\frac{1}{\sqrt{2\pi}}\mathrm{e}^{-t^2/2}\mathrm{d}t=\Phi(x)$$

这个结论是由林德伯格证明成立的,证明过程比较复杂,本书中只给出一个简单的概率解释。以连续型随机变量的情形为例,令事件 $A_{ni}=\{|X_i-\mu_i|>\tau B_n\}$ ,$i=1,2,\cdots,n$ ,则

$$P(A_{ni})=\int_{|x-\mu_i|>\tau B_n}f_i(x)\mathrm{d}x$$

于是

$$P\{\max_{1\leqslant i\leqslant n}|X_i-\mu_i|>\tau B_n\}=P(\bigcup_{1\leqslant i\leqslant n}\{|X_i-\mu_i|>\tau B_n\})=P(\bigcup_{1\leqslant i\leqslant n}A_{ni})$$

从而

$$P\{\max_{1\leqslant i\leqslant n}|X_i-\mu_i|>\tau B_n\}\leqslant\sum_{i=1}^{n}P(A_{ni})=\sum_{i=1}^{n}\int_{|x-\mu_i|>\tau B_n}f_i(x)\mathrm{d}x$$

因为在积分区域内 $(x-\mu_i)^2>\tau^2B_n^2$ ,所以

$$P\{\max_{1\leqslant i\leqslant n}|X_i-\mu_i|>\tau B_n\}\leqslant\frac{1}{\tau^2B_n^2}\sum_{i=1}^{n}\int_{|x-\mu_i|>\tau B_n}(x-\mu_i)^2f_i(x)\mathrm{d}x$$

那么,若林德伯格条件成立,则对任意的 $\tau>0$,都有

$$P\left\{\frac{\max\limits_{1\leqslant i\leqslant n}|X_i-\mu_i|}{B_n}>\tau\right\}=P\{\max_{1\leqslant i\leqslant n}|X_i-\mu_i|>\tau B_n\}\xrightarrow{n\to\infty}0$$

这个关系式表明,随机变量 $Y_n=\frac{1}{B_n}\sum\limits_{i=1}^{n}(X_i-\mu_i)$ 的各个加项中,最大的项大于 $\tau$ 的概率要趋于零。这就意味着:$Y_n$ 中所有的加项是“均匀的小”,没有哪一项会对加和结果有突出的影响,或者说影响随机变量 $Y_n$ 的每个因素都是很微小的非主导因素。这样的随机变量的确应该近似地服从正态分布;或者用数学的语言描述为“按分布收敛于正态分布”。另外,由数学期望与方差的性质可知,随机变量 $Y_n=\frac{1}{B_n}\sum\limits_{i=1}^{n}(X_i-\mu_i)$ 的数学期望为0,方差为1,所以 $Y_n$ 按分布收敛于标准正态分布。

利用林德伯格条件,还可以证明下面的李雅普诺夫(Lyapunov)中心极限定理。

**定理 5.4.4(李雅普诺夫中心极限定理)**　设随机变量 $X_1,X_2,\cdots,X_n,\cdots$ 相互独立,其具有数学期望和方差:$E(X_i)=\mu_i$ , $D(X_i)=\sigma_i^2>0$, $i=1,2,\cdots,n,\cdots$ ,记 $B_n=\sqrt{\sum\limits_{i=1}^{n}\sigma_i^2}$ 。若存在正数 $\delta$ ,使得当 $n\to\infty$时,$\frac{1}{B_n^{2+\delta}}\sum\limits_{i=1}^{n}E\{|X_i-\mu_i|^{2+\delta}\}\to0$,则随机变量之和 $\sum\limits_{i=1}^{n}X_i$ 的标准化变量

$$Z_n=\frac{\sum\limits_{i=1}^{n}X_i-E\left(\sum\limits_{i=1}^{n}X_i\right)}{\sqrt{D\left(\sum\limits_{i=1}^{n}X_i\right)}}=\frac{\sum\limits_{i=1}^{n}X_i-\sum\limits_{i=1}^{n}\mu_i}{B_n}$$

其分布函数 $F_n(x)$ 对于任意 $x$ ,满足

$$\lim_{n\to\infty}F_n(x)=\lim_{n\to\infty}P\left\{\frac{1}{B_n}\left(\sum_{i=1}^{n}X_i-\sum_{i=1}^{n}\mu_i\right)\leqslant x\right\}$$
$$=\int_{-\infty}^{x}\frac{1}{\sqrt{2\pi}}\mathrm{e}^{-t^2/2}\mathrm{d}t=\Phi(x)$$

**证明**：以连续型随机变量序列为例，记随机变量序列$\{X_n\}$的概率密度函数序列为$\{f_n(x)\}$，则对任意的$\tau>0$，有

$$\frac{1}{B_n^2}\sum_{i=1}^{n}\int_{|x-\mu_i|>\tau B_n}(x-\mu_i)^2f_i(x)\mathrm{d}x\leqslant\frac{1}{B_n^2}\sum_{i=1}^{n}\int_{|x-\mu_i|>\tau B_n}\frac{|x-\mu_i|^{2+\delta}}{(\tau B_n)^{\delta}}f_i(x)\mathrm{d}x$$
$$=\frac{1}{B_n^2(\tau B_n)^{\delta}}\sum_{i=1}^{n}\int_{|x-\mu_i|>\tau B_n}|x-\mu_i|^{2+\delta}f_i(x)\mathrm{d}x$$
$$\leqslant\frac{1}{B_n^{2+\delta}\tau^{\delta}}\sum_{i=1}^{n}\int_{-\infty}^{+\infty}|x-\mu_i|^{2+\delta}f_i(x)\mathrm{d}x$$
$$=\frac{1}{B_n^{2+\delta}\tau^{\delta}}\sum_{i=1}^{n}E(|X-\mu_i|^{2+\delta})$$

而

$$\lim_{n\to\infty}\frac{1}{B_n^{2+\delta}}\sum_{i=1}^{n}E(|X_i-\mu_i|^{2+\delta})=0$$

从而有

$$\lim_{n\to\infty}\frac{1}{B_n^2}\sum_{i=1}^{n}\int_{|x-\mu_i|>\tau B_n}(x-\mu_i)^2f_i(x)\mathrm{d}x=0$$

也就是说，随机变量序列$\{X_n\}$是满足林德伯格条件的。

同理，可以验证离散型随机变量序列的情形，林德伯格条件也成立，从而李雅普诺夫中心极限定理成立。

李雅普诺夫中心极限定理是由俄国数学家李雅普诺夫提出的。定理说明，随机变量$X_1$，$X_2,\cdots,X_n,\cdots$中，无论各个随机变量$X_i(i=1,2,\cdots)$服从什么分布，只要随机变量序列满足李雅普诺夫中心极限定理的条件，当$n$很大时，就有

$$Z_n=\frac{\sum_{i=1}^{n}X_i-\sum_{i=1}^{n}\mu_i}{\sqrt{\sum_{i=1}^{n}\sigma_i^2}}\overset{\text{近似}}{\sim}N(0,1)\text{ 或者 }\sum_{i=1}^{n}X_i=B_nZ_n+\sum_{i=1}^{n}\mu_i\overset{\text{近似}}{\sim}N\left(\sum_{i=1}^{n}\mu_i,\sum_{i=1}^{n}\sigma_i^2\right)$$

## 习题 5.4

1.计算机在进行数学计算时，遵从四舍五入原则。为简单计，现对小数点后的第一位进行舍入运算，则误差$X$可以认为服从$(-0.5,0.5]$上的均匀分布。设所有的误差是相互独立的。若在一项计算中进行了100次数字计算，求平均误差落在区间$\left[-\frac{\sqrt{3}}{20},\frac{\sqrt{3}}{20}\right]$上的概率。

2.掷一颗骰子100次,记第 $i$ 次掷出的点数为 $X_i, i = 1,2,\cdots,100$,点数平均为 $\overline{X} = \frac{1}{100}\sum_{i=1}^{100} X_i$, 试求概率 $P\{3 \leqslant \overline{X} \leqslant 4\}$。

3.有20个灯泡,设每个灯泡的寿命服从指数分布,其平均寿命为25天。每次用一个灯泡,当使用的灯泡坏了以后立即换上一个新的,求这些灯泡总共可使用450天以上的概率。

4.设某电子元件的寿命 $X \sim f(x) = \begin{cases} 0.1\mathrm{e}^{-0.1x}, & x \geqslant 0 \\ 0, & \text{其他} \end{cases}$（单位:小时）。它们的使用情况是:当第一件损坏,第二件立即使用;第二件损坏,第三件立即使用;等等。假设各元件的寿命相互独立。已知每个元件 $a$ 元,在计划中一年需要多少元才能有95%的概率保证够用?(注:一年按306个工作日,每日按8小时计算。)

5.设 $X_1,X_2,\cdots,X_{48}$ 为独立同分布的随机变量,共同分布为 $U(0,5)$, 其算术平均为 $\overline{X} = \frac{1}{48}\sum_{i=1}^{48} X_i$ ,试求概率 $P\{2 \leqslant \overline{X} \leqslant 3\}$。

6.某汽车销售点每天出售的汽车数服从参数为 $\lambda = 2$ 的泊松分布。若一年365天都销售,且每天出售的汽车数是相互独立的,求一年中售出700辆以上汽车的概率。

7.某餐厅每天接待400位顾客,设每位顾客的消费额(元)服从 $(20,100)$ 上的均匀分布,且每位顾客的消费额是相互独立的。试求:

(1)该餐厅每天的平均营业额;

(2)该餐厅每天的营业额在平均营业额 $\pm 760$ 元内的概率。

8.有两个班级同时上一门课,甲班有25人,乙班有64人。该门课程期末考试平均成绩为78分,标准差为14分。试问:甲班的平均成绩超过80分的概率大,还是乙班的平均成绩超过80分的概率大。

9.设某生产线上组装每件产品的时间服从指数分布,平均需要10分钟,且各件产品的组装时间是相互独立的。

(1)试求组装100件产品需要15~20小时的概率。

(2)若保证有95%的可能性,16小时内最多可以组装多少件产品?

10.设随机变量 $X_1,X_2,\cdots,X_{100}$ 相互独立,且都服从 $U(0,1)$,又设 $Y = X_1 \cdot X_2 \cdot \cdots \cdot X_{100}$,求概率 $P\{Y < 10^{-40}\}$ 的近似值。

11.某保险公司多年的统计资料表明,在索赔户中被盗索赔户占20%,以 $X$ 表示在随意抽查的100位索赔户中因被盗向保险公司索赔的户数。

(1)写出 $X$ 的分布律。

(2)求被盗索赔户不少于14户且不多于30户的概率的近似值。

12. 某电子计算机主机有100个终端,每个终端有80%的时间被使用。若各个终端是否被使用是相互独立的,试求至少有15个终端空闲的概率。

13.为确定某城市成年男子中吸烟者的比例 $p$ ,任意调查 $n$ 个成年男子,记其中的吸烟人数为 $m$ , $n$ 至少为多大才能保证 $\frac{m}{n}$ 与 $p$ 的差异小于0.01的概率大于95%?

14.进行独立重复试验,每次试验中事件 $A$ 发生的概率为0.25。试问:

(1)能以95%的把握保证1000次试验中事件 $A$ 发生的频率与概率相差不超过多少;

(2)此时 $A$ 发生的次数在什么范围内。

15.一家有 500 间客房的旅馆的每间客房装有一台 2 千瓦的空调机。若开房率为 80%,需要多少千瓦的电力才能有 99% 的可能性保证有足够的电力使用空调机?

16.某工厂每月生产 10000 台液晶投影机,但它的液晶片车间生产液晶片合格率为 80%,为了以 99.7% 的可能性保证出厂的液晶投影机都能装上合格的液晶片,试问:该液晶片车间每月至少应该生产多少片液晶片。

17.设有 1000 人独立行动,每个人能够按时进入掩蔽体的概率为 0.9。以 95% 的概率估计,在一次行动中,至少有多少人能进入掩蔽体?

# 习题参考答案

## 习题 1.1

1.(1) $\overline{A}$；(2) $A\overline{B}$；(3) $AB\overline{C}$；(4) $A\overline{B}\,\overline{C} \cup \overline{A}B\overline{C} \cup \overline{A}\,\overline{B}C$；(5) $A \cup B \cup C$；(6) $\overline{A} \cup \overline{B} \cup \overline{C}$ 或 $\overline{ABC}$；(7) $AB\overline{C} \cup A\overline{B}C \cup \overline{A}BC$；(8) $AB \cup AC \cup BC$；(9) $\overline{A}\,\overline{B}\,\overline{C}$；(10) $A\overline{B}\,\overline{C} \cup \overline{A}B\overline{C} \cup \overline{A}\,\overline{B}C \cup \overline{A}\,\overline{B}\,\overline{C}$；(11) $\overline{ABC}$ 或 $\overline{A} \cup \overline{B} \cup \overline{C}$。　　2. (1) $\overline{A}$ =“掷两枚硬币,至少有一反面”；(2) $\overline{B}$ =“射击三次,至少一次不命中目标”；(3) $\overline{C}$ =“加工四个零件,全部为不合格品”。

3. 略。

4. (1)成立；(2)不成立；(3)不成立；(4)成立。

## 习题 1.2

1.(1) $P(AB) = P(A)$ 时, $P(AB)$ 取最大值 0.6；(2) $P(A \cup B) = 1$ 时, $P(AB)$ 取最小值 0.4。

2. $1 - p$。　3. 0.7。　4.~7. 略。　8. $\frac{8}{15}$。　9. $\frac{C_{n+1}^{m}}{C_{n+m}^{m}}$。　10. 0.212。

11.(1) $\dfrac{\binom{N+n-k-2}{n-k}}{\binom{N+n-1}{n}}, 0 \leqslant k \leqslant n$；　(2) $\dfrac{\binom{N}{m}\binom{n-1}{N-m-1}}{\binom{N+n-1}{n}}, N-n \leqslant m \leqslant N-1$；

(3) $\dfrac{\binom{m+j-1}{m-1}\binom{N-m+n-j-1}{n-j}}{\binom{N+n-1}{n}}, 1 \leqslant m \leqslant N, 0 \leqslant j \leqslant n$。

12. $1 - \frac{8^n + 5^n - 4^n}{9^n}$。　13. $1 - \frac{(n-1)^{k-1}}{n^k}$。　14. 0.5。　15. (1) $\frac{1}{25}$；

(2)$\frac{12}{25}$。　16. 0.6181。　17. $1-\frac{1}{2!}+\frac{1}{3!}-\frac{1}{4!}+\cdots+(-1)^{n-1}\frac{1}{n!}$。

18. $\frac{3}{4}$。　19. 0.82。

## 习题 1.3

1. 0.25。　2~3. 略。　4. $A,B$ 相互独立。　5. $2p(1-p)$。　6. 略。　7. 11。
8.(1) 0.3324；(2) 59。　9. 五局三胜制对甲更有利。　10. (1) 0.0582;(2) 0.0104。
11. (1) 6；(2) 0.785。　12. (1) $1-\left(\frac{7}{10}\right)^{10}, C_{10}^{3}\left(\frac{7}{10}\right)^{3}\left(\frac{3}{10}\right)$；(2) $\left(\frac{7}{10}\right)^{2}\left(\frac{3}{10}\right), \left(\frac{7}{10}\right)^{2}$。

## 习题 1.4

1. $\frac{3}{4}$。　2. $\frac{7}{12}$。　3.(1) $\frac{1}{n+1}$;(2) $\frac{1}{n(n+1)}$。　4. 0.64。　5. 略。
6. $\frac{a}{a+b}$。　7. $\frac{1}{2}\left[1+\left(\frac{2}{3}\right)^{n-1}\right], n=2,3,\cdots$。　8. $\frac{1}{2}\left[1+\left(\frac{1}{3}\right)^{n}\right], n=1,2,\cdots$。
9. $\frac{1}{2}[1+(2p-1)^{n-1}], n=2,3,\cdots$。　10. $\frac{2}{9}$。　11. (1) 0.8;(2) 0.5。　12. (1) 0.96；
(2) 0.5。　13.(1) 0.5；(2) 0.5068。　14. $\frac{3(1-p_1)^5}{3(1-p_1)^5+2(1-p_2)^5}$。

## 习题 2.1

1. ln2；1；ln1.25。　2. $a=\frac{5}{16}, b=\frac{7}{16}$。　3. (1)是；(2)不是；(3)是。

## 习题 2.2

1.

| $X$ | 1 | 2 | 3 |
|---|---|---|---|
| $p_i$ | $\frac{3}{8}$ | $\frac{9}{16}$ | $\frac{1}{16}$ |

。

2. (1)

| $X$ | 0 | 1 | 2 | 3 |
|---|---|---|---|---|
| $p_i$ | $\frac{1}{6}$ | $\frac{1}{2}$ | $\frac{3}{10}$ | $\frac{1}{30}$ |

；(2) $\frac{1}{3}$。

3. (1) $P(X=k)=\frac{C_{90}^{5-k}C_{10}^{k}}{C_{100}^{5}}, k=0,1,2,3,4,5$；(2) 0.4162。

4.

| $X$ | 0 | 1 | 2 | 3 |
|---|---|---|---|---|
| $p_i$ | $\frac{1}{4}$ | $\frac{1}{12}$ | $\frac{1}{6}$ | $\frac{1}{2}$ |

；$\frac{1}{3}$；$\frac{1}{2}$；$\frac{2}{3}$；$\frac{3}{4}$。

5. $F(x)=\begin{cases}0, & x<0\\ \frac{1}{3}, & 0\leqslant x<1\\ \frac{1}{2}, & 1\leqslant x<2\\ 1, & x\geqslant 2\end{cases}$。 6.(1) $a=-\frac{1}{2}$； (2) $F_X(x)=\begin{cases}0, & x<0\\ \frac{1}{4}, & 0\leqslant x<1\\ \frac{1}{2}, & 1\leqslant x<2\\ 1, & x\geqslant 2\end{cases}$；

(3) $\frac{1}{4}$。 7.(1) $\theta=\frac{1}{2}$；(2) $F_X(x)=\begin{cases}0, & x<1\\ \frac{1}{4}, & 1\leqslant x<2\\ \frac{3}{4}, & 2\leqslant x<3\\ 1, & x\geqslant 3\end{cases}$。

## 习题 2.3

1.(1) $A=1$；(2) 0.4； (3) $p(x)=2x, 0<x<1$。

2.(1) $c=\frac{1}{\pi}$；(2) $\frac{1}{2}F(x)=\int_{-\infty}^{x}f(t)\,\mathrm{d}t=\begin{cases}0, & x<-1\\ \frac{1}{\pi}\left(\arcsin x+\frac{\pi}{2}\right), & -1\leqslant x<1\\ 1, & x\geqslant 1\end{cases}$；(3) $\frac{1}{3}$。

3. $Y\sim b(3,\frac{3}{5}), P\{Y=k\}=C_3^k\left(\frac{3}{5}\right)^k\left(1-\frac{3}{5}\right)^{3-k}=C_3^k\left(\frac{3}{5}\right)^k\left(\frac{2}{5}\right)^{3-k}, k=0,1,2,3$。

$P\{Y\geqslant 1\}=1-P\{Y<1\}=1-P\{Y=0\}=1-\left(\frac{2}{5}\right)^3=\frac{117}{125}$。

4. (1) $c=21$； (2) $F(x)=\begin{cases}0, & x<0\\ 7x^3+\frac{1}{2}x^2, & 0\leqslant x<0.5\\ 1 & x\geqslant 0.5\end{cases}$； (3) 17/54； (4) $\frac{103}{108}$。

5. (1) 0.5488； (2) 0.5730。 6.(1) 0.3679； (2) 0.50735； (3) 0.4351。 7. $\sqrt[3]{4}$。

## 习题 2.4

1.

| $Y$ | 0 | 1 | 4 | 9 |
|---|---|---|---|---|
| $p$ | $\frac{1}{5}$ | $\frac{7}{30}$ | $\frac{1}{5}$ | $\frac{11}{30}$ |

；

| $Z$ | 0 | 1 | 2 | 3 |
|---|---|---|---|---|
| $p$ | $\frac{1}{5}$ | $\frac{7}{30}$ | $\frac{1}{5}$ | $\frac{11}{30}$ |

。

2.

| $Y$ | 0 | 1 | 4 |
|---|---|---|---|
| $p_i$ | 0.1 | 0.7 | 0.2 |

。

3. 

| $Y$ | $-1$ | $1$ |
|---|---|---|
| $p_i$ | $\frac{1}{3}$ | $\frac{2}{3}$ |

。 4. $f_Y(y)=\begin{cases}\frac{2}{5}, & 0<y<2;\\ \frac{1}{5}, & 2\leqslant y<3;\\ 0, & 其他\end{cases}$ 5. $F_Y(y)=\begin{cases}0, & y\leqslant 0\\ 1-e^{-\lambda y}, & 0<y<2\\ 1, & y\geqslant 2\end{cases}$。

6. (1) $f(y)=0.5e^{-0.5y},\ y>0$; (2) $f(y)=\frac{1}{3},\ 1<y<4$; (3) $f(y)=\frac{1}{y},\ 1<y<e$;

(4) $f(y)=e^{-y},\ y>0$。 7. (1) $f_1(y)=\frac{y^2}{18},\ -3<y<3$; (2) $f_2(y)=\frac{3(3-y)^2}{2}$,

$2<y<4$; (3) $f_3(y)=3\frac{\sqrt{y}}{2},\ 0<y<1$。

## 习题 3.1

1. (1) $p_{ij}=\frac{\binom{50}{i}\binom{30}{j}\binom{20}{5-i-j}}{\binom{100}{5}},i+j\leqslant 5$;

(2) $p_{ij}=\frac{5!}{i!\ j!\ (5-i-j)!}(0.5)^i(0.3)^j(0.2)^{5-i-j},i+j\leqslant 5$。

2. 0。 3. $\frac{9}{35}$。

4. (1) 12; (2) $(1-e^{-3x})(1-e^{-4y}),x>0,y>0$; (3) $(1-e^{-3})(1-e^{-8})$。

5. (1) $\frac{15}{64}$; (2) 0; (3) 0.5; (4) $F(x,y)=\begin{cases}0, & x<0\text{或}y<0\\ x^2y^2, & 0\leqslant x<1,0\leqslant y<1\\ x^2, & 0\leqslant x<1,y\geqslant 1\\ y^2, & x\geqslant 1,0\leqslant y<1\\ 1, & x\geqslant 1,y\geqslant 1\end{cases}$。

6. (1) $\frac{1}{8}$; (2) $\frac{3}{8}$; (3) $\frac{27}{32}$; (4) $\frac{2}{3}$。 7. $\frac{\pi}{4}$。

8. $P\{X_1=0,X_2=0\}=1-e^{-1}$, $P\{X_1=1,X_2=0\}=e^{-1}-e^{-2}$, $P\{X_1=1,X_2=1\}=e^{-2}$。

9. $\frac{5}{8}$。 10. 0.044。

## 习题 3.2

1. 

| $X$ | $-1$ | $0$ | $1$ |
|---|---|---|---|
| $P$ | $\frac{5}{12}$ | $\frac{1}{6}$ | $\frac{5}{12}$ |

;

| $Y$ | $0$ | $1$ | $2$ |
|---|---|---|---|
| $P$ | $\frac{7}{12}$ | $\frac{1}{3}$ | $\frac{1}{12}$ |

。

2. $a=\frac{1}{18},b=\frac{2}{9},c=\frac{1}{6}$。　　3. 0.5。　　4. 0.89。

5.(1)

| Y \ X | 1 | 2 | 3 | 4 |
|---|---|---|---|---|
| 1 | $\frac{1}{12}$ | $\frac{2}{12}$ | $\frac{2}{12}$ | $\frac{1}{12}$ |
| 2 | $\frac{1}{12}$ | $\frac{1}{12}$ | $\frac{1}{12}$ | $\frac{1}{12}$ |
| 3 | $\frac{1}{12}$ | 0 | 0 | $\frac{1}{12}$ |

。

(2)

| X | 1 | 2 | 3 | 4 |
|---|---|---|---|---|
| P | $\frac{3}{12}$ | $\frac{3}{12}$ | $\frac{3}{12}$ | $\frac{3}{12}$ |

；

| Y | 1 | 2 | 3 |
|---|---|---|---|
| P | $\frac{6}{12}$ | $\frac{4}{12}$ | $\frac{1}{12}$ |

。

(3) $X$ 和 $Y$ 不独立。

6. (1) $c=\frac{24}{5}$；

(2) $f_X(x)=\begin{cases}\frac{12}{5}x^2(2-x), & 0\leqslant x\leqslant 1\\ 0, & \text{其他}\end{cases}$，$f_Y(y)=\begin{cases}\frac{24}{5}y\left(\frac{3}{2}-2y+\frac{y^2}{2}\right), & 0\leqslant y\leqslant 1\\ 0, & \text{其他}\end{cases}$。

7. (1) $c=\frac{21}{4}$；　(2) $f_X(X)=\begin{cases}\frac{21}{8}x^2(1-x^4), & -1\leqslant x\leqslant 1\\ 0, & \text{其他}\end{cases}$，$f_Y(y)=\begin{cases}\frac{7}{2}y^{\frac{5}{2}}, & 0\leqslant y\leqslant 1\\ 0, & \text{其他}\end{cases}$。

8. (1) $f_X(x)=3x^2,0<x<1,f_Y(y)=\frac{3(1-y^2)}{2},0<y<1$；　(2)不独立。

9. (1)独立；　(2)独立；(3)不独立；(4)独立；(5)不独立。

## 习题 3.3

1. (1) $P\{X=0\mid Y=0\}=0.8$；$P\{X=1\mid Y=0\}=0.2$；$P\{X=2\mid Y=0\}=0$；
(2) $X$ 与 $Y$ 不独立。

2.(1) $P\{X=1\mid Y=1\}=P\{X=2\mid Y=1\}=\frac{1}{2}$；

$P\{X=1\mid Y=2\}=\frac{1}{3},P\{X=2\mid Y=2\}=\frac{2}{3}$；　(2)不独立。

3.当 $0<x<1$ 时，$f_{Y|X}(y\mid x)=\frac{1}{x},0<y<x$。

4.当 $-1<y<1$ 时，$f_{X|Y}(x\mid y)=\frac{1}{(1-|y|)},|y|<x<1$。　　5. $\frac{7}{15}$。　6. $\frac{47}{64}$。

## 习题 3.4

1. $P\{U=1\}=0.12$; $P\{U=2\}=0.37$; $P\{U=3\}=0.51$;
$P\{V=0\}=0.4$; $P\{V=1\}=0.44$; $P\{V=2\}=0.16$。

2. $P\{Z=0\}=\dfrac{\mu}{\lambda+\mu}, P\{Z=1\}=\dfrac{\lambda}{\lambda+\mu}$。 3. $P\{Z=0\}=\dfrac{1}{4}$; $P\{Z=1\}=\dfrac{3}{4}$。

4. 5/7。 5. (1) $f_Z(z)=4ze^{-2z}, z>0$; (2) $f_Z(z)=\dfrac{e^{-|z|}}{2}, -\infty<z<\infty$。

6. $f_Z(z)=\dfrac{3(1-z^2)}{2}, 0<z<1$。 7. (1) $f_Z(z)=\begin{cases} z, & 0\leqslant z<1 \\ 2-z, & 1\leqslant z<2; \\ 0, & \text{其他} \end{cases}$

(2) $f_Z(z)=\begin{cases} 1-e^{-z}, & 0<z<1 \\ (e-1)e^{-z}, & z<1 \\ 0, & \text{其他} \end{cases}$。 8. $f_T(t)=3\lambda e^{-3\lambda t}, t>0$。

9. $f_Z(z)=\dfrac{(\ln 2-\ln z)}{2}, 0<z<2$。 10. (1) $f_{UV}(u,v)=ue^{-u}, u>0, 0<v<1$; (2)独立。

## 习题 4.1

1. 乙组砝码。 2. 1。 3. $a=\dfrac{1}{3}$; $b=2$。 4. 3500。 5. 21。

6. 0.25。 7. $\dfrac{5}{8}$。 8. $\dfrac{16}{15}, \dfrac{16}{9}$。 9. (1) 11; (2) 100; (3) 20。

10. 略。 11. $E(X)=-0.2$, $E(3X+5)=4.4$。 12. 7。

13. $E(X)=\dfrac{(\alpha-1)\beta}{\alpha-2}$, $E(X^2)=\dfrac{(\alpha-1)\beta^2}{\alpha-3}$。 14. 略。 15. (1) $A=\dfrac{1}{2}$, $B=-\dfrac{1}{\pi}$;

(2) $E(Y)=\dfrac{1}{3}$, $E(Y^2)=\dfrac{1}{3}$。 16. $\dfrac{1}{2}+\dfrac{27}{4\lambda}$。

## 习题 4.2

1. 1。 2. 0.2173。 3. 9。 4. $\dfrac{9}{2}$。 5. $\dfrac{1}{3}$。 6. 6.5。 7. $D(X)=\dfrac{44}{225}$。

8. 1.5。 9. 0.05。 10. $E(x)\ \dfrac{\sqrt{\pi}}{2}, D(x)=1-\dfrac{\pi}{4}$。 11. $\dfrac{8}{9}$。 12. 18750。 13. 略。

14. $p_Y(y)=10y^9, 0<y<1$; $E(Y)=\dfrac{10}{11}$; $D(Y)=\dfrac{5}{726}$。 15. 2。

16. $E(X-Y)=0$, $D(2X+3Y+2)=\dfrac{39}{4}$。

## 习题 4.3

1. 0。　2. $-\frac{\sqrt{6}}{4}$。　3. $E(\xi)=0, E(\eta)=3, D(\xi)=\frac{1}{2}, D(\eta)=\frac{1}{2}, \rho_{\xi\eta}=0$。

4. $\frac{3}{\sqrt{57}}$。　5. $\frac{-n}{4}$；$-1$。　6. $\frac{1}{\sqrt{3}}$。　7. 略。

## 习题 4.4

1. $\frac{78}{25}$；2。　2. $\frac{7}{12}$。　3. $\frac{3}{2}$。　4. $\frac{n\lambda_1}{\lambda_1+\lambda_2}$。　5. ~ 6. 略。

## 习题 4.5

1. $\mu_1=\frac{\alpha}{\lambda}, \mu_2=\frac{\alpha(\alpha+1)}{\lambda^2}, \mu_3=\frac{\alpha(\alpha+1)(\alpha+2)}{\lambda^3}$；$\nu_1=0, \nu_2=\frac{\alpha}{\lambda^2}, \nu_3=\frac{2\alpha}{\lambda^3}$。

2. $\frac{\sqrt{3}}{3}$。　3. $C_\nu(X)=1, \beta_s=2, \beta_k=6$。　4. $x_{0.1}=13.84, x_{0.9}=6.16$。

5. $x_p=\eta\left[-\ln(1-p)\right]^{\frac{1}{m}}$。　6. ~ 7. 略。

## 习题 5.1

1. $\varphi(t)=\frac{pe^{it}}{1-(1-p)e^{it}}, E(X)=\frac{1}{p}, D(X)=\frac{(1-p)}{p^2}$。　2. $\left(\frac{pe^{it}}{1-qe^{it}}\right)^r$。

3. $\frac{a^2}{a^2+t^2}, E(X)=0, D(X)=\frac{2}{a^2}$。　4. $0, 3\sigma^4$。　5. ~ 6.略。

## 习题 5.2

1. ~ 7. 略。

## 习题 5.3

1. 验证马尔可夫条件。　2. ~ 5. 略。

## 习题 5.4

1. 0.9973。　2. 0.9966。　3. 0.6718。　4. $271a$。　5. 0.9836。　6. 0.8665。

7.(1) 24000;(2) 0.90。 8. 甲班的概率大。 9.(1) 0.8185;(2) 81。 10. 0.7852。
11. (1) $b(100,0.2)$ ; (2) 0.9437。 12. 0.9155。 13. 9604。 14.(1)不超过 0.0268;
(2)次数在 220 次到 277 次。
15. 842。 16. 12655。 17. 884。

# 附　表

## 附表 1　常用的概率分布表

| 分布 | 参数 | 分布律或概率密度函数 | 数学期望 | 方差 |
|---|---|---|---|---|
| 0－1分布 | $0 < p < 1$ | $P\{X=k\}=p^k(1-p)^{1-k}$，$k=0,1$ | $p$ | $p(1-p)$ |
| 二项分布 | $n \geqslant 1$，$0 < p < 1$ | $P\{X=k\}=C_n^k p^k (1-p)^{n-k}$，$k=0,1,\cdots,n$ | $np$ | $np(1-p)$ |
| 负二项分布 | $r \geqslant 1$，$0 < p < 1$ | $P\{X=k\}=C_{k-1}^{r-1} p^r (1-p)^{k-r}$，$k=r,r+1,\cdots$ | $\frac{r}{p}$ | $\frac{r(1-p)}{p^2}$ |
| 几何分布 | $0 < p < 1$ | $P\{X=k\}=p(1-p)^{k-1}$，$k=1,2,\cdots$ | $\frac{1}{p}$ | $\frac{1-p}{p^2}$ |
| 超几何分布 | $N$，$M,n$，$(n \leqslant M)$ | $P\{X=k\}=\frac{C_M^k C_{N-M}^{n-k}}{C_N^n}$，$k=0,1,\cdots,n$ | $\frac{nM}{N}$ | $\frac{nM}{N}\left(1-\frac{M}{N}\right)\left(\frac{N-n}{N-1}\right)$ |
| 泊松分布 | $\lambda > 0$ | $P\{X=k\}=\frac{\lambda^k e^{-\lambda}}{k!}$，$k=0,1,\cdots$ | $\lambda$ | $\lambda$ |
| 均匀分布 | $a < b$ | $f(x)=\begin{cases}\frac{1}{b-a}, & a < x < b \\ 0, & \text{其他}\end{cases}$ | $\frac{a+b}{2}$ | $\frac{(b-a)^2}{12}$ |

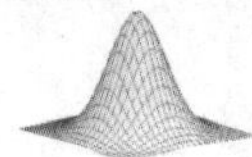



续表

| 分布 | 参数 | 分布律或概率密度函数 | 数学期望 | 方差 |
|---|---|---|---|---|
| 指数分布 | $\theta>0$ | $f(x)=\begin{cases}e^{-x/\theta}/\theta, & x>0\\0, & \text{其他}\end{cases}$ | $\theta$ | $\theta^2$ |
| 正态分布 | $\mu,\sigma^2,\ \sigma>0$ | $f(x)=\frac{1}{\sqrt{2\pi}\sigma}e^{-\frac{(x-\mu)^2}{2\sigma^2}}$ | $\mu$ | $\sigma^2$ |
| 伽马分布 | $\alpha>0,\ \beta>0$ | $f(x)=\begin{cases}\frac{1}{\beta^\alpha\Gamma(\alpha)}x^{\alpha-1}e^{-\frac{x}{\beta}}, x>0\\0, & \text{其他}\end{cases}$ | $\alpha\beta$ | $\alpha\beta^2$ |
| $\chi^2$分布 | $n\geqslant1$ | $f(x)=\begin{cases}\frac{1}{2^{n/2}\Gamma(\frac{n}{2})}x^{\frac{n}{2}-1}e^{-\frac{x}{2}}, x>0\\0, & \text{其他}\end{cases}$ | $n$ | $2n$ |
| 威布尔分布 | $\eta>0,\ \beta>0$ | $f(x)=\begin{cases}\frac{\beta}{\eta}\left(\frac{x}{\eta}\right)^{\beta-1}e^{-\left(\frac{x}{\eta}\right)^\beta}, x>0\\0, & \text{其他}\end{cases}$ | $\eta\Gamma\left(\frac{1}{\beta}+1\right)$ | $\eta^2\left\{\Gamma\left(\frac{2}{\beta}+1\right)-\left[\Gamma\left(\frac{1}{\beta}+1\right)\right]^2\right\}$ |
| 瑞利分布 | $\sigma>0$ | $f(x)=\begin{cases}\frac{x}{\sigma^2}e^{-\frac{x^2}{2\sigma^2}}, & x>0\\0, & \text{其他}\end{cases}$ | $\sqrt{\frac{\pi}{2}}\sigma$ | $\frac{4-\pi}{2}\sigma^2$ |
| 贝塔分布 | $\alpha>0,\ \beta>0$ | $f(x)=\begin{cases}\frac{\Gamma(\alpha+\beta)}{\Gamma(\alpha)\Gamma(\beta)}x^{\alpha-1}(1-x)^{\beta-1}, 0<x<1\\0, & \text{其他}\end{cases}$ | $\frac{\alpha}{\alpha+\beta}$ | $\frac{\alpha\beta}{(\alpha+\beta)^2(\alpha+\beta+1)}$ |
| 对数正态分布 | $\mu,\ \sigma>0$ | $f(x)=\begin{cases}\frac{1}{\sqrt{2\pi}\sigma x}e^{-\frac{(\ln x-\mu)^2}{2\sigma^2}}, x>0\\0, & \text{其他}\end{cases}$ | $e^{\mu+\frac{\sigma^2}{2}}$ | $e^{2\mu+\sigma^2}(e^{\sigma^2}-1)$ |
| 柯西分布 | $\alpha,\lambda>0$ | $f(x)=\frac{1}{\pi}\frac{1}{\lambda^2+(x-\alpha)^2}$ | 不存在 | 不存在 |
| $t$分布 | $n\geqslant1$ | $f(x)=\frac{\Gamma\left(\frac{n+1}{2}\right)}{\sqrt{n\pi}\Gamma\left(\frac{n}{2}\right)}\left(1+\frac{x^2}{n}\right)^{-\frac{(n+1)}{2}}$ | $0$ | $\frac{n}{n-2}, n>2$ |

续表

| 分布 | 参数 | 分布律或概率密度函数 | 数学期望 | 方差 |
|---|---|---|---|---|
| $F$ 分布 | $n_1,n_2$ | $f(x)=\begin{cases}\dfrac{\Gamma\left(\dfrac{n_1+n_2}{2}\right)}{\Gamma\left(\dfrac{n_1}{2}\right)\Gamma\left(\dfrac{n_2}{2}\right)}\left(\dfrac{n_1}{n_2}\right)\left(\dfrac{n_1}{n_2}x\right)^{\frac{n_1}{2}-1}\left(1+\dfrac{n_1}{n_2}x\right)^{-\frac{n_1+n_2}{2}}, & x>0\\ 0, & \text{其他}\end{cases}$ | $\dfrac{n_2}{n_2-2}$, $n_2>2$ | $\dfrac{2^2 n_2(n_1+n_2-2)}{n_1(n_2-2)^2(n_2-4)}$, $n_2>4$ |

# 附表 2　泊松分布概率值表

$$P\{X=m\}=\frac{\lambda^m}{m!}e^{-\lambda}$$

| $m$ \ $\lambda$ | 0.1 | 0.2 | 0.3 | 0.4 | 0.5 | 0.6 | 0.7 | 0.8 |
|---|---|---|---|---|---|---|---|---|
| 0 | 0.904837 | 0.818731 | 0.740818 | 0.670320 | 0.606531 | 0.548812 | 0.496585 | 0.449329 |
| 1 | 0.090484 | 0.163746 | 0.222245 | 0.268128 | 0.303265 | 0.329287 | 0.347610 | 0.359463 |
| 2 | 0.004524 | 0.016375 | 0.033337 | 0.053626 | 0.075816 | 0.098786 | 0.121663 | 0.143785 |
| 3 | 0.000151 | 0.001092 | 0.003334 | 0.007150 | 0.012636 | 0.019757 | 0.028388 | 0.038343 |
| 4 | 0.000004 | 0.000055 | 0.000250 | 0.000715 | 0.001580 | 0.002964 | 0.004968 | 0.007669 |
| 5 | | 0.000002 | 0.000015 | 0.000057 | 0.000158 | 0.000356 | 0.000696 | 0.001227 |
| 6 | | | 0.000001 | 0.000004 | 0.000013 | 0.000036 | 0.000081 | 0.000164 |
| 7 | | | | | 0.000001 | 0.000003 | 0.000008 | 0.000019 |
| 8 | | | | | | | 0.000001 | 0.000002 |
| 9 | | | | | | | | |
| 10 | | | | | | | | |
| 11 | | | | | | | | |
| 12 | | | | | | | | |

| $m$ \ $\lambda$ | 0.9 | 1.0 | 1.5 | 2.0 | 2.5 | 3.0 | 3.5 | 4.0 |
|---|---|---|---|---|---|---|---|---|
| 0 | 0.406570 | 0.367879 | 0.223130 | 0.135335 | 0.082085 | 0.049787 | 0.030197 | 0.018316 |
| 1 | 0.365913 | 0.367879 | 0.334695 | 0.270671 | 0.205212 | 0.149361 | 0.105691 | 0.073263 |
| 2 | 0.164661 | 0.183940 | 0.251021 | 0.270671 | 0.256516 | 0.224042 | 0.184959 | 0.146525 |
| 3 | 0.049398 | 0.061313 | 0.125511 | 0.180447 | 0.213763 | 0.224042 | 0.215785 | 0.195367 |
| 4 | 0.011115 | 0.015328 | 0.047067 | 0.090224 | 0.133602 | 0.168031 | 0.188812 | 0.195367 |
| 5 | 0.002001 | 0.003066 | 0.014120 | 0.036089 | 0.066801 | 0.100819 | 0.132169 | 0.156293 |
| 6 | 0.000300 | 0.000511 | 0.003530 | 0.012030 | 0.027834 | 0.050409 | 0.077098 | 0.104196 |
| 7 | 0.000039 | 0.000073 | 0.000756 | 0.003437 | 0.009941 | 0.021604 | 0.038549 | 0.059540 |
| 8 | 0.000004 | 0.000009 | 0.000142 | 0.000859 | 0.003106 | 0.008102 | 0.016865 | 0.029770 |
| 9 | | 0.000001 | 0.000024 | 0.000191 | 0.000863 | 0.002701 | 0.006559 | 0.013231 |
| 10 | | | 0.000004 | 0.000038 | 0.000216 | 0.000810 | 0.002296 | 0.005292 |
| 11 | | | | 0.000007 | 0.000049 | 0.000221 | 0.000730 | 0.001925 |
| 12 | | | | 0.000001 | 0.000010 | 0.000055 | 0.000213 | 0.000642 |
| 13 | | | | | 0.000002 | 0.000013 | 0.000057 | 0.000197 |
| 14 | | | | | | 0.000003 | 0.000014 | 0.000056 |
| 15 | | | | | | 0.000001 | 0.000003 | 0.000015 |
| 16 | | | | | | | 0.000001 | 0.000004 |
| 17 | | | | | | | | 0.000001 |
| 18 | | | | | | | | |

| $m$ \ $\lambda$ | 4.5 | 5.0 | 5.5 | 6.0 | 6.5 | 7.0 | 7.5 | 8.0 |
|---|---|---|---|---|---|---|---|---|
| 0 | 0.011109 | 0.006738 | 0.004087 | 0.002479 | 0.001503 | 0.000912 | 0.000553 | 0.000335 |
| 1 | 0.049990 | 0.033690 | 0.022477 | 0.014873 | 0.009772 | 0.006383 | 0.004148 | 0.002684 |
| 2 | 0.112479 | 0.084224 | 0.061812 | 0.044618 | 0.031760 | 0.022341 | 0.015555 | 0.010735 |
| 3 | 0.168718 | 0.140374 | 0.113323 | 0.089235 | 0.068814 | 0.052129 | 0.038889 | 0.028626 |
| 4 | 0.189808 | 0.175467 | 0.155819 | 0.133853 | 0.111822 | 0.091226 | 0.072916 | 0.057252 |
| 5 | 0.170827 | 0.175467 | 0.171401 | 0.160623 | 0.145369 | 0.127717 | 0.109375 | 0.091604 |
| 6 | 0.128120 | 0.146223 | 0.157117 | 0.160623 | 0.157483 | 0.149003 | 0.136718 | 0.122138 |
| 7 | 0.082363 | 0.104445 | 0.123449 | 0.137677 | 0.146234 | 0.149003 | 0.146484 | 0.139587 |
| 8 | 0.046329 | 0.065278 | 0.084871 | 0.103258 | 0.118815 | 0.130377 | 0.137329 | 0.139587 |
| 9 | 0.023165 | 0.036266 | 0.051866 | 0.068838 | 0.085811 | 0.101405 | 0.114440 | 0.124077 |
| 10 | 0.010424 | 0.018133 | 0.028526 | 0.041303 | 0.055777 | 0.070983 | 0.085830 | 0.099262 |

续表

| m \ λ | 4.5 | 5.0 | 5.5 | 6.0 | 6.5 | 7.0 | 7.5 | 8.0 |
|---|---|---|---|---|---|---|---|---|
| 11 | 0.004264 | 0.008242 | 0.014263 | 0.022529 | 0.032959 | 0.045171 | 0.058521 | 0.072190 |
| 12 | 0.001599 | 0.003434 | 0.006537 | 0.011264 | 0.017853 | 0.026350 | 0.036575 | 0.048127 |
| 13 | 0.000554 | 0.001321 | 0.002766 | 0.005199 | 0.008926 | 0.014188 | 0.021101 | 0.029616 |
| 14 | 0.000178 | 0.000472 | 0.001087 | 0.002228 | 0.004144 | 0.007094 | 0.011304 | 0.016924 |
| 15 | 0.000053 | 0.000157 | 0.000398 | 0.000891 | 0.001796 | 0.003311 | 0.005652 | 0.009026 |
| 16 | 0.000015 | 0.000049 | 0.000137 | 0.000334 | 0.000730 | 0.001448 | 0.002649 | 0.004513 |
| 17 | 0.000004 | 0.000014 | 0.000044 | 0.000118 | 0.000279 | 0.000596 | 0.001169 | 0.002124 |
| 18 | 0.000001 | 0.000004 | 0.000014 | 0.000039 | 0.000101 | 0.000232 | 0.000487 | 0.000944 |
| 19 | | 0.000001 | 0.000004 | 0.000012 | 0.000034 | 0.000085 | 0.000192 | 0.000397 |
| 20 | | | 0.000001 | 0.000004 | 0.000011 | 0.000030 | 0.000072 | 0.000159 |
| 21 | | | | 0.000001 | 0.000003 | 0.000010 | 0.000026 | 0.000061 |
| 22 | | | | | 0.000001 | 0.000003 | 0.000009 | 0.000022 |
| 23 | | | | | | 0.000001 | 0.000003 | 0.000008 |
| 24 | | | | | | | 0.000001 | 0.000003 |
| 25 | | | | | | | | 0.000001 |

| m \ λ | 8.5 | 9.0 | 9.5 | 10.0 | 12 | 15 | 18 | 20 |
|---|---|---|---|---|---|---|---|---|
| 0 | 0.000203 | 0.000123 | 0.000075 | 0.000045 | 0.000006 | 0.000000 | 0.000000 | 0.000000 |
| 1 | 0.001729 | 0.001111 | 0.000711 | 0.000454 | 0.000074 | 0.000005 | 0.000000 | 0.000000 |
| 2 | 0.007350 | 0.004998 | 0.003378 | 0.002270 | 0.000442 | 0.000034 | 0.000002 | 0.000000 |
| 3 | 0.020826 | 0.014994 | 0.010696 | 0.007567 | 0.001770 | 0.000172 | 0.000015 | 0.000003 |
| 4 | 0.044255 | 0.033737 | 0.025403 | 0.018917 | 0.005309 | 0.000645 | 0.000067 | 0.000014 |
| 5 | 0.075233 | 0.060727 | 0.048266 | 0.037833 | 0.012741 | 0.001936 | 0.000240 | 0.000055 |
| 6 | 0.106581 | 0.091090 | 0.076421 | 0.063055 | 0.025481 | 0.004839 | 0.000719 | 0.000183 |
| 7 | 0.129419 | 0.117116 | 0.103714 | 0.090079 | 0.043682 | 0.010370 | 0.001850 | 0.000523 |
| 8 | 0.137508 | 0.131756 | 0.123160 | 0.112599 | 0.065523 | 0.019444 | 0.004163 | 0.001309 |
| 9 | 0.129869 | 0.131756 | 0.130003 | 0.125110 | 0.087364 | 0.032407 | 0.008325 | 0.002908 |
| 10 | 0.110388 | 0.118580 | 0.123502 | 0.125110 | 0.104837 | 0.048611 | 0.014985 | 0.005816 |
| 11 | 0.085300 | 0.097020 | 0.106661 | 0.113736 | 0.114368 | 0.066287 | 0.024521 | 0.010575 |
| 12 | 0.060421 | 0.072765 | 0.084440 | 0.094780 | 0.114368 | 0.082859 | 0.036782 | 0.017625 |
| 13 | 0.039506 | 0.050376 | 0.061706 | 0.072908 | 0.105570 | 0.095607 | 0.050929 | 0.027116 |

续表

| λ<br>m | 8.5 | 9.0 | 9.5 | 10.0 | 12 | 15 | 18 | 20 |
|---|---|---|---|---|---|---|---|---|
| 14 | 0.023986 | 0.032384 | 0.041872 | 0.052077 | 0.090489 | 0.102436 | 0.065480 | 0.038737 |
| 15 | 0.013592 | 0.019431 | 0.026519 | 0.034718 | 0.072391 | 0.102436 | 0.078576 | 0.051649 |
| 16 | 0.007221 | 0.010930 | 0.015746 | 0.021699 | 0.054293 | 0.096034 | 0.088397 | 0.064561 |
| 17 | 0.003610 | 0.005786 | 0.008799 | 0.012764 | 0.038325 | 0.084736 | 0.093597 | 0.075954 |
| 18 | 0.001705 | 0.002893 | 0.004644 | 0.007091 | 0.025550 | 0.070613 | 0.093597 | 0.084394 |
| 19 | 0.000763 | 0.001370 | 0.002322 | 0.003732 | 0.016137 | 0.055747 | 0.088671 | 0.088835 |
| 20 | 0.000324 | 0.000617 | 0.001103 | 0.001866 | 0.009682 | 0.041810 | 0.079804 | 0.088835 |
| 21 | 0.000131 | 0.000264 | 0.000499 | 0.000889 | 0.005533 | 0.029865 | 0.068403 | 0.084605 |
| 22 | 0.000051 | 0.000108 | 0.000215 | 0.000404 | 0.003018 | 0.020362 | 0.055966 | 0.076914 |
| 23 | 0.000019 | 0.000042 | 0.000089 | 0.000176 | 0.001574 | 0.013280 | 0.043800 | 0.066881 |
| 24 | 0.000007 | 0.000016 | 0.000035 | 0.000073 | 0.000787 | 0.008300 | 0.032850 | 0.055735 |
| 25 | 0.000002 | 0.000006 | 0.000013 | 0.000029 | 0.000378 | 0.004980 | 0.023652 | 0.044588 |
| 26 | 0.000001 | 0.000002 | 0.000005 | 0.000011 | 0.000174 | 0.002873 | 0.016374 | 0.034298 |
| 27 | | 0.000001 | 0.000002 | 0.000004 | 0.000078 | 0.001596 | 0.010916 | 0.025406 |
| 28 | | | 0.000001 | 0.000001 | 0.000033 | 0.000855 | 0.007018 | 0.018147 |
| 29 | | | | 0.000001 | 0.000014 | 0.000442 | 0.004356 | 0.012515 |
| 30 | | | | | 0.000005 | 0.000221 | 0.002613 | 0.008344 |
| 31 | | | | | 0.000002 | 0.000107 | 0.001517 | 0.005383 |
| 32 | | | | | 0.000001 | 0.000050 | 0.000854 | 0.003364 |
| 33 | | | | | | 0.000023 | 0.000466 | 0.002039 |
| 34 | | | | | | 0.000010 | 0.000246 | 0.001199 |
| 35 | | | | | | 0.000004 | 0.000127 | 0.000685 |
| 36 | | | | | | 0.000002 | 0.000063 | 0.000381 |
| 37 | | | | | | 0.000001 | 0.000031 | 0.000206 |
| 38 | | | | | | | 0.000015 | 0.000108 |
| 39 | | | | | | | 0.000007 | 0.000056 |

# 附表 3　标准正态分布表

$$\Phi(z)=\int_{-\infty}^{z}\frac{1}{\sqrt{2\pi}}e^{-\frac{t^2}{2}}dt=P\{Z\leqslant z\}$$

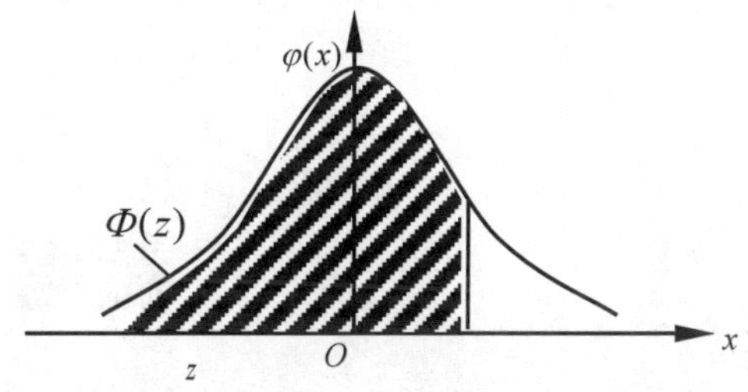


| z | 0.00 | 0.01 | 0.02 | 0.03 | 0.04 | 0.05 | 0.06 | 0.07 | 0.08 | 0.09 |
|---|---|---|---|---|---|---|---|---|---|---|
| 0.0 | 0.5000 | 0.5040 | 0.5080 | 0.5120 | 0.5160 | 0.5199 | 0.5239 | 0.5279 | 0.5319 | 0.5359 |
| 0.1 | 0.5398 | 0.5438 | 0.5478 | 0.5517 | 0.5557 | 0.5596 | 0.5636 | 0.5675 | 0.5714 | 0.5753 |
| 0.2 | 0.5793 | 0.5832 | 0.5871 | 0.5910 | 0.5948 | 0.5987 | 0.6026 | 0.6064 | 0.6103 | 0.6141 |
| 0.3 | 0.6179 | 0.6217 | 0.6255 | 0.6293 | 0.6331 | 0.6368 | 0.6404 | 0.6443 | 0.6480 | 0.6517 |
| 0.4 | 0.6554 | 0.6591 | 0.6628 | 0.6664 | 0.6700 | 0.6736 | 0.6772 | 0.6808 | 0.6844 | 0.6879 |
| 0.5 | 0.6915 | 0.6950 | 0.6985 | 0.7019 | 0.7054 | 0.7088 | 0.7123 | 0.7157 | 0.7190 | 0.7224 |
| 0.6 | 0.7257 | 0.7291 | 0.7324 | 0.7357 | 0.7389 | 0.7422 | 0.7454 | 0.7486 | 0.7517 | 0.7549 |
| 0.7 | 0.7580 | 0.7611 | 0.7642 | 0.7673 | 0.7703 | 0.7734 | 0.7764 | 0.7794 | 0.7823 | 0.7852 |
| 0.8 | 0.7881 | 0.7910 | 0.7939 | 0.7967 | 0.7995 | 0.8023 | 0.8051 | 0.8078 | 0.8106 | 0.8133 |
| 0.9 | 0.8159 | 0.8186 | 0.8212 | 0.8238 | 0.8264 | 0.8289 | 0.8355 | 0.8340 | 0.8365 | 0.8389 |
| 1.0 | 0.8413 | 0.8438 | 0.8461 | 0.8485 | 0.8508 | 0.8531 | 0.8554 | 0.8577 | 0.8599 | 0.8621 |
| 1.1 | 0.8643 | 0.8665 | 0.8686 | 0.8708 | 0.8729 | 0.8749 | 0.8770 | 0.8790 | 0.8810 | 0.8830 |
| 1.2 | 0.8849 | 0.8869 | 0.8888 | 0.8907 | 0.8925 | 0.8944 | 0.8962 | 0.8980 | 0.8997 | 0.9015 |
| 1.3 | 0.9032 | 0.9049 | 0.9066 | 0.9082 | 0.9099 | 0.9115 | 0.9131 | 0.9147 | 0.9162 | 0.9177 |
| 1.4 | 0.9192 | 0.9207 | 0.9222 | 0.9236 | 0.9251 | 0.9265 | 0.9279 | 0.9292 | 0.9306 | 0.9319 |
| 1.5 | 0.9332 | 0.9345 | 0.9357 | 0.9370 | 0.9382 | 0.9394 | 0.9406 | 0.9418 | 0.9430 | 0.9441 |
| 1.6 | 0.9452 | 0.9463 | 0.9474 | 0.9484 | 0.9495 | 0.9505 | 0.9515 | 0.9525 | 0.9535 | 0.9535 |
| 1.7 | 0.9554 | 0.9564 | 0.9573 | 0.9582 | 0.9591 | 0.9599 | 0.9608 | 0.9616 | 0.9625 | 0.9633 |
| 1.8 | 0.9641 | 0.9648 | 0.9656 | 0.9664 | 0.9672 | 0.9678 | 0.9686 | 0.9693 | 0.9700 | 0.9706 |
| 1.9 | 0.9713 | 0.9719 | 0.9726 | 0.9732 | 0.9738 | 0.9744 | 0.9750 | 0.9756 | 0.9762 | 0.9767 |
| 2.0 | 0.9772 | 0.9778 | 0.9783 | 0.9788 | 0.9793 | 0.9798 | 0.9803 | 0.9808 | 0.9812 | 0.9817 |
| 2.1 | 0.9821 | 0.9826 | 0.9830 | 0.9834 | 0.9838 | 0.9842 | 0.9846 | 0.9850 | 0.9854 | 0.9857 |
| 2.2 | 0.9861 | 0.9864 | 0.9868 | 0.9871 | 0.9874 | 0.9878 | 0.9881 | 0.9884 | 0.9887 | 0.9890 |
| 2.3 | 0.9893 | 0.9896 | 0.9898 | 0.9901 | 0.9904 | 0.9906 | 0.9909 | 0.9911 | 0.9913 | 0.9916 |
| 2.4 | 0.9918 | 0.9920 | 0.9922 | 0.9925 | 0.9927 | 0.9929 | 0.9931 | 0.9932 | 0.9934 | 0.9936 |
| 2.5 | 0.9938 | 0.9940 | 0.9941 | 0.9943 | 0.9945 | 0.9946 | 0.9948 | 0.9949 | 0.9951 | 0.9952 |
| 2.6 | 0.9953 | 0.9955 | 0.9956 | 0.9957 | 0.9959 | 0.9960 | 0.9961 | 0.9962 | 0.9963 | 0.9964 |
| 2.7 | 0.9965 | 0.9966 | 0.9967 | 0.9968 | 0.9969 | 0.9970 | 0.9971 | 0.9972 | 0.9973 | 0.9974 |
| 2.8 | 0.9974 | 0.9975 | 0.9976 | 0.9977 | 0.9977 | 0.9978 | 0.9979 | 0.9979 | 0.9980 | 0.9981 |
| 2.9 | 0.9981 | 0.9982 | 0.9982 | 0.9983 | 0.9984 | 0.9984 | 0.9985 | 0.9985 | 0.9986 | 0.9986 |
| 3.0 | 0.9987 | 0.9990 | 0.9993 | 0.9995 | 0.9997 | 0.9998 | 0.9998 | 0.9999 | 0.9999 | 1.0000 |

# 参考文献

[1] 魏宗舒,等. 概率论与数理统计教程[M]. 3 版. 北京:高等教育出版社,2020.
[2] 王璐. 蒙特卡罗方法和统计计算[M]. 北京:机械工业出版社,2022.
[3] 杨维权,邓集贤. 概率统计教学参考书[M]. 北京:高等教育出版社,1996.
[4] 杨振明. 概率论[M]. 2 版. 北京:科学出版社,2023.
[5] 陈希孺. 概率论与数理统计[M].北京:科学出版社,2002.
[6] 茆诗松,程依明,濮晓龙. 概率论与数理统计教程[M]. 3 版. 北京:高等教育出版社,2019.
[7] 梁之舜,邓集贤,等. 概率论及数理统计[M]. 4 版. 北京:高等教育出版社,2023.
[8] 盛骤,谢式千,潘承毅. 概率论与数理统计[M]. 4 版. 北京:高等教育出版社,2020.
[9] ROSS S M. 概率论基础教程[M]. 郑忠国,詹从赞,译. 北京:人民邮电出版社,2010.
[10] MUESER P R,GRANBERG D,MUESER K,et al. The Monty Hall Dilemma Revisited:Understanding the Interaction of Problem Definition and Decision Making[J]. Experimental,1999.